菜園家族物語

——子どもに伝える未来への夢——

小貫雅男
伊藤恵子
著

苦海を彷徨《さまよ》い
酔夢は
大地に明日を描く

菜園家族物語　目次

はじめに

二〇〇一年九月十一日。

あのニューヨーク・マンハッタンの超高層ビルの突然の崩落。その不気味な光景は、経済・軍事大国アメリカを頂点に築かれた、世界覇権《はけん》の巨大なシステムが、脆《もろ》くも崩れゆく姿に重なって、今でも私たちの心に、強烈に焼き付けられています。

その時の思いは、その後の世界の相次ぐ事態によって、いっそう強く人々の心を捉えて、離そうとはしません。

あの時、世界の行き着く先の姿が脳裡《のうり》に瞬時に閃《ひらめ》き、無意識の内に下した判断は、今は疑う余地もなく、次第に確信にまで高まってゆくのです。

そして、二〇〇五年夏。

大型ハリケーン「カトリーナ」は、アメリカ社会の貧富の格差を、白日の下に晒《さら》しました。堤防が決壊し、ニューオーリンズの街が水没。浮かぶ水死体、水・食糧不足、横行する略奪行為……。凄惨《せいさん》な映像が、世界の人々に衝撃を与えました。

イラクを強大な武力で制圧する経済・軍事大国が、なぜこんなに無力なのか。アメリカの築こうとしている社会には、何か重大な欠陥があるのではないか。軍事力増強の「強い国家」と市場原理至上主義の「小さな政府」をめざすブッシュの政策的矛盾が、そこには集約されている、と多くの人々が見て取ったのも、不思議ではありません。

こうした人々の思いは、自国の政府が、これ以上、アメリカモデルに追従してよいのかという、重い問いかけでもあるのです。

世界覇権の巨大システム
虚構の摩天楼《まてんろう》は
今、音を立てて
崩れ落ちようとしています。

わが国の
権力という名の
妖怪《ようかい》は
「構造改革」と
叫びつつ
自己の既得権益を
「大型公共事業」から
「金融・証券」という
新たな権益に
シフトすべく
政界再編の

闘いを
挑《いど》むのです。

仲間内の
コップの中の
この闘いは
マスメディア総動員のもと
「劇場政治」に仕立てられ、
マジックワードに
酔い痴《し》れた民衆は
あるべきはずの
政治から
遠退《とおの》いてゆきます。

三〇数パーセントの
得票で
六〇数パーセントの
議席を得た
妖怪は

4

民衆の
生殺与奪《せいさつよだつ》の権を握り
これが
民主主義だと
うそぶくのです。

またもや
利益誘導政治は
装いも新たに
息を吹き返し
巧妙に
民衆を
騙《だま》しつづけます。

勢いに乗じて
妖怪は
軍靴の足音を
忍ばせて
「不戦の誓い」を

立てながら
言葉巧みに
言い寄るのです。

うわついた
馬鹿騒ぎや
無気味な
闇《やみ》に
紛《まぎ》れて
妖怪は
黒を白と
言いくるめ
日米
武力同盟を
背景に
お国のためだと
唆《そそのか》し
人を殺せと
民衆を

修羅場《しゅらば》の闇《やみ》に
引き摺《ず》り込むのです。

やがて妖怪は
本性をあらわに
子供たちの
けなげに叫ぶ声を
掻《か》き消して
小さないのちを
踏みにじります。

騙《だま》されても
騙されても
それでもまた繰り返し
騙される
そんな不甲斐《ふがい》なさに
打ち拉《ひし》がれ
どうしようもない
無力感におそわれます。

それでも私たちは生きるのですか。
それでも私たちは……

人は明日があるから
今日を生きるのです。

人は明日のため、未来のため、何かをなすべく今日を生きているのだと思います。そして何よりも、子供たちやその子供たちのために、未来のいのちのしあわせを願って生きているのです。はるか遠い目標でもいい、幽《かす》かな光に希望を見出し、人は生きる勇気と喜びを得るのです。

一九世紀、人類は、イギリス産業革命の進展とその激流に呑《の》み込まれながらも、その新たな苦悩の中から、人間解放の壮大な理念と目標を見出し、それを思想と理論にまで高めました。そして、時代を超克する実に豊かな芸術や哲学思想、前世紀をはるかに超える様々な歴史観や社会・経済理論を育《はぐく》んできました。

その中でも、「社会主義」の思想と理論は、今では遠い過去のものとなった感は否《いな》めないものの、長年にわたる真摯《しんし》な学問的営為に裏打ちされた、それまでには見られなかった資本主義超克の包括的な体系を提示しつつ、日々の労働に打ち拉《ひし》がれ、民族の抑圧にもだえ苦しんでいた二〇世紀の多くの人々に、明日への夢と生きる勇気を与えてきました。

そのことは、今でも多くの人々の記憶の中に生きています。そして、人々が、貧困の苦しみと戦争の惨禍《さんか》に喘《あえ》ぎながらも、何とか生きてゆけたのは、人類始原の自由と平等と友愛の自然状態に回帰し、自らを解放するという、一九世紀後半に到達したこの崇高《すうこう》な理念と目標があったからではないでしょうか。

一九世紀、貧困と抑圧からの解放をもとめる広範な民衆と、新しく登場してきた労働者の運動は、この思想と理論によって、未曾有《みぞう》の高まりを見せます。そしてやがて、二〇世紀の現実世界をも変革していったのです。

二〇世紀に入ると間もなく、ロシアの地に社会主義政権が誕生し、それは周縁諸国へと拡張し、一大社会主義体制へと展開してゆきます。世界は、資本主義と社会主義の二大陣営の対立構図の時代に入っていったのです。私たちが研究してきた内陸アジアの奥地モンゴルも、その例外ではなく、一九二〇年代の前半には、世界で二番目の社会主義国となり、以来、ソ連を中心とする東側陣営の一翼として、近現代を歩むことになりました。

しかし、六〇年代になると、社会主義世界体制は、早くも翳《かげ》りを見せはじめ、八〇年代には、その行き詰まりが囁《ささや》かれるようになりました。九〇年代初頭、ソ連社会主義は、ついに崩壊、その終焉《しゅうえん》が誰の目にも明らかになると、資本主義への過剰なまでの高い評価と無節操な謳歌の合唱が、西側・東側を問わず、瞬《また》く間に広がってゆきます。世界の多くの人々に、アメリカ型の「拡大経済」が永遠不動のシステムと映ったのも、当時としては、無理もないことであったのかもしれません。

それも束の間、この「拡大経済」システムの巨体は、脆《もろ》くも綻《ほころ》びはじめます。支配勢力は、それを繕《つくろ》い、その崩壊を食い止めようとあがき、残された最後の僅《わず》かな良識をもかなぐり捨て、狂乱状態に陥《おちい》ってゆくのです。それが今日の姿です。

今、人類は、かつて希望の星と仰いだ「社会主義」にも失望し、現存の資本主義にも幻滅《げんめつ》して、生きる明日への目標を見失っています。そして、今なお人類は、先達が前代に見いだした未来像に代わる、二一世紀の自らの新たな「未来社会論」を構築し得ずにいるのです。

人間が明日を失った時、それがどんな惨《みじ》めなことになるか、今、私たちが生きているこの二一世紀初頭の時代を見るだけでも十分に分かるはずです。人々は、欲望のおもむくままに功利を貪《むさぼ》り、競い、争い、果てには心を傷つけ合い、人を殺し、国家も「正義」の名において、多くのいのちを殺すのです。その醜い争いや残虐《ざんぎゃく》きわまりない自己の行為を隠蔽《いんぺい》し、正当化するために、個人のレベルでも、国家のレベルでも、虚偽《きょぎ》と欺瞞《ぎまん》が世の中に蔓延してゆきます。そして、この倫理喪失《そうしつ》のスパイラルは、とどまることを知らず、人間を苦しめながら闇の中へと沈めてゆくのです。これほど大がかりに、しかも構造的に人間の尊厳が傷つけられ貶《おとし》められた時代も、ほかになかったのではないでしょうか。

日本の、そして世界の多くの人々が、今も深く重く苛《さいな》まれている閉塞感。その最大の要因は、人類がどこへ向かって、どこへ行こうとしているのか、つまり、未来社会への展望を完全に見失ったことにあると言わなければなりません。今、私たちは、人類普遍の理念と目標不在の海図なき時代に生きているのです。

二一世紀の初頭にあたって、私たちはあらためて、二〇世紀、人類が歩んできた実践の軌跡を辿《たど》る中で、一九世紀に到達した思想と理論の体系を、もう一度、根底から検証し直す必要に迫られています。今、私たちは、一世紀余にわたる世界の現実の変化をも新たに組み込むことによって、私たち自身の「21世紀の未来社会論」を構築しなければならない時に来ているのです。二一世紀は、一九世紀以来えんえんと続いてきた資本主義超克の議論と実践の、まさに仕切り直しの時代であるのかもしれません。

戦後日本は、戦禍《せんか》の廃墟の中から立ちあがり、「もの」の豊かさを追い求めて、必死の思いで突き進んできました。日本は、アメリカ型の「拡大経済」を模倣《もほう》し、「発展」させてきた点では、世界の中の優等生になったのかもしれません。しかし、私たちは、大地を離れ、あまりにも遠くに来てしまいました。アメリカに憧《あこが》れ、ひたすらそれを追い求めているうちに、いつの間にか思わぬところに来てしまったようです。

本来、家族は、自然との接点にあって、農という営みを通じ「もの」をつくり出す〝場〟であり、また、人間の「いのち」そのものを育む〝場〟でもありました。この「家族」という〝場〟で、人間は、生きる力を養ってきたのです。しかし、もはやその豊かな機能は失われ、家族は空洞化し、瀕死《ひんし》の状態に陥っています。

今、人間にとって本源的で大切なものは何かと問われれば、それは迷うことなく、今日の私たちには失われてしまったこの原初的な生きる力である、と答えるでしょう。そして、本来、人間は、自然の一部であり、人間そのものが自然であり、やがて人間は、自然に還《かえ》り大地に融合し、一体化してゆくということへの深い理解であろうかと思うのです。

私たちがこれから、人間の生き方や人間社会のあり方を考えるとき、この自然の〝哲理〟ともいうべきものを今日に甦《よみがえ》らせ、それをその考察の根底にしっかりと据えてかかることが、もとめられているのだと思います。その上で、今、何よりもまず解決しなければならない二一世紀の緊急にして最大の課題は、大地からはるか遠くに乖離《かいり》した人間をどのようにして大地に引き戻し、大地にどれだけ近づけていけるのか、ということにあるのだと思います。そのために、「地域」や社会の仕組みや枠組みをどうすべきなのかを、根本から考え直さなければならない時にきているのだと思います。

にもかかわらず、私たちの現実は、どうなっているのでしょうか。私たちが今こそ真剣に考えなければならない、一人一人のいのちのありようや、国民の暮らしや社会のあり方への真正面《まとも》な省察は、絶えず避けられ、先延ばしにされてきました。「構造改革なくして、景気回復なし」のかけ声のもと、目先の景気を回復させさえすればそれで事足りるとする、安易で無節操な風潮が蔓延《まんえん》し、今もってそこから抜け出すことができずにいるのです。

今日のわが国のこの状況は、あたかも巨大豪華客船「日本丸」の命運にも似ています。すすむ先には、断崖絶壁《だんがいぜっぺき》の恐るべき大瀑布《ばくふ》が待ち受けているにもかかわらず、船長をはじめ乗組員や乗客も、船が一体どこへ向かおうとしているのか、知らないし、知ろうともしません。ひょっとすると知るのが怖いのかもしれません。あるいは、今の居心地の良さに酔い痴《し》れて、この温もりがいつまでも続くとでも思い込んでいるのか、それとも「改革」と称して、船体をペンキで塗りかえ、甲板の上で、ああでもない、こうでもないと、縄の位置などの微調整をし、うわべのほころびを何とか繕《つくろ》えば、それで済むとでも思っているのかもしれません。船内では、毎夜、きらびやかなパーティーが開かれ、外界に迫る危機とは無関係に、豪華絢爛《けんらん》たる世界を演出しています。そうこうしている内にも、この巨体は少しも向きを変えることなく、刻一刻と断崖にむかって近づいてゆくのです。

起こりつつある日本や世界の現実から目をそらさずに、真正面《まとも》に直視さえすれば、この比喩が決して大袈裟《おおげさ》でも誇張でもないことに気づくはずです。

今、少年・少女の犯罪の急増に象徴される、子供たちのおかれている悲惨な状況や、年金・介護・医療など福祉や少子高齢化の問題、さらには失業やパート・派遣労働など不安定労働の増大による未曾有の労働条件の悪化、リストラうつ病の急増、年間自殺者三万数千人、莫大《ばくだい》な累積《るいせき》赤字を抱えたまま「破局のスパイラル」に陥った財政、農山村の極端なまでの過疎高齢化と都市部の超過密による国土の荒廃、外に目を転ずれば、アメリカによる残忍きわまりない不正義のイラク戦争、相次ぐ七・七ロンドン同時多発爆破事件、ハリケーン「カトリーナ」によって露呈した、理想社会と謳われてきたアメリカ社会の貧富の格差と凄惨《せいさん》な現実、フランス全土に広がったイスラム系移民の若者たちによる〝暴動〟。これら一連のどれ一つとっても、よしとされてきたこれまでの原理が完全に破綻し、制度全体が崩れ落ちてゆく姿が見えてきます。

こうした危機的状況にあっても、人々も政治家も、目先のことだけに心を奪われ、ひたすら保身につとめ、うわべだけの嘘《うそ》の「改革」をおうむ返しに叫びながら、今の温もりを何とか失うまいと必死になり、政争に明け暮れているのです。「景気回復」とか、「構造改革」とか、「IT革命」とか、「郵政民営化」、さらには安倍新政権が唱える「再チャレンジ」とか、「教育改革」などと聞こえはいいのですが、それは所詮《しょせん》、従来の原理に沿った生き方を強化こそすれ、これまでの社会のあり方を少しも変えるものではありません。それどころか、人々の暮らしや心のありようまでをも根底から崩してゆく危険すら、はらんでいるのです。誰のための「改革」なのかが、今、問われています。

思えば、歴史がはじまって以来この方、圧倒的多数者であるべきはずの民衆による、民衆のための誠の改革は、一貫してないがしろにされてきました。そして、特に近代以降は、政・官・財・学の結合体が立案した、為政者による偽り《いつわ》の「改革」が、大手を振って罷《まか》り通るようになりました。そして今、本来、広く民衆の立場に立つべきはずのマスメディアまでもが、この結合体に身を寄せ、人々の意識を巧みに操作する役割すら果たす、そんな時代になってしまったようです。

築きあげられた恐るべき、この巨大な体制の勢いに圧倒されたかのように、民衆による真の「改革」構想は、ほとんど影をひそめてしまいました。その結果、私たちは、今もなお、この長年の悪弊《あくへい》を断ち切ることができずに、不公正を強いられ、苦しんでいます。

私たちは、民衆による、民衆のための「改革」とは、一体、何かを根本から考え直し、人類史に新たな地平を切り開く、未来への足がかりを築かなければ、どうにもならないところにまで追い詰められてしまったのです。

二一世紀の今、日本が、そして世界が必要としているものは、一八世紀イギリス産業革命に端を発し、二〇世紀初頭に完成を見たこの市場競争至上主義のアメリカ型「拡大経済」の路線の根本的転換なのです。

今こそ私たちは、子供たちの、子供たちの、そのまた子供たちのためにも、まず何よりも勇気を出し、巨大豪華客船「日本丸」の舵《かじ》をいっぱいに切り、ゆっくりではあっても着実に、舳先《へさき》を断崖の方向から、明るく広々とした大海原の方へと向けてゆかなければなりません。それは、人間の尊厳を貶《おとし》め、人間を徹底的に破壊し、人類自滅の道に追い遣《や》る市場競争至上主義のアメリカ型「拡大経済」から、人間の復活と豊かな人間性を育む、それこそ本物の「循環型社会」、「持続可能な共生社会」への転換でなければならないのです。

「持続可能な循環型共生社会」の内実とは、一体、何なのか、そして、それをどのようにして実現してゆくのか。これこそが、二一世紀、人類に突きつけられた、最大の課題であるのです。

前世紀以来のこの難題は、あまりにも長い間放置され、未解決のまま今日にまで残されてきました。何ともいいようのない焦燥感《しょうそう》に駆《か》られながらも、世界の「辺境」の「辺境」、モンゴルの山岳・砂漠の村ツェルゲルからの視点に助けられて、この十数年来、日本の現実と向き合い、調査を重ねながら、ようやく「21世紀の未来社会論」として、「菜園家族」構想なるものを提起することになりました。

従来の近代化論では、人間を狭隘《きょうあい》な世界の枠に閉じ込めるものとして、ややもすると否定的に扱われてきた「家族」を、ここではあえて、根源的に捉えなおそうとしています。

「家族」は、人類史上長きにわたって、自然と社会を結ぶ媒体《ばいたい》として、たえず自然との物質代謝過程を「家族」という人間集団の形で担いつつ、人間のいのちを育み、人間を発達させてきました。しかしながら、長期にわたる「資本の本源的蓄積過程」を経て近代をむかえると、自らの自然的生活基盤を完全に失った、根なし草同然の賃金労働者という、よく考えてみると、人類史上前代未聞の、実に奇妙としか言いようのない人間の存在形態が、新しく生み出されることになったのです。それにともない、「家族」は、それまでにあった独自のきめ細やかな機能を失い、その変質を余儀なくされ、「家族」そのものが衰退してゆきます。

二一世紀の今日、私たちが遭遇《そうぐう》している社会や経済や文化や精神の危機的状況は、この人間の存在形態の激変に伴う、「家族」の変質・衰退と無関係ではありません。

本書の核心部分は、この「家族」を歴史的にどう捉え、さらにそれが未来にむかってどのような道を辿るのか、という点にあります。そして、新たに形成されるこの「家族」を基盤にして、未来社会をどのように展望できるのか、という点にあります。したがって、本書では、この「家族」の問題が基軸になって、「地域」へと論が展開されてゆくことになります。このことをまず、おさえていただければと思います。

さて、読者の方々のそれぞれの地域においても、人間本位の、それこそ本物の「持続可能な循環型共生社会」を、どのように築いてゆくのか、というこの重いテーマは、おそらく遅かれ早かれ、すべての人々の身近な問題として立ちあらわれてくるに違いありません。こうした思いから、二〇〇〇年に、『週休五日制による 三世代「菜園家族」酔夢譚《すいむたん》』（Ｎｏｍａｄ）で、初めて「構想」を提起して以来、二〇〇一年には、『菜園家族レボリューション』（現代教養文庫、社会思想社）を、続いて二〇〇四年秋には、『森と海を結ぶ菜園家族―21世紀の未来社会論―』（人文書院）をまとめ、出版してきました。

この『森と海を結ぶ菜園家族』が出て間もなく、理論社の創業者であり、九〇歳の今でも健筆をふるっておられる作家の小宮山量平さんが、月刊誌『自然と人間』の巻頭言「千曲川のほとりで」の中で、私たちのこの本について、次のように述べられていました。

「…持ち重《おも》りのするこの一冊のページをめくりながら、ちょうど今二〇〇ページ余第四章まで読み進んだ時点で、もはや充分に私の胸は熱くなるのでした。ああ、こういう本こそが待たれていたのだ！―と私はつぶやかずにはいられませんでした。…まぎれもなくこの一冊は、〝21世紀の未来社会論〟として、こんなにも労働が貶《おとし》められ、こんなにも正当な権利が踏みにじられ、こんなにも希望の着地点から遠ざけられている若い同胞《とも》たちのために、当代の悩みと苦しみという〝異物〟との格闘の中から生まれて来たと思うのです」。そして、「希《ねが》わくはこの一冊を三分冊ほどのハンディなテキスト判として、各地で希望を語り、誠実を胸に刻む学習の環《わ》が生まれたらと夢見るのです」と結び、「今こそほんとうの学習運動の燃え上がる季節が訪れている」と副題が添えられていたのです。

ある伝説的な蝶《ちょう》が、リオデジャネイロで羽をはばたかせると、シカゴの天気が変化するという有名な話があります。折しもこの混沌《カオス》の時代に、秘《ひそ》かに志を同じくし、また、カオス的な系においては、いかなる小さな変化も、大きく増幅されるとするこのバタフライ効果を、心より期待もし願う者の一人として、より多くの方にこの「菜園家族」構想について知っていただきたいと、常々、考えてきました。こうしたことから、この度、既刊の『森と海を結ぶ菜園家族』を、いっそう発展させた形で、さらに、学習のためにも手ごろなものにと、できる限り読みやすい分量で、しかも、新たに重要であると思われる考えも織り込みながら、理解しやすい表現に心がけて、まとめ直しました。

本書は、結局、突き詰めて言えば、苦しみと不条理に満ち満ちた今日の社会の閉塞状況をいかにして打開し、二一世紀の未来にむけてどう生きるべきなのかを考えてゆくことになります。したがってこの本は、地域や職場で様々な問題を抱えて苦労されている方々、リストラによって職を奪われた方々や、パートや派遣労働やフリーターなど、不安定労働に現に苦しんでいる方々、「就職氷河期」でふりまわされ、将来を思い悩んでいる学生たち、定年退職を目前にして、新たな人生を切り開こうと考えている団塊の世代の方々、あるいは子育てや子供の教育に悩み、家族とは、教育とは一体何なのかを真剣に考え努力されている方々に、何よりもまず読んでいただきたいと願っています。そして、本書をきっかけにして、様々な分野の研究者や市民の方々が、二一世紀の未来社会論の構築にむかって、知恵をしぼり、研究されることを切に希望します。きっと二一世紀の未来社会論に、新たな局面が開かれてゆくのではないかと期待しています。

よく考えてみると、この本は、今、中学生や高校生である若い世代が大人になる、二一世紀の未来の生き方の問題を考えていることになります。その頃、この若い人たちは、自らの家族をもち、子供にむき合うことになっているはずです。そんな中学生や高校生の若い世代の中から、一人でも二人でも、この本を読む人があらわれ、二一世紀の未来のことを、今から大人たちとともに真剣に考え、語り合うことになれば、どんなに素晴らしいことでしょう。

子供は、もともと、自由自在に野や山を駆けめぐり、畑や田んぼの中で、思いきり、どろんこになって遊びたいと思っているのです。

いつのまにか、子供たちも、そして大人も、温もりのある豊かな大地から引き離され、血の通わぬ無機質な、それでいて憎悪と欲のみが渦巻く、そんな憐《あわ》れな修羅場の世界に幽閉《ゆうへい》されてしまいました。幼い子供たちは、その小さな心を痛め、声にもならない悲痛な叫びをはりあげて、必死にシグナルを発しています。

こんな惨《みじ》めな世界を、大人も子供も、はじめから望んでいたわけではありません。しかし、今から思えば、いつの頃からか知らぬ間に、ズルズルと、そんな世界に引き込まれていったのです。このままでは、おそらくこれから先も、誰もが望むはずもない、この恐るべき世界の闇の深みへと、ますます引き摺《ず》り込まれてゆくにちがいありません。

今、私たちは、誰もが望むはずもない、このおぞましい世界へ、なぜ、こんなにも簡単に引き込まれてしまうのか、そのわけを、本当は知りたいと思っているのです。

しかし、今日の社会的風潮がそうであるように、いつまでも優柔不断な態度で、手をこまねいているだけでは、おそらくその答えは、返ってはこないでしょう。私たちは、何よりも一人の人間として、この世界の重圧にもがき、必死に救いをもとめている、子供たちの小さないのちの真実に、真正面《まとも》にむき合う勇気をもたねばなりません。そして、子供たちに伝える未来への夢を本気で探り、語ろうとする思いがあるならば、自ずとこの世界のなぞは解けてくるはずなのです。

この本では、理論的に難解と思われる部分については、本質をそらすことなく、できるだけ平易に書いたつもりです。巻末の文献案内も、若い人たちを念頭に、学習のための参考書の部類や、絵本、児童文学、映像作品なども含めて紹介しました。中学生や高校生以上の知識や学力があれば、本書はきっと理解していただけるものと思っています。

現代は、あまりにも世代間の交流が少なく、世代の継承関係が断たれたまま、思い思いに行動しているのが実情です。世代間の断絶、これは人類史上、稀に見る異常な事態です。こうした状況を克服するためにも、若い人たちから高齢者まで、あらゆる世代の人々とともに、二一世紀の未来を考えつづけてゆきたいと願っています。

第一章　大地に明日を描く

人は明日があるから
今日を生きるのです。

東アジアの中の日本とモンゴル

モンゴル遊牧社会の研究をはじめてから、いつのまにか長い歳月が過ぎてしまいました。その間、草原や山岳・砂漠の遊牧民家族と共に生活し、一年あるいは二年という長期の住込み調査や、短期のフィールド調査をまじえながら、日本とモンゴルの間を何回も行き来することになりました。

ここに提起される日本社会についての未来構想は、この両極を行き来しながら、風土も暮らしも価値観も、日本とは対極にあるモンゴルから日本を見る視点、そして、そこから生ずる何とも言いようのない不協和音を絶えず気にしつつ、長年考えてきたことが下敷きになっているのかもしれません。

モンゴルの遊牧民からすれば、日本は「輸入してまで食べ残す、不思議な国ニッポン」に映ることでしょう。本当は憤《いきどお》りさえ覚えているのかもしれません。高飛車《たかびしゃ》に「あんたたちは、経済というものを分かっちゃいないんだよね」などと言って、世事に擦《す》れた感覚に、薄汚れた常識を振り回し、せせら笑ってすませる場合ではないのです。

話は前後しますが、こうした日本とモンゴルの間の長年の行き来の中でも、とくに一九九二年秋からの一年間、山岳・砂漠の村ツェルゲルでの生活は、日本社会のこの未来構想を考える上で、貴重な体験になっています。

一九八九年のベルリンの壁の崩壊、それにつづく民主化の波は、内陸アジアの奥地モンゴルの遊牧地域にも押し寄せてきました。遊牧の集団化経営ネグデル（旧ソ連のコルホーズを模倣してつくられた組織）の破綻《はたん》の中から、伝統的遊牧共同体の再生への動きがはじまります。この中で、遊牧民たちは新たに降りかかってくる市場経済に対抗して、自らの暮らしを守るために新たなる〝共同〟への模索をはじめるのです。

こうした「地域」の動きを縦糸に、そして、四季の自然の中で生きる遊牧民の日常の暮らしの細部を横糸に織り成

ツェンゲルさんとその家族　ゴビ・アルタイ山中の村ツェルゲルの遊牧民ツェンゲルさんは、「民主化」以前から、過酷な自然とたたかいながら、ヤギを放牧して家族を支え、仲間とともに「地域」に根ざした共同体の再生を模索してきた。

山岳・砂漠の村ツェルゲルにある冬営地　ツェンゲルさんとその弟フレルさんの家族とともに、調査隊員五名は、1992年、越冬することになった。

して制作したのが、ドキュメンタリー映像作品『四季・遊牧—ツェルゲルの人々—』です。

今、大阪・神戸・京都・名古屋・東京・仙台をはじめ大都市部や、山陰・四国・九州や長野の村から沖縄まで、日本の各地でこの作品の上映会が行われ、二万人を超える人々が参加され、大勢の方々からたくさんのご意見やご感想が寄せられています。そこにあるのは「先進国」といわれている日本社会のあり方に対する痛切な内省であり、「遅れている」といわれている遊牧民たちの暮らしの中に、二一世紀の自分たちの暮らしのあり方を探ろうとしている真剣な姿です。

今から五年前、本章の元になった小冊子『週休五日制による・三世代「菜園家族」酔夢譚《すいむたん》』（Ｎｏｍａｄ、二〇〇〇年）を刊行し、日本社会の未来構想について一つの考えを提起しよう、と思い立ったのも、こうした各地の上映会を通じての、市民のみなさんとの心の交流によるところが大きかったことを、ここに申し添えさせていただきたいと思います。

この小冊子の表題を『三世代「菜園家族」酔夢譚』としたのは、酔心《よいごこ》地《ち》・夢心地《ゆめごこち》で考えをまとめた、という意味ではありません。むしろ不完全で未熟ではあっても、あるいは多少の誤りがあったとしても、これまでの常識にはとらわれない、自由自在な精神で物事を考えてみたい、と願ったからです。また自由奔放《ほんぽう》な発想で、自分自身をも含めて、これまでの考え方に挑戦してみたい、という願いからでもありました。ですから、未熟さや不完全さはもちろんのこと、誤りは覚悟の上でした。

このたびこの小冊子を、あらためて本章に組み込み、「菜園家族」構想の基礎として位置づけたのは、二一世紀はおそらくそんな変革の時代になるのではないか、といった漠然とした受け身の期待や願望からだけではありません。今、深刻な不況と実に暗い閉塞《へいそく》状況の中にありながらも、耳を澄ませ聞き入る心の余裕があるならば、はるか遠い地平から幽《かす》かながらも、今までにはなかった未来への確かな足取りとうねりが感じとれるからなのです。そして、そのうねりの正体は、何よりも人々のひたむきな姿勢そのものであり、人間の尊厳を希求してやまない魂の叫びでもあるように思えるのです。この魂がある限り、人類の未来への道は閉ざされることはないでしょう。

人間を大地から引き離し、虚構の世界へとますます追いやる市場競争至上主義の「拡大経済」に、果して未来はあるのでしょうか。ここに提起する〝大地に生きる〟人間復活の唯一残されたこの道に、あらためて、「21世紀のレボリューション」の思いを込めたいと思います。

二一世紀は、このままでは済まされないでしょう。きっと今日の「行き詰まり」の中から、人間の尊厳の回復をめざして、産業革命以来の「拡大経済」の軌道を根底から変える、大変革の時代をむかえることになるにちがいありません。自由な発想にもとづく、大胆な提案が今、あらためて求められている所以《ゆえん》でもあります。

1　閉塞の時代――「競争」の果てに

少なくとも、働き盛りを戦後の高度経済成長期に生きてきた世代のおおくは、自然にとけ込むようにして暮らしてきた幼い日の記憶を、昨日のことのように思い起こすことができます。しかし、大地と共に生きてきたこのような暮らしは、いつの間にか、私たちの身近な周囲からは消えてゆきました。

この瞬時とも思える、二〇世紀後半の私たち日本人の暮らしの激変。この淵源《えんげん》を冷静にたどってゆくと、海の彼方《かなた》の遠い地で、かつて起こった出来事に行きつくのですが、そこから世界にむかって、それなりの〝理《ことわり》〟にもとづいて拡張しつつ、今日の私たちに連動してきた歴史と、今、私たちがおかれている現実の姿は、そのことによって、意外にもくっきりと見えてくるのです。

「拡大経済」と閉塞状況

誰でも知っているように、一八世紀の後半に入ると、イギリスでは産業革命がはじまり、一九世紀には大陸ヨーロッパの産業革命も動き出します。人々は生産力も富も無限に増大するという実感を覚え、科学技術の力によって、無限に拡大できると信じるようになりました。

そして、やがてこうした考え方は、ヨーロッパでは大勢を占めるようになり、このような人々の意識にもとづく新しい生産の方法は、これまでの人類史にはかつてなかった新しい「拡大経済」を生み出します。それはやがて新大陸へと広がり、今日の大量生産・大量浪費・大量廃棄型の経済の原型を作り出し、第一次世界大戦後のアメリカにおいてその社会システムを確立し、今日に至るのです。

この「拡大経済」の際立った特徴の一つは、市場原理にもとづく徹底した「競争」です。この社会において強者として生き残るためには、この「競争」によって弱者を倒すか、あるいは統合するかしかなく、巨大化の方向をたどらざるをえないのです。そして、この「競争」に勝ち抜くために、生産性の向上を旗印に、分業化をいっそう押しすすめ、それを、社会のあらゆる部門・分野の隅々にまで徹底させることによって、生産の効率を高め、利潤を最大限に追求しようとします。

その結果、まず社会は農業と工業に完全に分離されるだけではなく、生産と消費と流通など社会の各部門内においても、機能の細分化は極度に進行します。金融は本来のあるべき社会的機能から逸脱して、さらなる私的利潤を求めて、生産からますます乖離《かいり》し独自性を強めながら、お金がお金を産み出す安易で効率的な利潤追求の方法をさらにあみだし、邁進《まいしん》することになります。

「拡大経済」のもう一つの際立った特徴は、こうした競争原理が、経済の分野にとどまらず、教育・文化芸術・思想・倫理等、人間の精神生活のあらゆる分野にまで貫徹するという点にあります。

その顕著な例として、教育の分野が挙げられます。人間を生産力のもっとも重要な構成要素の一つと見做《みな》し、それを極端に一面的に捉える立場から、子供にも父母にも競争を煽《あお》り、効率的な人材育成をはかり、生産性を高めようとするのです。その結果、教育現場は荒廃し、子供たちに多大な犠牲を強いることになります。

飛び込み　子供は本来、個性的である。好奇心旺盛で、溌剌とした生命力にあふれている。
画・前田秀信

こうした状況の中では、子供たちは、仲良く助け合い共に生きることの大切さを学ぶよりも、人を蹴落《けお》としてでも人の上に立つことが、当たり前であるかのように思い込まされて育ってゆきます。子供たちにはもともと個性的で多様な才能があるにもかかわらず、さまざまな可能性は断たれ、画一化されて、ひたすらこの道のみが生きる道、と思い込まされ、競争に挑むのです。

そして、巨大なピラミッド形の頂点に立つ、一握りのごく少数の子供たちだけが勝ち残り、この激烈で無意味な競争に敗れた大多数の犠牲者たちは、自己を見失い、人間不信と無気力に陥《おちい》るほかありません。その結果、子供たちの世界にどのような状況をもたらしてきたかは、ごく最近の一連の事件を見るだけでもご理解いただけるものと思います。

戦後の日本は、戦禍《せんか》の廃墟の中から立ちあがり、〝もの〟の豊さを追い求めて、無我夢中になって一つの道を突きすすんできました。アメリカ型のこの「拡大経済」を模倣し、「発展」させてきた点では、世界の中の優等生になったのかもしれません。その結果、都市では高層ビルが林立し、街には自動車が氾濫《はんらん》し、家庭の電化はすすみ、今は、高度情報化社会をめざしてまっしぐらです。

こうした中で、人々はあくせくと働かされ、生活スタイルは大きく変えられてしまいました。映画・テレビ番組といったマスメディアは、視聴率を競い、ますます刺激性と奇抜さに頼って、低俗の方向へと流されてゆきます。若者の流行の先端をゆく「渋谷」。ここでは額に汗して働くことなどは、もうとっくに若者の頭の中からは消え失せ、楽に気ままに生きることだけが求められ、一過性の文化、うわべばかりの流行が追い求められてゆくのです。

　こうした現象は、「渋谷」に限らず日本のどの地方でも、その「模倣」は氾濫しています。また、この現象は、若者だけに特に限られたわけではなく、若者に特別に敏感に受容され、集中して表われたにすぎないものであって、その意味では「渋谷」は、「拡大系」日本社会全体の象徴であるといってもいいのです。

　私たちは、こうした「拡大経済」を、〝人類の発展〟と思い込み、追い求め、成功の花を咲かせたつもりでいるのですが、それはひょっとしたら、〝あだ花〟にすぎないものなのかもしれません。

　一八世紀後半、西ヨーロッパの片隅に端を発し、拡張してきた「拡大経済」のゆき着くところは、結局は、地球の隅々にまで徹底した世界的規模での大量生産・大量浪費・大量廃棄型の社会の完成です。そのことは、市場原理至上主義にもとづく競争が、世界的規模で展開されるということを意味しています。競争はますます熾烈《しれつ》になり、弱肉強食の様相は一段と深刻さを増していかざるをえません。

　こうした傾向は、何も西側諸国に限ったことではありません。かつてのソ連邦も、「ソ連型社会主義」という経済システム上の多少の違いはあったにせよ、こうした「拡大経済」の思想が根底にあった、という点では西側と共通でした。そして、東西の垣根が崩れ、一つの世界市場に統合されるや否や、まさにこの競争原理によって、その体制はもろくも崩れ去り、今もこの競争原理の弊害によって、人々の暮らしは混迷に陥っているのです。

　今日、地球人口六〇億のうち、十二億は富める国に、四

ケータイ親指族　「あ、メール」「新しいカレシ？」「そう、留守録に声入ってるから、聞く？」「ウッソー、声、超カッコイイ」—メールを打つ親指が「携帯」キーの上で魔術師のように躍る。彼女たち・彼たちは、心地よい自己の世界に遊びながらも、知らず知らずのうちに、IT産業にお金を吸いとられてゆく。写真提供・共同通信社

八億は貧困に喘《あえ》ぐ国に暮らしているといわれています。米国の一人当たりエネルギー消費量は、途上国の一〇倍から三〇倍と途方もなく大きく、日本も途上国の数倍になっています。国土が狭く資源に恵まれない日本で、一億二〇〇〇万人もの国民が豊さを享受できているのは、中東から石油を調達し、アメリカから麦・大豆や飼料穀物を輸入しているからです。途上国を中心に、世界中には八億人を上回る人々が飢餓や栄養不足に苦しんでいる一方で、先進国の人々はサハラ以南アフリカの人々の五倍近い穀物を消費し、しかも大量の食べ物を廃棄しています。

世界の貧富の格差はますます増大してゆくとともに、市場原理至上主義にもとづく競争の激化は、何よりも人間の精神を荒廃させます。友愛に代わって敵愾心《てきがいしん》が助長され、世界の「地域紛争」は頻発の度を加え、世界は対立と抗争の時代へとむかっています。

地球資源の限界と、地球環境の保全から考えても、こうした世界的規模で展開されようとしている「拡大経済」の行き着く先に、未来はないことははっきりしているのです。

市場原理と家族

一九八九年、ベルリンの壁の崩壊による東西対立の終焉《しゅうえん》によって、世界戦争の危機は回避されたと、誰もが思ったことでしょう。しかし、現実には、その後は世界各地で「地域紛争」が頻発し、ハイジャックや「テロ」なども急増し、なかんずく子どもたちの犯罪は、低年齢層にまで広がりを見せる深刻な事態に至っています。

その遠因の背景には、東西対立の終焉による世界市場の一体化の動きの中で、世界的規模での市場競争がかえって激化し、それにともなって、人間精神の荒廃が世界規模ですすんでいることがあげられます。

ソ連崩壊後、一九九〇年代の一〇年間は、人々はみな、資本主義が勝利したと錯覚し、余りにも無批判的に、流行語のように、グローバリゼーションとかグローバルスタンダードとかいう言葉を安易に使ってきました。そして、現在でも、そうした言葉が疑問もなく、自明の善として使われているのです。

そして、アメリカ型「拡大経済」の市場競争至上主義は、地域や社会の基盤を成す家族にまで浸透してきています。家族は今、この世界規模で展開される市場競争至上主義の荒波に翻弄《ほんろう》されています。

家族は本来、〝いのち〟と〝もの〟を再生産するための、人類にとってはかけがえのない〝場〟でありました。そこでは、〝もの〟の生産と消費にとどまらず、〝いのち〟を育む〝場〟として、少なくとも三世代の人々が力を合わせ、家族愛に支えられながら、大地に直接働きかけ、自らの〝いのち〟をつないできたのです。家族は、長い歴史をかけて作りあげられてきた、人類のかけがえのない大切な遺産でもあったのです。

　人類史上、人間が未発達で、能力も全面的に開花していない段階にあっては、家族は、人間の諸能力を引き出す、優れた〝学校〟の役割を果たしてきました。家族には、人間の発達を促すための、ほとんど全ての要素が含まれています。炊事や育児・教育・医療・介護・こまごまとした家事労働など、暮らしのあらゆる知恵、農業生産の総合的な技術体系、手工芸・手工業や文化・芸術の萌芽的形態、それに、娯楽・スポーツ・福利厚生の芽、相互扶助の諸形態、共同労働の知恵、これらがすべて未分化のまま、ぎっしり詰まっているのです。これは、他に類例を見ない優れた人間の最小の組織であり、小さな血縁的共同体なのです。

餅つき　画・前田秀信

　こうして大地に根ざし生きてきた家族においては、大地と人間の間を巡る物質代謝の循環に適合した、ゆったりとした時間の流れの中で、自然との〝共生〟を基調とする価値観、これにもとづく人生観や世界観が育まれ、人々は、これにふさわしい生き方を築きあげてきたのです。

　先に触れたように、私たち人類は、産業革命以来、生産性の向上と効率性を求めて、一貫して分業化をおしすすめてきました。その結果、家族の内にもともと内包されていたこれらのさまざまな機能の萌芽は、発達し、専門化するにつれて、やがて家族の内から外へと追い出され、ほとんどが社会化され、制度化されてしまいました。そのため、家族の中にもともとあった、きめ細やかで多様なこれらの機能は、ついには何も残らなくなってしまったのです。

　こうした近代化の一般的趨勢《すうせい》に加えて、とくに東西冷戦体制の崩壊後は、市場競争は熾烈さをきわめ、その波は世界の隅々にまで押し寄せてきました。市場競争至上主義の名のもとに、生産性の向上、経済効率のみが最優先され、分業化はさらにいっそう押しすすめられ、家族の基盤は根こそぎ揺らぎはじめたのです。ここに、今日の社会的危機の深刻さと重大性があるのです。

かつては、〝いのち〟の再生産の〝場〟と、〝もの〟の再生産の〝場〟が描く二つの円環は、家族という〝場〟において、ほとんど重なり合い一致していました。ところが、産業革命以後、この分業化の波は、まず手始めに家族の中から農業と「工業」を完全に分離し、さらには「工業」を家族の外へと追い出し、遠方へと遠ざけてしまいました。その結果、この二つの円環はいっそう離れ、両者の重なる部分はますます小さくなり、ついにはほとんどなくなってしまったのです。

そして今では、家族は大地から離れ、農業さえも捨て、生きるために必要なものは、ほとんど全部、賃金でまかなわなければならなくなり、土地を離れ職を求めて、都市に集中していかざるをえなくなりました。通勤に要する時間は異常なまでに長くなり、こうしたことと並行して、核家族化はいっそう促進されてゆきました。このことは、家族が完全に丸ごと市場に組み込まれ、市場競争の波にもろに晒《さら》されるようになったことを意味しているのです。

かつては大地をめぐる自然との物質代謝・物質循環のリズムに合わせて、ゆったりとした時間の流れの中で暮らしてきた人々が、突然この循環を断たれ、賃金よりほかに生きる術《すべ》、生きる基盤を失ったのです。つまり、大地から遊離し、たえず不安の中に暮らさなければならない状況に陥ってしまったのです。

したがって、大地を失ったものにとって、自分の子供に継承するものは何もありません。子供の将来を考えるとき、唯一教育への投資だけが頼りにならざるをえません。その結果、子供への教育が異常なまでに過熱してゆきました。

教育は本来の姿を失い、極端に歪《ゆが》められてゆきます。学歴社会の構造は、幼稚園から大学に至るまで、細部にまで系列化され、制度化されてゆきます。できあがったこのヒエラルキーの体系に乗らない限り、生きる道はないかのごとく思い込まされ、ここでも「競争」は激化されてゆくのです。

母親たちや子供たちの視野は狭く閉ざされ、ただでさえ狭い世界の中で、反目は助長されてゆくことになります。数年前、母親が知り合いの幼い園児を殺害した不幸な事件が報道されましたが、これは決して特殊な問題として片付けるわけにはいきません。こうした歪んだ教育の体制が生んだ、きわめて根の深い問題であるからです。

子供たちから自然を奪ってきた要因は、二つあると考えられます。一つは、都市化がすすむことによって、自然そのものが失われてきたこと。これは、大都市では深刻な状況に陥っています。もう一つは、先にもふれたように、市場競争至上主義のもとで教育そのものが歪められ、子供たちには自然にふれる時間的余裕すら与えられていないことです。この状況は、たとえ地方の農村であっても、変わりありません。こうして、都会でも田舎でも、「自然を奪われた」子供たちは、部屋に閉じこもってコンピューターゲームにいそしむか、学習塾に通うほかありません。

急速に普及したテレビゲームは、子供の成長や友人関係にも影響を及ぼしている。写真提供・毎日新聞社

一方、高齢化がすすむ中で、地域のとくにお年寄りたちは、従来、家族や地域の中にあった自己の役割や仕事を失って、生きがいもなく途方にくれています。あるいは病気や老衰による不自由な身体に悩み、介護の手立てがないまま、将来への不安を募《つの》らせてゆきます。

こうした子供の教育や老人の問題は、従来は家族や地域そのものの中に、それを保障する機能が備わっていたのですが、今ではすっかり失われてしまいました。しかも、家族が生きるために必要なものを自給する能力も完全に失われ、賃金にすべてを依存しなければならなくなったために、事態はいっそう深刻なものになっています。

賃金にすべてを依存しなければならない家族にとって、公的な社会保障が削減され、負担だけが増大してゆく中で、子供の教育費や老人介護に必要な経費はますます膨《ふく》れ上がり、それを補うために妻のおおくは、劣悪な条件のパートタイマーに駆《か》り出されることになります。夫の通勤時間は異常なまでに延長され、さらに長時間の残業が課せられ、妻はパートへ、子供は塾へ、という現代都市生活の典型的なパターンができあがってしまったのです。

家族全員がそろって共に過ごす時間は、ますます少なくなり、家族はバラバラの行動を余儀なくされ、空洞化してゆきます。家族が本来もっていた優れた面や機能は失われ、子供たちの成長は阻害され、さらにまた新たな教育問題、社会問題を引き起こすといった悪循環が、社会全体を底知れぬ泥沼の中へと沈めてゆくのです。

虚構の世界

私たちは、小学生のころ、教室でよく先生から「科学が発達すれば、機械が人間の労働の代わりをするので、人間は労働から解放され、自由な時間が増えて、人間の暮らしは楽になる」と教わったものです。

しかし、現実は、まったくこれとは反対の方向にすすんでいます。便利な機械がこれほどたくさん発明されたにもかかわらず、私たちはますます忙しくなり、セカセカ、コセコセと毎日、機械に振り回されて生きてゆかなければならないのです。そればかりではありません。優れた機械が導入されれば、一人当たりの労働時間が短縮されるどころか、解雇にむかい、一方、不況になれば、最近では当たり前のようにリストラと称して、人員削減をするという有様です。そして、こうした方針を打ち出した企業は、経営が優れていると市場に評価され、株価は上昇するというのです。

これでは一体、誰のための、何のための科学技術の発達なのでしょうか。「拡大経済」の市場競争至上主義のもと、機械が発達すればするほど、人間は忙しくなる、という奇妙な仕組みの中に、私たちは幽閉《ゆうへい》されてしまったのです。

私たちは、アメリカ型「拡大経済」に憧れ、〝もの〟の豊さを追い求めているうちに、いつのまにか思わぬところに来てしまったようです。私たちは、大地からかけ離れ、余りにも遠くに来てしまいました。

効率よく利潤を得ようと、農業を捨て、今や工業をもないがしろにして、富裕層は、投機的〝マネーゲーム〟に奔《ほん》走《そう》しています。額に汗して大地を耕し、〝もの〟を手づくりする術を忘れ、莫大《ばくだい》な利益を瞬時のうちに手にしようと、巨額の資金を操《あやつ》るディーラーや投資家の群像。巨万のマネーは、今、地球を駆け巡っています。この社会の末路を暗示しているかのようです。人類自身を産み出し、育んできた大地に背をむけ、私たちは、余りにも極端に〝虚構の世界〟に生きようとしています。そして今、私たちは、未曾有の〝構造不況〟といわれる深刻な状況に陥り、そこからの脱却の道を見失っているのです。

こうした「拡大経済」においては、〝景気回復〟の方法は、結局、消費拡大によって消費と生産の循環を刺激する以外にはなく、それは所詮、〝浪費〟の奨励にしかすぎません。「二一世紀は〝環境の時代〟」といって、「地球環境

日本経済の“激動”を映す株価　史上最高値を更新して取引を終えたバブル期の東証立会場（1989年12月29日）。写真提供・共同通信社

の保全」を声高に叫んでも、その同じ口から〝浪費〟を奨励しなければ立ち直れない、というジレンマに陥らざるを得ないのです。

　ですから、たとえ消費拡大によって、一時しのぎの〝景気回復〟が可能であったとしても、それは根本的な解決にはなりません。問題を先送りしたにすぎないのです。先送りすればするほど、あとでそれだけ再起不能な壊滅的な打撃をいつか受けることになるのです。生産をつづけるために〝浪費〟を奨励しなければならないような社会は、もはやゴミの上に築かれた楼閣《ろうかく》にすぎません。

　〝不況〟が声高に叫ばれてきましたが、それは地殻の表面にあらわれた危険信号にすぎないものであって、実は、その地殻の奥深いところで、現代社会の存立にかかわる極めて深刻な問題が潜《ひそ》み進行していることに気づかなければなりません。二一世紀をむかえた今、人類が産業革命以来、営々として築き上げてきた「拡大経済」の巨大なシステム、大量生産・大量浪費・大量廃棄型の生産と暮らしのあり方そのものが、問われているのです。

　六〇億のうち十二億は富める国に、四八億は貧困に喘ぐ国に暮らしているという世界の現実。私たちは、どうしても世界人口十二億、すなわち世界人口〝五分の一〟からの発想で物事を考えようとしてきました。今、私たちは発想を逆転させ、世界人口〝五分の四〟の立場に立って考える必要があるのではないでしょうか。〝浪費〟をしていることが、あとの〝五分の四〟の世界の人々にどんな結果をもたらしているのかを、同時に考えてみたいものです。

　私たちはどうあがいても、この母なる大地から離れては生きてゆけません。結局は、大地に帰ってゆくのです。私たち現代人は、この余りにも自明な事実に目を伏せ、日常の中から忘却の彼方《かなた》に追いやってしまったようです。現代の誤りのすべては、この〝大地〟と〝人間〟との関係、

〝生〟と〝死〟に対する日常的な無自覚に起因している、といっても過言ではありません。

上ばかりを見て競い合うのではなく、日々ひたむきに生きている普通の人々と共に助け合い、学び合い、仲良く生きるその術をとり戻すことが、今ほど緊急に要請されている時代は、ほかにありません。宿命としかいいようのない〝いのち〟というものを背負った人間同士の奥底に響き合う哀切の心を大切に、人間としての連帯感を育んでゆきたいものです。

おおくの人々が今日の社会状況を憂い、なんとかそこから脱却し、それに代わる新しい社会の枠組み・システムはないものかと考えはじめているのも事実です。にもかかわらず、この大量生産・大量浪費・大量廃棄のアメリカ型「拡大経済」は、依然として世界を席捲《せっけん》し、人々の暮らしを損ない、人間の尊厳を傷つけ、家族を崩壊の危機へと追いつめています。

市場競争至上主義という名の奇妙で捉えどころのない〝怪物〟は、世界の人々の意識の中を徘徊《はいかい》し、人間の本性の深いところに居座り、人びとの心を捉えて離そうとはしません。人々はあきらめにも似た境地でいるか、あるいはこの激烈な「競争」の中で立ち止まるようなことにもなれば、即、戦列から脱落し、とり残されてしまうのではないか、という不安と焦燥の中で怯《おび》えているのです。

生きる原型

長きにわたって、モンゴルの遊牧地域に入り調査をしてきたこともあって、どうしても遊牧地域の現実から、これとの対比の視点で日本の地域や社会を考えようとする習性が身についてしまったようです。一九八三年から一年間調査したウブルハンガイ県ブルドの遊牧地域や、一九九二年の秋から一年間調査した山岳・砂漠の村ツェルゲルは、逆説的な言い方になりますが、かえって日本の地域や社会を考察する上で、実に有効な視点を提供してくれたような気がしています。遊牧の大地に生きる人々を通して、日本を、そして現代世界を見ていたのです。

なかでも、ツェルゲルでの一年間の住込み調査では、はじめにも触れたように、その間に記録した映像をもとに、ツェルゲルの「地域」や人々の暮らしを作品に描くことができました。そして、この作品を日本の各地の人々と共に鑑賞し、意見を交流するいわば地域上映活動を通じて、日本の「地域」や社会が抱えている今日の問題にも、独特の視点からかかわることができたと思っています。

このドキュメンタリー映像作品『四季・遊牧　―ツェルゲルの人々―』の中のリーダーの一人であるツェンゲルさん（三五歳）とその家族。生活の辛さも満面に笑みをたたえて吹き飛ばす肝っ玉母さんのバドローシさん（三一歳）。自然の中に溶け込むように飛びまわっている次女ハンド（七歳）や食いしん坊の御曹司セッド（五歳）。貧乏ではあるが誇り高い〝没落貴族〟アディアスレンさん（四二歳）とその家族たち……。これら次々と脳裏《のうり》に甦《よみがえ》ってくる作中のどの人物をとっても、海の向こうの人々とは思えない、身近で親しみ深い、等身大の生身の人間として立ちあらわれてきます。

仔ヤギの誕生に喜ぶツェンゲルさんの妻バドローシさん　次女ハンド、弟セッドも哺乳を手伝う。

乾燥しきった大砂漠の中の山岳地帯ツェルゲル。疎《まば》らにしか生えないわずかばかりの草をヤギたちに食べさせ、その乳を丹念に搾《しぼ》り、チーズを作り、乳製品や家畜の肉を無駄なく大切に食して命をつなぎ、つつましく生きているこれらの人々が、なぜか気高く映ります。

一方、情報の氾濫と喧騒《けんそう》に刺激され、際限なく拡大してゆく欲望と消費と生産の悪循環の中で、あくせくと働き、精神をズタズタにされた現代人。その末路がどんなものかおぼろげながら見えはじめてきた時代であるからこそ、貧しくもつつましく生きるこのツェルゲルの人々のひたむきな生き方に、二一世紀の幽《かす》かな光明を見た思いがしたのかもしれません。

朝に東から太陽が昇り、夕べに西に沈むこの天体の運行に身をゆだね、自然に溶《と》け込むように日々繰り返しおこなわれてきた家畜たちと人間の共同の営みは、モンゴルのこのツェルゲルの大地では、今日においても受け継がれ、時空を超えて、この地球の悠久《ゆうきゅう》の広がりの中で、えんえんと繰り返され今に継承されてきているのです。

今、人間にとって本源的で大切なものは何かと問われれば、それは迷うことなく、今日の私たちには失われてしまったこの原初的な生きる力である、と答えるでしょう。作品『四季・遊牧　―ツェルゲルの人々―』は、人類がわずか

ツェルゲル村の東ボグド山頂　標高3,590メートルに迫る夏営地

ながらも保持してきた、この本源的なるものの底に潜《ひそ》む思想の核心を、今、現代に甦らせることの大切さを訴えています。そして、人間がますます大地から離れてゆく現代の傾向に対して、精一杯の警鐘を打ち鳴らしているのかもしれません。

私たちは、山岳・砂漠の地ツェルゲルで、この地域の人々と一年間ともに暮らす中で、現代社会がもうとっくに忘れてしまった、人間の生きる原型にふれることができました。そしてその中から、大切なものを学びとることができたのです。

それは、

悠久の時空の中
　人は大地に生まれ
　　育ち
大地に帰ってゆく

この単純で明快なことばの中に、すべてが集約されているといってもいいでしょう。

本来、人間は自然の一部であり、人間そのものが自然であり、やがてかならず人間は、自然と一体のものに融合してゆくということの理解であろうかと思うのです。そこからは、大地と〝いのち〟をめぐる、この〝大循環系〟の中に生きる雄々しい人間の姿が、そして、季節季節にめぐりやってくる、草や木やあらゆる生き物と共に生きながらえる、人間の慈《いつく》しみの姿が浮かびあがってきます。

それをどこまで深く理解し、納得できるかによって、違いは出てくるのではありますが、人間の幸福とは、本来こうした自然的〝循環系〟のゆったりとしたリズムと悠久の時間の流れの中に身をゆだね、その安らぎの中で、画一化された価値ではなく、多様な価値を享受することにあるのだと、つくづく思うのです。

にもかかわらず現代人は、人間と大地にかかわるこの厳《げん》粛《しゅく》な自然の〝哲理〟ともいうべきものを、いとも簡単に忘却の彼方に追いやってしまいました。その結果、幸福を極めて単純に一面化し、画一化してしまったのです。そのため、科学技術によって、つまり経済効率によってすべてが解決可能であり、したがって、人間は物や金銭のみによって幸福になれると錯覚し、そう思い込まされてしまったのです。現代社会の病根の最たるものは、まさにこのことにあるといっても過言ではありません。

私たちがこれから将来、人間の生き方や人間社会のあり方について考えるとき、この自然の〝哲理〟を心に甦らせ、このことを基本に据えることが大切だと思います。そして、解決されなければならない二一世紀最大の課題は、大地から遊離した人間をいかにして大地に引き戻し、大地にどれだけ近づけてゆけるのか、ということに尽きるのだと思います。そのためには、「地域」や社会の仕組みをどのようにすべきなのかを、真剣に考えなければなりません。

すでに触れたように、市場競争至上主義の波は、地球の隅々にまで、猛威《もうい》をふるって押し寄せてきています。こうした状況の中で、家族は崩壊の危機に晒《さら》されています。もはやこれ以上、家族をこの市場競争至上主義の荒波に、いつまでも放置しておくわけにはいかないでしょう。まず、家族そのものの体内に、この荒波に抵抗できる力、すなわち、自己防衛のための〝抗体〟とも言うべきものを作り出すことから、はじめなければならない時がやって来たのです。

2　「菜園家族」構想の基礎
――週休五日制による

先にも触れた市場原理至上主義の社会にあって、この市場競争の荒波に耐えて、家族がまともに生きてゆくためには、まず家族は、生きるために必要なものは、大地から直接、できるだけ自分たちの手で作る、ということを基本に据えなければなりません。

こうすることによって、家計に占める現金支出の割合をできるだけ小さくおさえて、家計の賃金への依存度を最小限にして、家族が市場から受ける作用を、できるだけ小さくするのです。これはいかにも素朴で、単純な方法である

画・志村里士

かのようですが、こうすること以外に、家族が市場競争に翻弄《ほんろう》されることから逃れ、自由になる術《すべ》はありません。

ここで提起される〝週休五日制による三世代「菜園家族」〟の構想は、今日、危機的状況に陥っている家族の再生をまず、基本目標にしています。二〇世紀市場競争の中で、みじめなまでに卑《いや》しめられた人間の尊厳を、二一世紀において、なんとか取り戻すことです。この構想は、この目標実現のために、新しい社会の枠組みとして提案したものです。

三世代「菜園家族」

この構想では、人々は、週のうち二日間だけ〝従来型の仕事〟、つまり民間の企業や、国および地方の公的機関の職場に勤務し、残りの五日間は、「菜園」での栽培や手作り加工の仕事をして生活するか、あるいは商業や手工業、サービス部門での自営業（家族小経営）を営む、ということになります。

暮らしの大切な基盤となる「菜園」では、週に五日間、「菜園の仕事」にいそしむと同時に、ゆとりのある育児や、子供の教育や、土地土地の風土に根ざした文化芸術活動や、スポーツ・娯楽など、自由自在に、人間らしい人間本来の創造的活動に携《たずさ》わることになります。家族はもともと、衣食住の手作りの場であり、教育・文化芸術・手工芸のアトリエであったし、将来においてもそうあるべきものなのです。

今日では農業は、なかなか苦労のおおい、工業に比べると収益性の低い、割に合わない仕事かもしれません。今日の工業社会にあって、無条件に自由競争のもとで農業に従事する場合には、専業の農家ですら市場競争に苦しみ、経営が成り立たなくなるのが普通です。

画・前田秀信

ですから、この「菜園家族」が社会的に成立するためには、どうしても一定の条件が必要になってきます。それは、ここで提起された「週休五日制」という条件なのです。

つまり、週五日は「菜園」で仕事をし、あとの二日間は〝従来型の仕事〟が保障されて、そこからの給与所得が安定的に得られるということが、絶対に必要な条件になってくるのです。

そして、菜園からとれる農作物は、売ることが目的ではなく、専ら自分の家族の消費だけにあて、作物を売って現金収入を得なければ生活が成り立たない、というような状態は避けなければなりません。つまり、週に二日間は、〝従来型の仕事〟が社会的にも法律的にも保障され、そこから給与を安定的に確保し、その上で、「菜園」での仕事と合わせて生活が成り立つようにするということなのです。

こうした条件のもとでは、田畑の面積は二～三反もあればすみ、その上、現金収入を得るために農地面積を拡大したり、市場に作物を商品として無理してまで出荷したりする必要もなくなります。したがって、市場競争に巻き込まれることもないのです。

こうしてはじめて、「菜園家族」は、都市から帰農して自給自足を試みる、特殊な家族の特殊なケースとしてではなく、社会的に一般的な存在として、成立することになるのです。

こうした条件のもとではじめて、「菜園家族」は、「趣味の家庭菜園」を愉しむかのように、精神的にも余裕をもっ

山羊を飼う　　画・前田秀信

て作物の成長を見守り、動植物の世話や手工芸などの文化活動にもいそしみながら、ゆったりとした、ゆとりのある暮らしが保障されることになるのです。

両親・子供・祖父母の三世代から成るこの「菜園家族」の成員は、週に二日間は〝従来型の仕事〟に勤務することになるのですが、すべてを市場原理にゆだねず、また今日の科学技術の成果を利潤追求のためにではなく、本当に人間のために、そして「菜園家族」の形成のために振りむけることができるならば、おそらくこの週に二日間の勤務でも、〝従来型の仕事〟は、十分にこなすことができるはずです。もし、それが不可能であるというならば、科学技術を、それが可能になるような目標に設定しなおせばよいのです。

また、都市集中を避けるために、「菜園家族」が農山漁村に住居を構え、都市から遠距離に暮らしの拠点を構えたとしても、今日の情報技術の水準や道路網整備の状況を考えると、〝従来型の仕事〟は、十分にこなしてゆけるはずです。私たちが今、想像する以上に、仕事の様々な方法や勤務形態が編み出されてゆくにちがいありません。

ここで少し、これまでに述べてきたことについて、角度を変えて考えてみたいと思います。はじめに触れたように、世界人口六〇億のうち、十二億は富める国に、そして四八億は貧困に喘ぐ国に暮らしています。私たち日本人は、この世界人口〝五分の一〟の富める国の暮らしにすっかり身を浸《ひた》し、そこからだけの発想によって、今まで物事を考えてきました。農業を切り捨て、工業を法外に発展させて、工業製品を世界に売りつけ、世界のあとの〝五分の四〟の人口の犠牲の上に、自己の繁栄を追い求めてきました。地球資源の限界を考えても、こうした構図は、将来においても成り立つはずがありません。私たち「先進工業国」は、あらゆる面から考えても、縮小再生産の方向を模索するほかないのです。

このように考えてくると、私たちが週二日しか〝従来型

の仕事〟をしないために、かりにも工業生産が縮小の傾向をたどったとしても、それはそれで世界全体から見れば、とても好ましい方向にあることを意味しているのです。

　また、別の角度から考えると、〝従来型の仕事〟を週二日間に短縮するということは、単純に計算して、雇用の数が従来の二・五倍に拡大されることを意味しています。労働の日数を短縮して、おおくの人々に雇用の機会を平等にわかち合う、いわばワークシェアリングによって、ゆとりのある「地域」や社会が形成されてゆく可能性が開けてくるのです。

新しいタイプの「CFP複合社会」

　さて、ここで、「菜園家族」について詳しく説明する前に、週休五日制による三世代「菜園家族」を基盤に構成される日本社会とは、一体どのような類型の社会になるのか、はじめにその骨格だけでも触れたいと思います。

　それは、多分、今日の資本主義アメリカ社会や、イギリス・ドイツ・フランスの資本主義社会でもない、あるいは「社会主義」ともいわれている中国社会のいずれでもない、既存のものとはかなり違った、まったく新しいタイプの社会が想定されそうです。

　まずわかることは、この社会は大きく三つのセクターから成り立つ複合社会であるということです。その三つのセクターのうちの一つは、極めて厳格に規制され、調整された資本主義セクターであり、二つ目は、週休五日制による〝三世代「菜園家族」〟を主体に、その他の自営業を含む、家族小経営セクターということになります。そして、三つ目は、国の行政官庁や都道府県・市町村の行政官庁や教育・医療・社会福祉などの国公立機関、あるいはその他の公共性の高い事業機関からなる公共的セクターです。

　最初の資本主義セクターをセクターC（CapitalismのC）、次の家族小経営セクターをセクターF（FamilyのF）、そして三つ目の公共的セクターをセクターP（PublicのP）とすると、ここで提起されるところのこの新しい複合社会は、より正確に規定すれば、「菜園家族」を基調とする「CFP複合社会」と言うことができます。

さて、セクターFの主要な構成要素である「菜園家族」にとっては、自然の四季の変化に応じて巡る生産と生活の循環が、〝いのち〟です。ですから、「菜園家族」には、この生産と生活の循環を持続させるということが、何よりも大切になり、それにふさわしい農地や生産用具や生活用具を備える必要があります。また、それらの損耗《そんもう》部分は、絶えず補填《ほてん》する必要があります。このCFP複合社会にあっては、主としてこうした用具の製造と、その損耗《そんもう》部分の補充のための工業生産を、セクターCが担うことになります。

次に、セクターCが担うもう一つの大切な生産は、主に輸出用工業製品の生産です。これも生産量としては、極めて限定されたものになります。わが国にはない資源、あるいは不足する資源が当然あるわけで、これらは外国からの輸入によらなければなりません。このセクターCの輸出用工業製品の生産は、基本的には、この国内にはない資源や不足部分の資源を、輸入するために必要な資金の限度額内に、抑えられるべきものになります。今日の工業生産と較《くら》べれば、それははるかに縮小された水準になるでしょう。従来のように国内の農業を切り捨ててでも工業生産を拡大し、貿易を無節操に拡張しなければならないものとは、全く違ったものが想定されます。

一方、CFP複合社会での勤労者について見ると、週休五日制のもとで、〝従来型の仕事〟、つまりセクターCあるいはセクターPで週二日働くと同時に、セクターFの「菜園」またはその他の自営業で五日間働くことになるので、自給自足度の高い、生活基盤のきわめて安定した勤労者になっているはずです。ですから、セクターCあるいはセクターPの職場からの週二日分の賃金で自己補完しつつ、ゆとりをもって生活できるよう調整することは、可能なはずです。

このように考えてくると、とくに企業は、従来のように従業員およびその家族の生活を、一〇〇パーセント保障する必要はなくなります。企業は、きわめて自立度の高い人間を雇用することになるからです。従って、労使の関係も、対等で平等な、しかもより自由な関係に変わり、その上、企業間の市場競争もはるかに穏やかなものになってゆくこ

とでしょう。

　このようになれば、企業は、今日のように、外国に必死になって工業製品を輸出し、貿易摩擦を拡大し、国際間の競争を激化させ、「途上国」に対しては、結果として経済的な従属を強いるようなことにはならないはずです。むしろ人々の知恵は国内に集中され、科学技術の成果は、「菜園家族」を基盤にするこの「循環系の社会」の形成にむけられ、本当に人間のために役立つものとして、生かされてゆくにちがいありません。

　このCFP複合社会の重要な特徴について、もう一度、ここで整理し確認しておきたいと思います。

　まず第一に、特定の個人が投入する週労働日数は、資本主義セクターCまたは公共的セクターPに二日間、そして家族小経営セクターFには五日間と、それぞれ二対五の割合で振り分けられることになります。ですから単純に計算すると、この家族小経営セクターが、この複合社会全体に占める割合は、七分の五となり、圧倒的に大きな割合を占めることになります。このように家族小経営セクターが、この社会の中で圧倒的に大きな割合を占めていること自体が、資本主義セクターCの市場原理の作動を、社会全体として、大きく抑制していることになるのです。

　そして第二に、セクターFである家族小経営セクターに所属する自給自足度の高い「菜園家族」またはその他の自営業の構成員は、同時に、資本主義セクターCの企業またはセクターPの公共的職場で働いている、賃金依存度のきわめて低い勤労者であるという、二重化された人格になっています。こうした二重化された人格の存在によって、市場原理の作動を自然に抑制する仕組みが、所与のものとしてこの社会の中に埋め込まれたことになっているのです。

　これらの二点が、この複合社会の特質を規定する重要な鍵になっています。

　家族小経営セクターFの社会に占める割合を七分の五、つまり週休五日制にするのか、あるいは七分の四、つまり週休四日制にするのか、という具合に、どのような比率でこの仕組みを社会に埋め込むかによって、その市場原理への抑制力は、かなり違ったものになるはずです。

　したがって、現実にこのCFP複合社会を形成してゆく際には、その中間的移行措置として、この割合を漸次《ぜんじ》、高めながら導入してゆく方法も考えられるでしょう。いずれにせよ、〝就業に関する法律〟の整備なども含め、こうした細部の問題は、当然のことながら今後の研究課題になってきます。

次に、このCFP複合社会にあっては、個人の労働のレベルから見れば、セクターCまたはセクターPには、週七日のうち二日しか労働が投入されていないということになり、従って単純に計算して、〝従来型の仕事〟の分野には、今までよりも社会的には二・五倍の人員の雇用が可能になり、よりおおくの人々が、さまざまな職種に就く可能性が開けてくることになります。

その上、週のうち二日間をセクターCまたはセクターPで働く人は、先にも述べたように、同時にセクターFでも五日間、「菜園家族」またはその他の自営業の成員として働いているのですから、この複合社会にあっては、ほとんどの人々の自給自足度が高くなり、生活基盤もより安定し、精神的余裕も出てくるので、セクターCまたはセクターPでの職業選択に際しては、従来よりもずっと自由に、自己の才能や能力、あるいはそれぞれの生活条件や趣向にあった多様な選択ができるようになってきます。つまり、社会全体として、就業形態がきわめてフレキシブルで、自由なものになるということであるのです。

とくに女性の場合は、今日では、職業に就くと現実には、出産や育児や家事による過重な負担が強いられ、職業選択の幅は狭いものになります。結婚か職業かの二者択一が迫られ、その中間項がないのが現実です。週休五日制による「菜園家族」の構想が定着すれば、女性も週二日だけ〝従来型の仕事〟に就けば、あとは週五日間、「菜園」またはその他の自営業で家族と共に暮らすことが、社会的にも法的にも公認されるのですから、こうした問題は解消され、夫婦が協力し合って、家事・育児にあたることが可能になり、男女平等は現実のものになってきます。このようにして、「菜園家族」構想によるCFP複合社会では、女性の「社会参加」と男性の「家庭参加」の条件は一層整ってくるはずです。結果的には、男も女も本当に人間らしくなり、おおくの人々に、多種多様で、はるかに自由な人間活動の場が保障されることになるのです。

〝従来型の仕事〟が週二日になり、「菜園」またはその他の自営業の仕事が週五日になって、今日の科学技術、なかでも情報技術の成果が本当に人間の暮らしのためにむけられるということになれば、人々が仕事の場を求めて大都市に集中することは、極端に減少してゆくことでしょう。そうなれば、通勤ラッシュや工場・オフィスの大都市への過密集中は、自然に解消してゆくことになります。

　その結果、大都市における自動車の交通量は激減して、交通渋滞はなくなり、静かな都市をとり戻すのです。都市

画・志村里士

は仕事の場というよりも、むしろ文化・芸術・学問・娯楽・スポーツ等々の文化的欲求によって人々が集う交流の広場として、精神性豊かな、ゆとりのある文化都市に次第に変貌してゆくにちがいありません。

　セクターFの「菜園」またはその他の自営業で週五日働き暮らす人々、といっても、この複合社会にあっては、同時にセクターCまたはセクターPにおいても、週二日は〝従来型〞の職場に勤務するという具合に、先述のように、人々は二重化された人格として現れるのですが、人々のおおくは、自給自足にふさわしい一定の面積の畑や田んぼからなる「菜園」を、最終的には取得し、安定的に保有することになります。

　有効に利用できずに放置されたままの広大な山林をはじめ、農業地、工業用地、宅地などを含め、国土の自然生態系は総合的に調査研究され、「菜園家族」形成のための「国土構想」が練られ、最終的には〝土地利用に関する法律〞が、抜本的に整備されてゆくことになるでしょう。

　いずれにせよ「菜園家族」は、自己の一定の田や畑などの農業用地を保有し、ゆとりのある敷地内には、家族の構成や個性に見合った、そして世代から世代へと住み継いでゆける、耐久性のある住家屋（農作業場や手工芸の工房やア

トリエなどの複合体）を配置することになります。もちろん、建材は、日本の風土にあった国内産の材木を使用することになります。

「菜園家族」にとっては、週に五日間は、この「菜園」が基本的生活ゾーンになり、セクターCまたはセクターPでの〝従来型〟の仕事場（民間の企業や公共的機関の職場等々）は、副次的な位置にかわってゆくことでしょう。

従来は、科学技術の発展の成果は、企業間の激しい市場競争のために、つまり、商品のコストダウンのために専ら《もっぱ》振りむけられてきました。そのために、人員削減などが公然とまかり通り、人々は、かえって忙しい労働と苦しい生活を強いられることになったのです。

しかし、「菜園家族」を基調とするこのCFP複合社会にあっては、市場競争ははるかに緩和され、科学技術の成果は、専ら「菜園家族」とその他の自営業のために振りむけられることになるでしょう。その結果、人々は過重な労働から解放されることになります。このため、自給自足度の高いこの「菜園家族」とその他の自営業者は、時間的なゆとりを得て、自由で創造的な文化的活動に情熱を振りむけてゆくことになるのです。

主体性の回復と倫理

現代の私たちは、余りにも忙しい暮らしを強《し》いられています。目的に至るプロセスの妙を愉《たの》しむ余裕など、すべて切り捨てられてしまったのです。時間短縮ばかりを余儀なくされ、目先の便利さだけを求めざるを得ないところに、絶えず追い込まれています。

その結果、忙しい消費者のニーズに応えるかのように、多種多様な、しかも莫大な数量の出来合いの選択肢が街中に安値で氾濫し、人々は、仕掛けられた、目に見えないこの巨大で不思議な仕組みの中で、ただただ狼狽《ろうばい》し、目移りしながら追われるように、買い求めてゆくのです。

そして、自然へ還元不可能な、ビニールやプラスチックなどのペットボトルや容器に詰め込まれた、飲料水や食べ物を、コンビニエンスストアなどで買わざるを得ない状況に至ったのです。その結果、香川県豊島《てしま》の産業廃棄物の不法投棄や全国各地のダイオキシン汚染など、健全な生命そのものをもおびやかす難問を抱え込み、気も遠くなるような巨大なゴミの山を前にして、解決のめどすら立たず、茫《ぼう》然《ぜん》としているのです。

二一世紀は、私たちの暮らしのあり方そのものを根本から変えない限り、単なる使い捨て容器のリサイクルという技術的な処方だけでは、どうにもならないところにまできてしまったようです。

私たち「拡大経済」の社会に暮らす人間は、企業の莫大な資金力によって築き上げられた情報・宣伝の巨大な網の目の中で、欲望を商業主義的に絶えず煽《あお》られ、その中で知らず知らずのうちに、浪費があたかも美徳であるかのように思い込まされてきました。

欲望を煽られても買わなければいい、と言われるかもしれません。ある面ではそうかもしれません。しかし、消費者は同時に企業の労働者であり、企業が窮地に陥れば、企業の労働者である消費者も同じ運命にあるという、悪因縁《いんねん》の連鎖の中にあることも事実です。この「拡大経済」の社会のほとんどすべての人々は、この悪因縁の連鎖につながっているのです。

しかも、消費も生産もともに絶え間なく拡大し、その悪循環の連鎖を回転させ、円滑にしなければ不況に陥る、という宿命にあります。こうした社会にあっては、浪費は美徳として、社会的にも定着してゆかざるをえないのです。

一方、この「菜園家族」を基盤に成立する「循環系の社会」では、四季折々の移ろいに身をゆだねて営まれる人間の暮らしと自然が、根幹を成しています。そして、その中で人々は、自然と人間との物質代謝の循環に直接に関わっていることから、この循環のためには、〝いのち〟の源である自然そのものの永続性が、何よりも大切であることを、常に身をもって実感して生きています。

ですから、この循環を持続させるために、最低限必要な生活用具や生産用具の損耗部分を補填すれば、基本的には事足りると、納得できるのです。拡大生産をしなければならない社会的必然性は、本質的にはそこにはないのです。〝もの〟を大切に長く使うのが、個人にとっても家族にとっても得策なのであって、〝もの〟を大切に使うことや節約が、この社会では美徳になるのはそのためです。

この「循環系の社会」では、大量浪費・大量生産の方向にむかう理由は全くなく、〝もの〟を大切に使うことが、この社会の倫理として確立し、定着してゆくのです。ついこの間まで、「循環系」の日本社会においては、節約や〝もの〟を大切に使うことが、美徳であったことを想起すれば、それは十分に頷《うなず》けるはずです。

「菜園家族」の可能性と展望

いずれ、「菜園家族」は、土地土地の気候・風土にあっ

画・前田秀信

た、しかもこの家族の仕事の内容や家族構成にふさわしい住環境を整えてゆくことになるでしょう。菜園の仕事や家畜の飼育の場、収穫物の加工場や冬の保存食の貯蔵庫など、また手仕事の民芸や、文化的創作活動などにもふさわしい工房やアトリエを備えた住空間が、必要になってきます。

新建材や輸入木材に頼る従来の方式に代わって、身近にある豊かな森林を活用する時代が再びはじまるのです。近隣集落の需要に応えて、日本の林業は次第に復活し、枝打ちや間伐や植林など、それに炭焼きの山仕事もはじまり、森林は近隣の「菜園家族」と集落のための、重要な燃料エネルギー供給源としても復活してくることになるのです。

こうして次第に人々が必要に応じて山に入るに従って、針葉樹の杉や檜《ひのき》に代わって、楢《なら》やブナやクリなどの落葉樹や、クスや樫《かし》や椿《つばき》の照葉樹なども次第に植林され、日本の森林の生態系は、大きく変化してゆくことになります。密生した暗い杉や檜《ひのき》などの針葉樹の森に代わって、次第に落葉樹が広がり、太陽の射し込む明るい森林に変容し、昆虫類や木の実を求めるリスなどの小動物も繁殖し、人間の住空間は、やがて森林にむかって広がりを見せるようになるのです。

これまで大都市に集中してきた日本の家族は、「菜園家族」の魅力にひかれて地方へと移動をはじめ、中山間地にも広がり、国土全体に均整のとれた配置を見せながら、平野部や山麓、山あいや谷あいへと、土地土地になじんだ菜園と住空間を、美しいモザイク状に広げてゆくことになるでしょう。

昔から職人には、「鋸《のこ》は挽《ひ》き方、鉋《かんな》はつくり方」という言い伝えがあります。鋸《のこぎり》は挽き方が悪いと、どんなにいいものでも切れないものです。しかし、鉋《かんな》は、重くて硬い樫の木でつくられていて、刃をしっかり研《と》いで仕込みをちゃんとしておけば、削れるものだという意味です。

今はもう大工道具などは日常の暮らしの中からは、とうに消えてしまいました。こうした大工道具の微妙な使い方の違いや、年季の入った〝技〟などは、はるか昔に忘れられてしまったのです。

（『滋賀で木の住まいづくり読本』海青社より）

　時間と余裕をとり戻した「菜園家族」は、ゆとりある暮らしの中から、再び山の木々を暮らしの中に活かす愉しみをとり戻すことでしょう。ブナや楢《なら》やケヤキの木は、木工芸品の材として、やがてテーブルや椅子や箪笥《たんす》・食器棚や、子供たちの玩具にも使われるようになるでしょう。そして、代を重ねて使えば使うほど、落ち着いた重厚な光沢が増し、人間の心をなごませてくれるのです。今流行の機能的で軽便な家具類などは、使って年月が経つと薄汚くなり、その点では足下《あしもと》にもおよびません。

　日本伝統の木造の家は、木を主体にして、土と紙を加えてできています。柱は杉がよく使われ、柱と柱の上部に渡して垂木《たるき》を受ける桁《けた》や、上部の重みを支え、柱と柱の間にかける梁《はり》は、曲げに強い松やケヤキや栃《とち》やクリなどが使われます。なかでも吸湿性にすぐれた日本の杉は、湿度と温度を日本の気候と風土に合わせて調節してくれるのです。

　遠い昔から多くの文人たちが説いてきた、清楚《せいそ》でつつましやかな生き方というものと、杉の飾り気のない材質は、見事に合っていたのです。ですから、杉は、建物を支える柱という機能以上に、人々の美意識を研ぎすます役割まで果たしてきたのです。夏になって障子《しょうじ》が開け放たれ、杉の柱が重なる向こうに、縁側が見え、庭の広がる日本の木造建築独特の美しさは、杉の清楚な素材があって、成り立っているのです。こうした住環境は、やがて「菜園家族」とともに復活してくることでしょう。

　また香りもほのかな杉は、食生活の分野でも大活躍です。杉の樽《たる》の酒は、お酒の香りを含みのある豊かなものにし、味噌・しょうゆ・漬物の樽としても愛好されてきました。一方、檜《ひのき》は水に強いので、お風呂の浴槽や流し板などにも

竹の子掘り　　画・前田秀信

使われます。檜風呂は新しければ新しいなりに、ほのかな香りとともに爽《さわ》やかです。逆に年季が入ると、まろやかな肌ざわりは、心を和ませてくれます。檜の風呂は、タイルなどの浴槽とは一味も二味も違うものです。

　ここにあげた例は、ほんの一例にしか過ぎません。日本人は遠い昔から、針葉樹や落葉樹や照葉樹といった実に多様な性質をもった樹木を、その材質を熟知した上で、暮らしの中に生かしてきたのです。

　こうした日本人の暮らしに最もなじみの深い樹木に、竹があります。竹といえば、なんといっても、日本人には旬《しゅん》の筍《たけのこ》ご飯。この季節に味がのって旨くなる硬骨《こうこつ》魚のメバルは、タケノコメバルというほどです。

　竹は、成長が早く、強度もあるので、工芸の方面で、今後の応用が愉しみです。一般工芸に使われる竹は、真竹《まだけ》・淡竹《はちく》・孟宗竹《もうそうだけ》などで、淡竹は一日に三五センチも伸びるといわれています。今は、化石資源に代わる再生可能な資源の登場が望まれていますが、竹はこの意味で、漆《うるし》などとともに未来の素材だといわれています。

　竹は、昔から籠《かご》にもっとも多く使われてきました。背負子《しょいこ》にはじまり、手さげの籠。また、竹のザルにも、円形や半円形、馬蹄《ばてい》形や正方形などいろいろな形があり、サイズも変化に富んでいます。それに、穀類を入れるもの、野菜や山菜、ウドやソバを扱うものと、その用途用途に応じて、竹の太さまで微妙に違うのです。「ウツボ」などの漁具もあり、また、魚を入れる大小さまざまな籠などがあります。小さいものでは竹の鳥籠、もっと小さくなれば竹の箸や茶筅《ちゃせん》や茶匙《さじ》などもあるのです。

このように竹は、日本人の暮らしの中で幅広い分野を支え、人々に親しまれてきました。現代の私たちの暮らしの中で見られる金属パイプやプラスチックの棒や筒は、かつてはすべて竹でまかなわれ、タオル掛けや箒《ほうき》やハタキの柄、物干し竿や釣り竿など、すべて竹だったのです。

光が射し込む窓の障子。木の枝が影絵のように揺らぐ障子の桟《さん》にも、竹が使われています。微妙に曲がった竹を桟に使う感覚は、さすがだと思います。細く割られた竹の手触りや曲がり具合を、手先で読みとり、見事に編んでゆく竹細工職人。こうしたものを私たち日本人は、なぜ捨ててきたのでしょうか。

日本は海の国であると同時に、森の国でもあります。やがて、「菜園家族」が復活したならば、この豊かな資源を、ただ経済的実益の視点からだけではなく、私たちの精神を豊かなものに甦らせるためにも、昔の人々の知恵に学びながら、生かしてゆきたいものです。

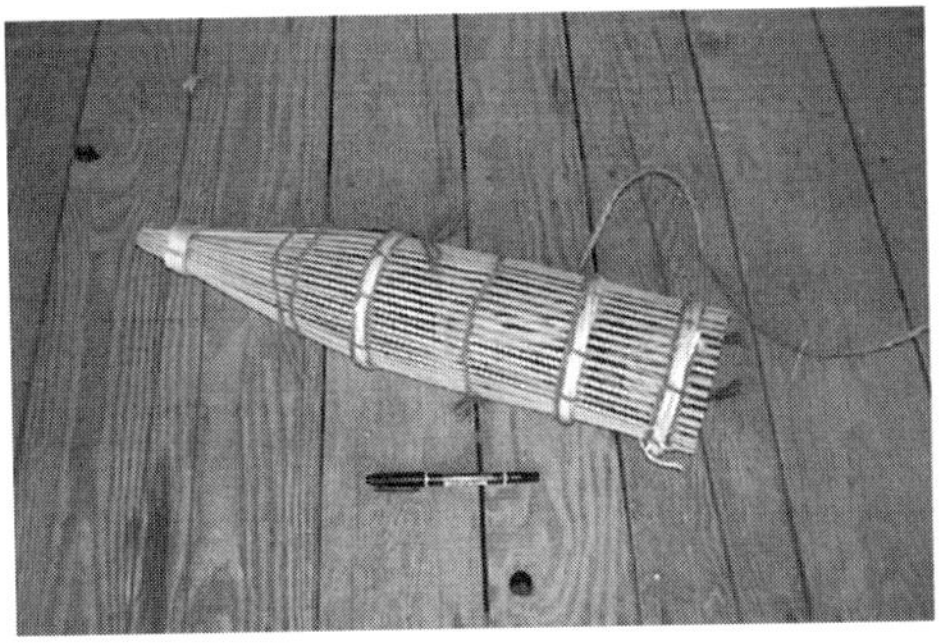

ドジョウとりの「ウツボ」(茨城県北部での呼び名)
(竹細工品) 竹を細く割り、太糸や棕櫚縄《しゅろなわ》で簀編《すあ》みし、筒状に整えた一方を束ねて閉じ、もう一方には、入った魚が出られないように戻りを付けた、竹製のわな式漁具。田の畔の水口に仕掛け、かかったドジョウは、農家のその日のおかずとして、調理された。写真提供・雑木林で遊ぶ会（茨城県つくば市）

予想される困難

ところで、現実にこうした「菜園家族」構想を実行する段階になれば、さまざまな困難が予想されます。調査と研究の長い準備期間が必要になってくるでしょう。「菜園家族」形成のとくにスタートの段階、あるいは生成期には、国や都道府県、市町村の自治体は、「菜園家族」構想の真の意義を深く理解し、明確な施策を持つことが大切になってきます。

家や住空間や農業用地の確保に関連して、〝土地利用に関する法律〟の制定から、長期低金利の融資制度の整備に至るまで、さまざまな優遇措置が講じられなければなりません。また、週休五日制のもとで、〝従来型〟の二日間の仕事を保障する、〝就業に関する法律〟の整備なども必要になってきます。

　とくに地域の将来構想に責任のある国や地方の自治体は、自ら率先して自治体職員から範を示し、週に二日間の〝従来型の仕事〟を住民に広く保障するために、自らがワークシェアリングの実行を決断し、実際に実施するなど、具体的な行動が必要になってくるのです。

　官庁がまず自らすすんで、この週休五日制による「菜園家族」構想のもとに、このワークシェアリングを実行すれば、「菜園家族」の人々をはじめ、それ以外に、漁業や手工業や商業やサービス部門など、さまざまな職種の自営業の人々が、自らの「菜園」やあるいはそれぞれの自営業の仕事で週に五日間働きながら、同時に国や地方自治体の官庁や学校・病院などの公共機関の職場でも、あとの二日間、現役のままで働くという体制が、地域にできあがってきます。その結果、地域のさまざまな職種の人々の直接的な意志や経験が、恒常的に国や地方の行政に、色濃く反映されることにもなり、今までには考えられもしなかった形で、行政は住民との結びつきを強めて、活性化の方向へとむかうのです。本当の意味での住民の行政参加が実現され、行政のあり方も大きく変わってくることでしょう。

　こうした動きは、次第に民間の企業にも広がりをみせてくるにちがいありません。そしてやがて、このワークシェアリングの運動は、新たな段階をむかえることになるでしょう。

　結局、何よりも肝心なことは、住民の総意にもとづいて、国や地方自治体の長期政策の中に、国づくり・地域づくりの基本政策として、この週休五日制による「菜園家族」構想を位置づけて、それを実行できるかどうかにかかっているのだと思います。

　現実に、フランス・オランダなどの西欧諸国では、働き過ぎから、ゆとりのあるライフスタイルへの移行をめざして、一人当たりの週労働時間短縮によるワークシェアリングの様々な試みが、実行へと移されています。この傾向は、ますます世界の趨勢《すうせい》になってゆくことでしょう。こうした状況を見ると、「菜園」によって家族の暮らしが補完されるという、一歩すすめたこの独特のワークシェアリングの一形態でもある、週休五日制による「菜園家族」の構想は、決して夢物語や空想ではないはずです。日本人は、いつまでも従来の〝成長神話〟の迷信にしがみついているのではなく、大胆に第一歩を踏み出すときに来ているのではないでしょうか。

　さて、「菜園家族」は、単独では暮らしてゆけません。

「菜園家族」の集落の形成過程を考えるとき、さまざまなケースが浮かんできます。ここではその一、二をとりあげてみましょう。

初期の段階では、農業技術の蓄積があり、その上に土地があるといったように、おそらくあらゆる面で一番条件を備えている従来の兼業農家が、いち早く脱皮して、「菜園家族」に移行してゆくにちがいありません。

そして、この農業技術や経験の豊かな「菜園家族」の近隣に、都市から移住してきた新参の家族が住居を構え、この「菜園家族」から、営農や農業技術のこまごまとした指導を授かり、支援を受け、相互に協力し合いながら、やがて本格的な「菜園家族」に育ってゆくことになるのかもしれません。

画・志村里士

あるいは、都市から移住してきて、単独で挑戦する若者や家族もあるはずです。いずれにせよ、やがては「菜園家族」は、数家族、あるいは十数家族で集落を形成し、新しい地域共同体を徐々に築きあげてゆくことになります。そして、平野部や川筋や、あるいは山麓や山あいや谷あいの渓流に沿って、菜園家族の美しい田園風景がくり広げられてゆくことでしょう。

こうした集落や、集落連合体の中には、みんなで力を合わせ助け合う、なんらかの形態の〝営農組合〟が生まれてくるにちがいありません。あるいは既存の農協が変質し再編され、新たな要請に応えて、形や内容を変えて現われてくるようになるのかもしれません。

やがて、こうした〝営農組合〟は、新しい地域共同体の中核を成して、農業技術や営農の指導、共同の堆肥《たいひ》づくり、農機具の共同利用の調整や農産物の共同加工、日用雑貨の販売・購入、あるいは手工芸・文化活動のセンターとしての機能をも果たすことになるでしょう。

家族で営むパン屋さん

家族小経営の生命力

さて、ここで提起してきたCFP複合社会のセクターの構成に関連して、若干、補足ないしは再確認をしておきたいと思います。

「菜園家族」は、セクターFの主要な構成部分であることにはかわりないのですが、流通・サービス部門における八百屋さんや肉屋さんやパン屋さんなどの食料品店や、日用雑貨店等々、そして食堂・レストラン・喫茶店などのサービス業等々の自営業は、家族小経営の範疇《はんちゅう》に入ることから、前にも触れたように、当然このセクターFを構成する部分になります。

この複合社会にあっては、流通・サービス部門は、基本的には家族小経営によって担われるのが基本になりますが、大規模化がどうしても必要な場合には、効率性が多少低下してでも、生活消費協同組合がそれらを担い、流通・サービス部門での市場競争の激化を抑制することが、大切になってきます。

次にセクターPについてですが、このセクターは、極めて公共性の高い部門です。中央省庁や地方の行政官庁のほかに、教育・文化・医療・介護・その他福祉等々、公共性の高い事業や組織・機構が主要な柱になっています。

また、そのほかに特別に公共性が高く、社会的にも大きな影響力を持つ報道メディア（新聞・ラジオ・テレビ等）は、その公共性にふさわしい組織・運営が考えられてしかるべきで、今日のNHKやイギリスのBBCなどの組織・運営のあり方や経験などは、大いに参考になるものと思います。

また、郵便・電話通信、交通（鉄道・航空・海運等）、さらには金融などの事業についても、その社会的役割や公共性を考えるとき、安易に効率性や利用者の目先の利便さだけを求めるべきではなく、「菜園家族」社会にふさわしい組織・運営のあり方が研究されなければならないでしょう。

このCFP複合社会において、これら三つのセクター間の相互の関係は、ともに固定的に考えるのではなく、この社会の成熟度や具体的な現実に規定されながら、流動してゆくものと見るべきです。「菜園家族」およびその他の自営業から成るセクターFは、これら三つのセクターの中でも、最も重要な位置を占めています。このセクターFは、CFP複合社会にあっては、〝いのち〟ともいうべきものであり、とても大切な主役を担うことになるのです。

セクターFにおいて人々は、自然の中で、大地に直接働きかけ、自己の責任において、自己の自由な意志にもとづいて自ら経営し、その成果を直接的に身近に肌で感じ、自己点検と内省を繰り返しながら、絶え間なく創意工夫を重ねてゆきます。したがって、「菜園家族」は、この複合社会の中にあって、人々の自己鍛錬と人間形成の大切な〝学校〟の役割を担っているのです。

しかも、家族という小さな共同体の場で、人々が共に生きるという〝共生の精神〟を同時にはぐくみ、そこを土台にして、さらに「地域」へとその広がりを見せてゆく可能性があるのです。

人類が科学技術の発達のみではなく、ほんとうに人間精神の進歩を期待するのであれば、この家族小経営は、おそらく永遠といってもよいほどの長期にわたって、人類史上に必要なものとして存在しつづけることでしょう。こうして「菜園家族」を主体とするセクターFから輩出される新しいタイプの人間群像の如何《いかん》によって、この複合社会の成否は決定されることになるのです。

永遠とも思える、長期にわたる人間鍛錬の歴史のあかつきには、人間の魂は精神の高みに達し、やがて、「菜園家族」を基調とするこのCFP複合社会の大多数の人々が、その域に達したときに、資本主義のセクターCから公共のセクターPへの移行は、徐々に、しかもきわめて自然な形ではじまるにちがいありません。しかも、その時期においてさえ、セクターFの家族小経営は、依然として、大地と人間を巡る悠久の循環の中に融け込むように、人間精神の安定した〝よすが〟として存在しつづけることは間違いないでしょう。

3　甦る菜園家族

版画家・水野泰子、画家・前田秀信、志村里士の〝ふるさとの風景〟は、現代絵画である、と人は言います。日本からは、もうとっくに失われてしまった過去の風景でありながら、そこには現代性が認められるというのです。

たしかな鳥の目で捉える、ふるさとの風景の構図。しかも、心あたたかい虫の目で細部を描く、彩《いろど》り豊かなこれら絵画の世界には、きまって大人と子どもが一緒にいます。大人は何か仕事をし、子供たちはそのそばで何かをしているのです。人間の息づかいや家族の温もりが、ひしひしとこちらにむかって伝わってきます。込みあげてくる熱いものを感ぜずにはおられない〝心の原風景〟が、そこにはあるからなのです。

二一世紀をむかえた今、子供と「家族」の復権を無言のうちに訴えかけてきます。

ふるさと——土の匂い、人の温もり

山や川や谷あいや、それに野や海に恵まれた日本の典型的な地域では、「菜園家族」は、こうした自然の豊かな変化を巧みに活用し、工夫を凝《こ》らします。家族総出で、それぞれの年齢や性別や、人それぞれの個性にあった能力を生かしつつ、お互いに助け合い、生活を愉しむのです。

食べ物は、今では〝旬《しゅん》〟が分からなくなってしまいました。ガソリンと労力を浪費して、国内だけではなく、海外からも運び込み、あるいは石油を使って、ビニールハウスで真冬でも夏のものを栽培したりして、一見、一年中豊かな食材に恵まれているかのようです。

しかし、こうした「ぜいたく」は、先の世界人口〝五分の四〟の視点からすれば、許されるはずもありません。それに本当は、その土地土地の土と水と太陽から採れる〝旬〟のものが、味も濃く、香りも高く、栄養もあり、一番おいしいのです。それが自分の手作りの作であれば、尚更《なおさら》のことです。

自然は、今も昔も変わりありません。残雪がとけ、寒気がゆるみはじめると、日本列島にまた、一気に春がやってくるのです。

日の光今朝《けさ》や鰯《いわし》のかしらより　（蕪村《ぶそん》）

三寒四温。まだまだ風は肌を刺すように冷たいのですが、野生のフキノトウを探しにゆくのもよいものです。晴れ間を待ちかねて出かけると、枯れ葉の間に、淡い黄緑色に光るフキノトウを見つけます。天ぷらや酢味噌あえ、フキノトウ味噌にし、春一番を胃袋に納めるのです。根元に赤い紅を差したような色合いが、葉先の黄緑色を際立たせ、小さくとも力強さをいっそう感じさせます。

我宿《わがやど》のうぐひす聞《きか》む野に出《い》でて　（蕪村）

山あいの畑には、大根やカブラやスイカ・カボチャ・ジャガイモ・サツマイモなども、丹念につくることになります。田・畑の端には、ラッキョウやネギを植え、里芋やゴボウや人参なども、土地を選んで植えることになるでしょう。

家のすぐ近くには、苗代や手のかかる夏野菜をつくり、夏大根やカブラ菜・カラシ菜の間引き菜が大きくなれば、和え物・おひたし・浅漬に利用します。

菜の花や月は東に日は西に　（蕪村）

菜の花畑には一面濃い黄色が広がり、春日を受けた山里に鮮やかな色彩を添えます。花は摘んで浅漬にし、ご飯に添えてかきこめば、格別にそのシャリッとした歯ごたえを愉しむこともできます。

鯰《なまず》得て帰る田植えの男かな　（蕪村）

五月は田植えの季節。エンドウ豆の青い匂いが懐かしい。六月はキュウリ・菜っ葉類、七月には茄子《なす》・瓜《うり》・カボチャ・青トウガラシがどんどん育ちます。茄子やキュウリは塩や味噌で漬けて保存し、冬に備えます。

夕だちや草葉をつかむむら雀《すずめ》　（蕪村）

土用の頃、夕立雲が近づいてくると、子供たちは、慌てて田んぼの畦《あぜ》に、竹で円筒形に編んで作ったウツボという罠《わな》を仕掛けます。そして、雨が上がるのを待ちかねて、ウツボをあげに駆けてゆくのです。

脂がのり、腹を黄色くさせた、丸々と太ったドジョウが、音をバタバタさせながら、ぎっしり詰まっています。子供心にもこの一瞬は、何とも言いようのない一種不可思議で壮快な気分を味わうものです。このドジョウは、畑から摘んだニラと採りたての卵でとじて、家族そろって鍋にして、英気を養います。こんなことは、幼い日の日常の愉しみでした。

暑い盛りには、なんと言っても焼き茄子が最高です。あるいは味噌に砂糖を少々加え、高温の油で炒めれば、茄子独特の深みのある濃い味わいが出て、これもよいものです。秋になると、茄子はいっそう味が深みをまします。「秋茄子、嫁に食わすな」ということばがあるくらいです。

秋茄子で思い出したのですが、モンゴルの遊牧民にも、同じような話があります。

ヒツジの胃袋の下の出口、つまり幽門《ゆうもん》あたりを、モンゴル語でノガロールといって、これがまた、脂がのってとびっきり旨いのです。未婚女性がこのノガロールを食べると、土地神が引きとめ、お嫁に行けなくなるというのです。
いざ食べ物のことになると、何か共通する発想があっておもしろいものです。こうした話は、食卓を囲む団欒《だんらん》をひときわ愉しくするものです。

貧乏に追いつかれけりけさの秋　（蕪村）

お盆がすむと、秋野菜の種播きにかかります。大根はタクアンや干し大根や煮しめや漬物にと、用途がおおいのです。里芋の葉は、夏にとって乾燥させ、白和えなどに使います。茎は皮をむき、十日ほど干して、和え物や煮物にも使います。雪が積もらないうちに、ゴボウや人参・カブラ・大根・ネギなどは土中に埋めて、冬に備えます。

入道のよゝとまいりぬ納豆汁《なっとうじる》　（蕪村）

水田からは、うるち米やもち米がとれ、それに畦には、大豆《だいず》や小豆《あずき》・黒豆などを植えます。こうして畑や水田からだけでも、一年間、絶えることなく、いろいろな作物が、次から次へと湧き出ずるように出てくるのです。

鵯《ひえどり》のこぼし去りぬる実の赤き　（蕪村）

時には、野山や川や湖や海辺を家族そろって散策し、川魚や海の魚介類・海藻を採って、食卓をにぎわすのも最高の愉しみになります。また、蕨《わらび》・ゼンマイ・フキ・ウド・ワサビ・ミツバ・山椒《さんしょう》・ミョウガ・筍《たけのこ》・自然薯《じねんじょ》など、変化に富んだ山菜は、季節季節の愉しみです。松茸やシメジ・椎茸・平茸などのきのこ類や、栗・栃《とち》・桑・クルミ・スグリ・コケモモ・キイチゴなどの木の実は、山の散策をいっそう愉しいものにしてくれます。
たまには集落の人々と力を合わせて、ヤマドリや熊・鹿・猪《いのしし》・兎《うさぎ》・蜂の子などの狩りをするのも、年に一、二度の愉しみになることでしょう。
こうしたことは、食生活に変化を添えるだけではありません。野山や川や海辺の自然に親しみ、太陽をいっぱい受け止め、きれいな空気を存分に吸い込み、身体を動かし、家族や友人とともに心を通わせ、ややもすると陥りがちな日常の沈滞から抜け出すことにもなるのです。英気を養う素晴らしいレクリエーションでもあります。

鮎《あゆ》くれてよらで過行夜半《すぎゆくよは》の門《かど》　（蕪村）

なれ過《すぎ》た鮓《すし》をあるじの遺恨《ゐこん》哉　（蕪村）

田んぼや川や湖の魚は、今では少なくなってしまいましたが、「菜園家族」が復活し、近隣にある大学の水産学の研究室や水産研究所などと連携し、放流養殖や給餌《きゅうじ》養殖の研究や、魚類資源保護の研究にもっと力が注がれるならば、昔以上に日本の魚類資源は、豊かになってゆくものと思います。鰻《うなぎ》やドジョウ・ナマズ・鮒《ふな》・ゴリ・岩魚《いわな》や鮎《あゆ》・アマゴ、そしてタニシなどをもう一度うまく活用できる時代が、きっとやってくるにちがいありません。

青うめをうてばかつ散る青葉かな　（蕪村）

屋敷のまわりには、柿や梅や桜や栗など、それにイチジクやザクロや梨などのほかに、ケヤキや檜《ひのき》や樫《かし》などが植えられて、住空間に落ち着きを与えるだけではなく、風通しのよい木造建築に木陰をつくります。

夏は密閉してクーラーで冷やすのではなく、開放して自然の風を通し、暑さを凌《しの》ぐのです。住居の構造も、こうしたものに工夫されてゆくことでしょう。エネルギーの消費量は大幅に削減され、それに、太陽光発電や風力発電などの研究も一層すすみ、「菜園家族」は、自然のエネルギーを有効に活用することになるのです。

田に落《おち》て田を落《おち》ゆくや秋の水　（蕪村）

こうした住環境の中では、柿の木から柿をもぎとり、畑からとれた大根や人参を使って、柿なますを作るのもいいでしょう。細切りにした干し柿を酢に漬け、大根と人参の千切りを加え、鉢に盛りつけて、すり胡麻《ごま》をかけると、柿の甘さが生きてきます。これもすべて身近なところでとれた食材に、気軽にちょっぴり工夫を加えた手作り料理なのです。

また、茄子とエンドウは、食べやすく切って湯がき、ミョウガの子は、塩で殺し、茄子とエンドウ豆と一緒に胡麻《ごま》味噌で和えます。こうした工夫は、いちいち挙げればきりがありません。

黄に染《そみ》し梢《こずゑ》を山のたたずまゐ　（蕪村）

屋敷から少し離れた周囲には、ニワトリやヤギやヒツジや乳牛など家畜類を飼育するのも、「菜園」にバラエティーをもたせる上で大切なことです。ヤギや乳牛の乳を搾り、ニワトリから産みたての卵がとれれば、生チーズやバターやヨーグルト、それに自家製のパンやケーキなども作りたくなるでしょう。創意工夫は、際限なく広がってゆきます。

こうした家畜・家禽《かきん》類は、田や畑からとれるものを無駄なく活用する上でも、また、堆肥を作るのにも即、役立つものです。堆肥を施し、丹精を込めて作りあげたふかふかの土の中から、秋の味覚サツマイモがとれれば、お隣りや近所にもお裾《すそ》分《わ》けしたくなるのが人情です。これはまさに、自分が苦心して創作した芸術作品を、他の人にも鑑賞してほしいという、自己表現の本質につながる共通の行為なのかもしれません。

我宿《わがやど》にいかに引《ひく》べきしみづ哉　（蕪村）

家畜の中でも特にヤギは、乳牛に比べて体も小さく、扱いやすく、子供たちやお年寄りでも気軽に世話ができます。粗食に耐え、どんな草でも食べるので、田んぼの畦道や畑や屋敷などの除草の役割も果たしてくれます。それに、山あいや谷あいの林や森の下草などの除草にも役に立つ、便利な家畜なのです。

モンゴルのツェルゲルでの体験からですが、日本でも地方によっては、山林の麓《ふもと》の一部や尾根づたいに、ヤギのための高原牧場を拓き、ヤギを群れで管理するのも雄大で面白い試みです。

ヤギの搾乳は、これもまた乳牛に比べるとずっと簡単で、子供たちでもお年寄りでも気軽にできる仕事です。子供たちにこの小型の家畜の世話を任せると、情操教育にはうってつけです。

鮒《ふな》ずしや彦根が城に雲かかる　（蕪村）

ヤギの乳からできるヨーグルト、それに各種のチーズの味は、鮒《ふな》ずしや鯖《さば》のなれ鮓《ずし》の風味に似て絶品です。良質の蛋白質《たんぱく》、脂肪、ミネラル、とくにカルシウムを豊富に含んだヤギのチーズは、現代の食生活に最もふさわしい優れた食品になるでしょう。

チーズは風土の産物ともいわれています。姿、味、香りもそれぞれ違います。それだけに、作る愉しみは格別で、芸術作品の制作にも劣らぬ喜びがあるといわれています。たまには隣近所の人々が集まって、知恵を出し合い、共に料理を作ることもあるでしょう。あるいはパーティーや宴会がどこかの家で開かれることになれば、こうした〝作品〟をもち寄って、お家自慢に花が咲くのです。

主《ぬし》しれぬ扇《あふぎ》手に取《とる》酒宴かな　（蕪村）

『四季・遊牧　―ツェルゲルの人々―』の上映の旅で訪れた、沖縄・八重山群島の竹富島。そこでご馳走になった〝ヒージャー・チャンプルー〟は、忘れられない味です。ヒージャー（土地の言葉でヤギのこと）の背の肉をぶつ切りにし、あとはタマネギ、キャベツ、それにパパイヤを大きめに切って加えて炒めるだけです。パパイヤの甘味と酸味が、ヒージャーのしまった肉にしみわたり、やわらか味が出て、なんとも言いようのないまろやかな風味を醸《かも》し出すのです。

モンゴル・ツェルゲルのヤギ料理にも感心しましたが、やはり土地土地の風土にふさわしいものができあがるものです。

ヤギは、乾燥アジア内陸に位置するモンゴルでも、高温多湿な南の島・沖縄でも、大活躍です。この小型で多種多様な役割を一手に引き受けてくれるヤギたちを、「菜園家族」は、自分たちの暮らしの中にもっともっと生かすことでしょう。日本のふるさとには今までに見られなかった田園風景の美しさ、そして暮らしの可能性を、ヤギたちはうんと広げてくれるものと思います。

古酒《くす》乾《ほ》して今は罷《ま》からん友《とも》が宿　（雅）

竹富島のすぐ隣りの石垣島。はじめてお会いした八重山農林高校の江川義久先生ご夫妻には、大変お世話になりました。空港に降り立ったときから島を離れるまで、上映活動を付きっきりで支えて下さったのです。南の島々の暮らしや、ふるさとの自然に生きる人々の心に触れ、得るものの多かったこの旅の最後の夜、先生は、ご自宅に招いて下さいました。床の下の甕《かめ》に寝かせて大切にとっておいた、何年物の泡盛《あわもり》を酌《く》み交わし、夜の更けるのも忘れて語り合ったのです。

心が育つ

「菜園家族」にとって、畑や田や自然の中からとれるも

画・前田秀信

のは、そしてさらにそれを自らの手で工夫して加工し作りあげたものは、基本的には家族の消費に当てられ、家族が愉しむためにあるものです。

　そして、その余剰はお裾分《すそわ》けするか、一部は交換されることもあるでしょう。また、海岸から離れた内陸部の山村であれば、当然のことながら、近隣の海岸の漁村との間に、物流の道が開かれてくることになります。

　しかし、これらはすべて、従来のような市場競争至上主義の商品生産下の流通とは、本質的に違うものになるはずです。なぜならば、「菜園家族」では基本的には自給自足され、しかも週二日の〝従来型の仕事〟による給与所得が確保されているために、人々の欲求は専《もっぱ》ら文化的活動にむけられ、そこでの愉しみを人々とともに共有することが、最大の関心事になるからです。ですからそこでは、商品化のみを目的にした生産にはなりにくく、したがって、流通の意味も変わってくるのです。

　「菜園家族」には、その土地土地の風土に深く根ざした〝循環性〟に色濃く彩られた思想と倫理が、長い歴史を経て育《はぐく》まれ、やがて定着してゆくにちがいありません。この精神的土壌の中から、民衆的な工芸や、大地とその暮らしに深く根づいた絵画や、民衆の心の奥底に響く音楽や舞踊や演劇、さらには詩や歌をはじめ、文学のあらゆるジャンルの作品が生み出されてゆきます。市場競争至上主義の慌《あわただ》しい「拡大経済」の社会にはなかった、「循環系の社会」にふさわしい、ゆったりとしたリズムとおおらかな世界観を基調とする、新しい民衆の文化が創り出されてゆくことになるのです。

　「菜園家族」社会の際立った特徴は、週に五日間、〝菜園の仕事〟をすると同時に、家事や育児や子供たちの教育、それにこうした新しい文化芸術活動をしながら、両親を基軸に、子供たちや祖父母の三世代家族が、全員そろって協力し合い、支え合っている点にあります。

　両親が基軸になって活動しながらも、子供たちは子供たちの年齢に見合った活動をし、祖父母は祖父母の年齢にふさわしい仕事をすることになります。それぞれの世代・性別によって、仕事の種類や内容はきわめて多様であり、知恵や経験も、そして体力も能力もまちまちです。こうした労働の質の多様性を総合することによって、「菜園家族」は、きめ細やかに、無駄なく円滑に、仕事や活動の総体をこなしてゆきます。その中で、「菜園家族」に蓄積されたこまごまとした〝技〟が、親から子へ、子から孫へと代々継承されてゆくのです。

画・前田秀信

　子供たちが病気で寝込むこともあるでしょう。そのときには、両親や祖父母が看病し、面倒を見ることになります。また、祖父母が長期にわたって病床に伏すこともあるでしょう。そのときには、子供たちが両親に代わって枕元にお茶やご飯を運んだり、年老いて曲がった背中や冷えた手足をさすったりと、子供たちができることは、子供たちが手伝ってくれるのです。

　こうした家族内の仕事の分担や役割は、子供たちの教育にも、実に素晴らしい結果をもたらすことになります。祖父母の苦しみを見つめ、それを手助けする。このような人間同士の触れ合いの中から、子供たちの深い人間理解が芽生えてくるのです。

　今日、深刻な問題になっている育児や教育や介護については、三世代「菜園家族」社会では、基本的には解決されるはずです。それでもこの家族だけで手に負えない部分については、当然のことながら、近隣の家族との協力や、セクターP（Public）による公的・社会的支援が必要になってくるでしょう。

　秋晴れの気分壮快な日などは、家族みんなそろって山を散策し、きのこや山菜を採ることもあるでしょう。祖父母は両親へ、両親は子供たちへ、きのこや山菜を採る知恵を授けることでしょう。こうして家族そろって、自然の中を

春の土手　　画・前田秀信

のびのびと行動する愉しみは、自然と人間のかかわりや郷土の美しさを、子供たちの脳裏にいつまでも焼き付けてゆくことになるのです。

このように、「菜園家族」は、日常のゆとりある暮らしの中で、三世代が相互に知恵や経験を交換し合い、切磋琢磨《せっさたくま》しながら、土地土地の風土にふさわしい新しい文化と歴史を育んでゆきます。やがて、暮らしの中から、郷土色豊かな手仕事の作品や文化・芸術作品が生み出され、展示や発表などの交流の場も地域に定着してゆくことになるでしょう。「菜園家族」とその地域は、歴史を重ねながら、次の世紀に受け継ぐ、生き生きとした民芸とフォークロアの一大新宝庫をつくりあげてゆくにちがいありません。

「菜園家族」が復活し、やがて活動が多面化するにつれて、他部門との交流も深まってゆくことになります。とくに農学や水産学・農業技術などを研究している大学や研究機関との連携は強化され、地域住民の意志は、研究に大いに生かされることになるでしょう。

三世代「菜園家族」を基盤に成立するこの社会は、「拡大経済」の社会に対置されるところの「循環系の社会」です。この「循環系の社会」に暮らす人々は、前にも述べたように、従来の「拡大経済」のように、欲望を煽られ、〝浪費〟が美徳であるかのように思い込まされることもなくなります。相手を倒してでも生き残らなければ生きていけないような、そんな弱肉強食の競争原理がストレートに働く社会ではないのです。

それどころかこの「菜園家族」社会では、人々は大地に直接働きかけ、みんなそろって仕事をし、共に助け合い、共に暮らす「共生」の喜びを享受することになります。人々は、自然のリズムに合わせてゆったりと暮らし、自然の厳しさから敬虔《けいけん》な心を育んでゆくのです。

人々は、こうした自己形成によってはじめて、自己の存在を日々確かなものにしてゆきます。そして、〝競争〟にかわって、〃自己鍛錬《たんれん》〃が置きかえられ、その大切さをしみじみと実感するのです。それが生きるということなのでしょう。かつての農民や職人たちのひたむきに生きる姿を思い浮かべるだけでも、人間にとっての〃自己鍛錬〃のもつ意味が頷けるような気がするのです。

やがて、「菜園家族」を基盤に地域社会が形成され円熟してゆくならば、こうした「菜園家族」内に培《つちか》われる〃自己鍛錬〃のシステムと、先にも触れた家族が本来もっている子供の教育の機能とがうまく結合し、その結合の土台の上にはじめて、公的な学校教育が、子供たちの成長を着実に促してゆくことになるのです。家族が空洞化し、その両者の結合と、それを基盤にした公的教育の成立を不可能にしているところに、現代学校教育の破綻の根本原因があるのではないでしょうか。

わたしの追分　画・水野泰子

数年前のことになりますが、「働き過ぎ社会に警鐘」という見出しで、いわゆる過労自殺をめぐり、最高裁が企業の責任を認めたはじめての判決が、大きく報じられていました。「まじめで責任感が強く、きちょうめんで完ぺき主義」と評価された青年が、なぜ自ら命を絶つ道を選ばなければならなかったのか。二審判決は、こうした性格ゆえに仕事をやりすぎたとして、死の責任の一端を青年本人に求めましたが、この日の最高裁の判決は、安易な過失相殺で個人に責任を転嫁することは許されない、とする姿勢を明確に示したのでした。

どんなに〃もの〃が溢《あふ》れていても、人間が人間らしく生きることができなければ、何の意味もありません。人間が巨大な〃機械〃の優秀な〃一部品〃となって、どんなに〃もの〃を効率よく大量につくり出し、身のまわりにどんなに〃もの〃を溢れるようにしたところで、この〃部品〃は所詮《しょせん》人間ではなく、ただの部品にすぎないのです。

私たち現代人は、人間性を根こそぎ奪われ、ついには巨大な〃機械〃の〃一部品〃にされてしまったのです。使いに使われ、さんざんな目にあって摩耗《まもう》し、ついには、役に

自殺・過労死110番（1998年6月20日、川人法律事務所で）
写真提供・毎日新聞社

立たなくなったら捨てられてしまうのです。

過労死・過労自殺とともに、最近、不眠やうつ症状に悩む人が急増し、大きな社会問題になっています。

多くの人々が苦しみ、長いトンネルから抜け出す方法を必死に探しているこうした「心の病い」。その多くは結局、個人の「心の持ち方」のみで解決できるようなものではなく、人間の存在をあまりにも簡単に否定し、経済的存立基盤を奪い取り、人間の尊厳をズタズタに傷つけて憚《はばか》らない、徹底した効率主義・成果主義の無慈悲な思想が、働く現場の人々の心の奥底にまで浸《し》み入り、精神を追いつめているのが、根本的な原因なのではないでしょうか。

毎日、働いて働いて、ちょっとだけ休みたくても、そんなことをしようものなら、成果主義の競争の中では、誰かに先を行かれて、即、首を切られてしまうのではないか、そうなったら、この雇用過剰の時代、もう二度と社会復帰できないかもしれない……。体力そのものの限界と、そんな恐怖と不安のはざまでどうにもならなくなり、ついには心を病んでゆくのです。

こんな〝心を病む〟社会が、人類のめざす〝発展した社会〟、〝豊かな社会〟だったのでしょうか。生産性が多少下がろうとも、〝もの〟が多少、少なくなろうとも、大切なことは、〝心が育つ〟社会でなければならないということです。人間は本当は、自分の〝いのち〟を支える何がしかの土地があり、そこで家族そろって働き、平和に暮らすことを望んでいるのです。人生、一回限りの〝いのち〟です。自分の時間は自分の意志で自由に使い、みんな仲良く、自分の責任において、自由に、平和に、人間味豊かな活動がのびのびできる、そんな〝場〟が欲しいのです。これが、人類のささやかな願いであり、究極の目標でもあるのです。

家族小経営の歴史性

日本の近現代史に則して振り返ってみればはっきりしてくるように、明治以来、日本資本主義は、自己の発展のために、初期の段階では、農村社会に散在する農民家族から娘を紡績女工として引き抜き、農家の次男・三男を労働者として大量に都市へ連れ出し、農民家族をたえずその犠牲にしてきたのでした。そして、戦後においてもある意味では、大きく内外の諸条件が好転したものの、その傾向が一貫して貫かれてきたという点では変わりはなく、今日においても、その傾向は引き継がれています。

戦後まもなく農地改革が断行され、地主・小作制は廃止され、土地は農民の手に返ってきたものの、それも束の間、戦後資本主義の復活は急速にすすみました。農村からの中・高校生の集団就職や、恒常的な大都市への労働人口の移動の加速化によって、農村と農業は切り捨てられ、工業製品の大量輸出、工業用原料と農産物の大量輸入を基調とする今日の大量生産・大量浪費・大量廃棄の経済が築かれ、アメリカ型「拡大経済」の社会の完成を見ようとしているのです。

この歴史的経過の中でおこなわれてきたことは、先にもふれたように、徹底した分業化の遂行と、統合による産業の巨大化であり、これによって、農村における農民家族の経営基盤の衰退と、都市における家族の空洞化現象の進行が加速され、その結果、今日では農村のみならず、都市においても家族は、危機的状況に晒されているのです。

ここで提起されている、この「菜園家族」を基調とするCFP（Capitalism・Family・Public）複合社会の構想は、こうした産業革命以来の一貫した分業化と統合の方向に歯止めをかけ、さらにその向きを逆の方向に変えようとするものなのです。それは、家族および家族小経営それ自体がもつ人間形成の優れた側面と、その小経営そのものに内在するエコロジカルな現代性の再評価によるものなのです。

また、日本の近代史に則して説明するならば、明治初期の日本資本主義の形成期の時点に戻り、そこから出発して、資本主義セクターと家族小経営セクターとが、いかなる相互関係のもとに形成されてきたのか、その過程を十分に検証しつつ、未来にむかって、その両者の関係を適正かつ調和のとれたものに組み換え、社会の枠組みを建て直そうとする試みでもあるのです。

しかしそれは、単に昔にそのまま戻るということを求めているのではありません。産業革命の時点であれば、地主・小作関係や、あるいは封建領主制のもとで、家族小経営の大部分は、土地を奪われ所有しておらず、地代を支払わなければならないという、極めて過酷な状態にあり、経営基盤そのものが劣悪であったのに対して、ここで提起さ

タチアオイの花、夏のおわりに　画・水野泰子

れた「菜園家族」は、土地は自分のものとして保有しており、自立した極めて健康な経営基盤の上に成立し得る、という有利な点が挙げられます。

もう一つの利点は、今日では、明治初期の〝産業革命〟当初とは比較にならないほどの高度な科学技術の水準にあり、これに依拠して、これを適正に活用することが可能であれば、セクターFである〝家族小経営セクター〟は、明るい展望のもとに生き生きと甦ってくる可能性が大いにあるということです。

こうした現代的利点を考えると、「菜園家族」を基調とするこの「循環型の複合社会」は、決して空想ではなく、二一世紀をむかえた今、一八世紀以来の歴史的経験と、今日の現実の発展水準を組み込むとき、極めて現実性のある構想として浮かびあがってくるのです。

しかも、この構想における「菜園」では、人々は、大地に謙虚に働きかけて生きる、人間本来の営為をとり戻しながら、さらに自己の「菜園」を、教育や文化や芸術等々、あらゆる人間的な活動を包括する、美しく生き生きとした舞台につくりあげてゆくにちがいありません。「菜園」は、まさに大地に依拠し、〝もの〟の手づくりを基本とした、〝心が育つ〟人間の生きる理想の〝場〟へと、次第につくり変えられてゆくことでしょう。

この構想は、人類史における小経営の歴史のどの時代にもなかった、そしてこの地球のどの地域にも見られなかった、小経営の素晴らしい高みを実現する試みとして、位置づけられるべきものなのです。

4　「菜園家族」構想と今日的状況

二〇〇〇年四月、小渕政権から急遽《きゅうきょ》、森政権に移り、これに対する国民の不満がつのると、実に巧妙なすり替えがはじまりました。それはやがて小泉政権の成立へといざない、過度な期待の中で、国民の意識は目まぐるしく揺れてゆきます。

こうした国民の動揺や不満や、将来不安、さらには政治不信といった混乱に乗じて、にわかに登場してきた政権は、その成立の社会的基盤や本質が変わらない限り、自己を偽《いつわ》って、あたかも救世主でもあるかのように装い、振舞うほかありません。いずれ、現実との乖離《かいり》は避けられなくなるでしょう。

こうした状況の中では、今、一般のおおくの人々にとって切実で本質的な問題、つまり、私たちが今こそ真剣に考えなければならない一人一人の〝いのち〟のありようや、国民の暮らしのあり方への真正面《まとも》な省察は避けられ、「構造改革」によって景気を回復すればそれで事足りるとする、安易で無節操な風潮が蔓延《まんえん》してゆきます。二一世紀に解決しなければならないもっとも大切な問題は、ますます先延ばしにされてゆくのです。

こうした如何《いかん》ともしがたい、憂うべき状況ですが、ここであえてもう一度、「菜園家族」構想にたちかえって、私たちの今日と二一世紀の未来にとって、この構想がどんな意味をもち、どんな可能性を秘めているのか、もう少し考えてみたいと思います。

危機の中のジレンマ

日本は戦後の高度経済成長期に、巨額の設備投資をつづけ、生産をひたすら拡大し、今日では明らかに絶対的な供給過剰に陥っているといわれています。戦後一貫して国内の農業を犠牲にし、工業を優遇して、農業から工業へと人々の移動を誘導してきました。全体として国民の購買力を高め、他方では工業製品の輸出によって供給過剰を何とか緩和させつつ、経済成長を維持してきたのです。

しかし、これもすでに限界に達しています。家電製品、自動車等々、国民の生活手段の根幹部分は基本的に満たされ、戦後長期にわたって投資してきた道路など大型公共の土木事業の基幹部分も、これまたほとんど満たされるに至ったのです。したがって、当然のことながら、基本的需要は伸びるはずもありません。

さらに、韓国、中国、インド、東南アジア等々、周辺諸国の工業化の進展にともなって、これら諸国での市場は一層狭《せば》まり、それどころか、低コストの商品が日本に逆流する事態に至っています。今や日本の過剰供給、過剰雇用は、深刻な問題になってきたのです。

こうした状況の中で、この事態を解決する施策として、

ハローワークで求人情報を探す人々（東京・新宿区、2002年）写真提供・PANA通信社

今、政府が採っている手法は、新規に産業を掘り起こし、人々の心を惹《ひ》く商品を開発して需要を拡大しつつ、不良債権の処理をテコに見込みのない企業は倒産させ、生きのびる可能性のある企業にはリストラを迫って、生産性の向上をはかり国際競争力を回復する、というものです。そして、国民にむかっては、ふたたび欲望を煽《あお》り浪費をすすめ、消費の拡大をはかりつつ、以前と同様、工業製品輸出型の「拡大経済」の道を何とか歩みつづけようとしているのです。

こうなれば、今までと何ら変わることなく、人々は、市場競争至上主義のシステムのもとで苦しむか、あるいは、今までにも増して、人間性の破壊を甘受《かんじゅ》しつづけなければならないことになります。しかし、このことについては、納得のゆく説明がなされたことはありません。一歩ゆずって、この道を選択できたとしても、この「拡大経済」の行く手には、大きな障害が立ちはだかっています。地球環境と地球資源の限界です。この路線を歩む限り、今日の地球環境の厳しい現実から目をそらし、今の温もりをなんとか失うまいと必死になって、人類にとって差し迫ったこの死活の問題を先送りしなければならないという、惨《みじ》めな羽目に陥らざるを得ないことになるのです。特にブッシュ政権以後の国際舞台での日米の行動を見ていると、すでにその兆候は現れています。

経済界からは、「小泉政権は、緊急経済対策を実行すると同時に、中長期財政構造改革プログラムを早急につくるべきだ」と期待がかけられます。「日本経済の一番の問題は供給過剰で、需給のバランスが完全に狂っていることだ」、「製造業も設備、債務、雇用の三つの過剰をまだ解消していない」、だから、「政府が低金利、金融の量的緩和や事実上のゼロ金利政策の復活を決めるなど、いくら総需要を喚起するような政策をとっても、景気は回復しないのだ」、と指摘するのです。そして、財界・経済界の指導層は、リストラと人減らしや、雇用に占める不安定労働の比重を高めることによって、生産性の向上と国際競争力の回復をねらうのです。

戦後六〇年間かけて到達した今日の未曾有の過剰供給の状況下で、新規産業の開発による新たな雇用の拡大とか需要の拡大などというものは、基本的には望みようもないし、先にも述べた地球環境、地球資源の限界からも、これ以上の拡大再生産は許されない現実があるのです。

2005年総選挙で街頭演説する小泉首相(当時)(朝日新聞、2006年3月8日)

その上、政府・財界が重要なセーフティネットの一つとして盛んに言いふらしていた、IT産業による雇用の拡大にしても、早くもIT不況が表面化し、リストラがはじまるという始末です。だとすれば、リストラや人減らし対策としての雇用創出などという従来型の「拡大経済」の発想の枠内からは、具体的には何も出てこないということになるのではないでしょうか。

対策の打つ手がなければ、失業者はさらに増え、パートや派遣労働などといった不安定労働が、ますます増大し、実質賃金は低下する一方です。年金・介護・医療などの社会福祉制度は、今や財政破綻の寸前に立たされています。社会不安や国民の不信は、ますますつのるばかりです。これでは、政権は、選挙によって国民から見離されることになります。

小泉政権は、二〇〇五年八月八日、参議院で「郵政民営化法案」が否決されると、衆議院を即日解散し、総選挙に打って出ました。そして、この二〇〇五年九月十一日の総選挙では、四年間の内政・外交、自衛隊のイラク派兵等々にわたる失政を覆い隠すために、争点を強引にこの「郵政民営化」一本に絞るという、前代未聞の異常な事態を演出したのです。

（パンフレット『自民党政権公約2003』より）

「改革を止めるな」、「官から民へ」、「小さな政府を」と、「改革」の内実を問うことなく、ただ空虚な言葉だけをひたすら呪文のように繰り返し、行き詰まったどうにもならない現実から、国民の目を躍起になってそらそうとしたのです。

実際に、この五年間、小泉政権のやったことといえば、国債と借入金の残高は、約五四〇兆円（二〇〇一年三月末）から約八二七兆円（二〇〇六年三月末）まで、大きく膨ませてしまいました。小泉政権は、選挙では事あるごとに、「小さな政府を」と叫びながら、「小さな政府」どころか「巨大な政府」を作りあげてしまったのです。選挙用に言う言葉と、この現実のあまりにも大きな乖離を、国民はどう見たのでしょうか。群がる群衆を目の前に、髪を振り乱し、大袈裟なジェスチャーをまじえて、平然と嘘を言ってのけるこの姿に、ファシストの再来を思い起こした人も少なくなかったのではないでしょうか。

金融のグローバル化を本気ですすめて、金融機関が国際競争力をつけようと思えば、逆に日本の国債は売り込まれ、海外へ流出する可能性が生じます。また、実際に景気が回復して金利が上昇すれば、国家財政は破綻へとむかいます。たとえ、郵政を民営化して「株式会社」にしたところで、国債・財投債が暴落すれば、巨額の損失を蒙《こうむ》り、破綻することには、何の変わりもありません。今や、不良債権問題の構図が、国全体に広がるという最悪の事態に陥ってしまったのです。

このように見てくると、わが国は、従来型の「拡大経済」の発想では、政策として手の打ちようのない、どうしようもないジレンマに陥っていると言わざるを得ないのです。

誤りなき時代認識を

今も、「構造改革なくして、景気回復なし」とか、「成長なくして、財政再建なし」などと盛んに叫ばれてはいますが、そのめざすところは結局、かつてのバブルを夢見て何とか景気を回復させ、従来型の「拡大経済」をふたたび甦《よみがえ》らせて、将来にわたってもこの道を走りつづけようとする、単なる目先の処方箋《しょほうせん》に過ぎないことは明らかです。仮にその手法によって景気が回復できたとしても、それは際限のない拡大再生産の、未来なき人類破滅の道を歩みつづけるということを意味しているにすぎないのです。

今ここに至って、私たちがまずしなければならないことは、第二次世界大戦以降、日本の戦後史六〇年間を明治以来の近現代史の中にしっかりと位置づけて、今日のこの経済危機の性格とその歴史的意味をほんとうに正しく認識することです。もしも、正しい現状認識が得られないとするならば、将来への道を誤り、目前の経済・社会の行き詰まりにただうろたえ、一時しのぎの糊塗《こと》に終始するほかありません。いつまでたっても対症療法にのみ振り回され、ますます解決を困難にし、一層の閉塞状況に追い込まれてゆくことになるでしょう。

こうした状況は、別の意味でもきわめて危険です。すでに社会風潮として、ヒーロー待望論の兆しが見え隠れしています。歴史に照らしても、今日の状況は、ファシズムへの危険性すらはらんでいます。民衆の中に閉塞感が深まれば深まるほど、歯切れのよい大声に国民の人気は集中します。私たちは、戦後今までになかった、実に危険な状況に立たされているといわなければなりません。

政治が現実を変える力を失えば失うほど、民衆をないがしろにする悪政がひどければひどいほど、国民の目を現実からそらすために、ありとあらゆる手練手管《てれんてくだ》を弄《ろう》しながら争点をはずし、マスメディアを総動員してでも、利害をめぐる仲間内でのコップの中の抗争を、おもしろおかしく「劇場政治」に仕立てて、演出するのです。

二〇世紀三〇年代のドイツにおいて、社会不安の中から、民衆を情緒に訴え煽動《せんどう》しつつ、突如として息を吹き返したヒトラー率いるあのナチスの台頭と、今日のこの日本の状況を重ねて見る人も、少なくないのではないでしょうか。これは、単なる妄想として片づけてすまされる問題ではありません。過去の悪夢が人々の脳裡から未だ消え失せぬうちに、装いを新たにして再び甦ってきたこの亡霊を、二一世紀型の「ニューファシズム」の到来と受け止めざるを得ないだけの根拠が、私たちの今日のこの現実の中に、確かにあるように思えてならないのです。それは、世界史上、市場競争至上主義のアメリカ型「拡大経済」という世界体制の一時代の終末に照応した、ファシズムの独特の形態なのかもしれません。

現実は、たしかに行き詰まっています。どうしようもない無力感にもおそわれます。しかし、考えようによっては、むしろこの危機を、戦後長年にわたって歪みに歪められてきた日本社会にメスを入れ、本当の意味での改革に乗り出す絶好のチャンスとも、受けとめることができるのではないでしょうか。

今、私たちに求められているものは、産業革命以来、先進工業社会がひたすら走りつづけてきた「拡大経済」路線を大きく転換して、「循環型共生社会」へと軸足を移し、明確な目標を定めることなのです。今、緊急に必要とされている経済対策も、こうした革命的ともいえる長期ビジョンの中に位置づけられてこそはじめて、将来への明るい展望と実効性を伴ったほんものの改革が可能になるのです。本書が提起している「菜園家族」構想は、まさにこうした今日の客観的要請に応えようとしたものであるといえましょう。

戦後六〇年間、日本は一貫して人間を大地から引き離し、農山漁村から都市へと人口を移動させ巨大都市をつくりあげ、農業を軽視し、工業を優先させる政策を推進してきました。その結果、地方にはお年寄りばかりが暮らす過疎の村が続出し、今や農村においても、都市においても、人々のほとんどが、一〇〇パーセント給与所得に依存しなければ生きられない状態に陥っています。人間は、大地から遊離した根なし草同然の不安定な存在に、すっかり変質させられてしまったのです。

「構造改革」推進派か、「抵抗勢力」か、といった本質的ではない誤った対立構図のもとで、無意味な議論が、今でも平然とまかり通っています。二一世紀を見通した将来ビジョンのないところで、何をどのように改革しようというのでしょうか。今盛んに叫ばれている「構造改革」なるものは、せいぜいこれまでの「拡大経済」をなんとか修復し維持したい、という枠内での不良債権処理であったり、それに伴うリストラや人減らしであったりに過ぎないものなのです。

本書が提起している「菜園家族」構想のＣＦＰ(Capitalism・Family・Public)複合社会とは、こうした従来の「拡大経済」の発想を根底から覆《くつがえ》して、農山漁村の分野をも含む日本経済・社会の総体に視野を広げ、一時期の縮小再生産は覚悟の上で、何よりも失われた農と工のバランスをとり戻しつつ、国民の暮らしのかたちや国民経済のあり方を、根本から立て直そうとして考えられたものです。今やこうした中でしか、今日の過剰供給、過剰雇用の問題は解決できないし、不良債権処理に伴うリストラ対策としてのセーフティネットの創出なども、こうした抜本的な施策によってしか期待できないのです。

「構想」の可能性と実効性

画・前田秀信

「菜園家族」構想が具体的に実現へとむかえば、戦後六〇年にわたって大都市へ過度に集中してきた人口は、地域地域の自然や風土や歴史的条件にみあった形で、国土全域にバランスよく分散配置され、「菜園」を基盤にした家族は、次第に自立へとむかいます。そして、家族は本来の姿をとり戻します。同時に、大都市は縮小へとむかい、特色ある中小都市が全国各地に甦り、次第に発達してきます。この中小都市を核にした「菜園家族」のネットワークが新しく形成され、国土全域にこのネットワーク群が張りめぐらされてゆくことになるのです。

すでに述べたように、「菜園家族」は、標準的には三世代が想定されています。「菜園家族」の人々は、週五日は、「菜園」またはその他の自営業に励み、残り二日は、近隣の中小都市で従来型の職場に勤務することになります。つまり、かなり徹底したワークシェアリングによって、人々は「現代版奴隷《どれい》」の拘束《こうそく》時間から解放され、個人の自由な時間が獲得されて、人間本来の創造性豊かな活動が保障されるのです。

さてここで、「菜園家族」構想が、日本のグランドデザインとして、国民的合意に達したものと仮定しましょう。そのとき、国民が今もっとも切望している、今日の経済危機打開のための緊急経済対策や中長期の計画は、どのようなものになり、どのように実行に移されてゆくのでしょうか。

まず、緊急に取り組むべきことは、世界的にみても異常だといわれている、わが国の財政支出の無駄や浪費にメスを入れ、公共事業費と社会保障費の比率など、財政支出の歪んだ構造を根本から改め、無駄な大型公共事業や軍事費を大胆に削減することです。そして、公共事業の中身を、「菜園家族」構想を実行に移し実現するために必要な社会インフラ、すなわち「菜園家族」住宅や営農組織や営農施設、さらには新しいタイプの「菜園家族」的教育・文化・医療・福祉施設、あるいは「菜園家族」と中小都市を結ぶ新しい情報ネットや、自転車・バス併用など新時代にふさわしい交通・流通網等々、社会資本の整備にふりむけてゆくことです。

道路、ダム、トンネルやハコモノなどといわれてきた従来型の大型公共事業に代わって、『スモール・イズ・ビューティフル』の名著で知られるE・F・シューマッハが唱える、大工や手工業者など伝統技術を基盤にした新しい細やかな中間技術が次第に甦り、それを土台に、地域密着型の新しい「菜園家族」的技術が形成されてきます。それにともなって、新たな需要や雇用が地域の隅々に生み出され、地域地域に密着したきめ細やかな経済が息づいてくるのです。

こうしたことを円滑に首尾よく実現してゆくためには、土地法や農地法等々を総合的かつ抜本的に見なおして、法体系を整え、「菜園家族」形成に必要な種々の条件整備もおこなわれる必要があります。同時に、土地を確保し、新しいタイプの「菜園家族」住宅やこれに付随する施設を建設できるように、この目的に沿って規制を大いに緩和し、さらには、超低利・超長期融資による土地や農地の確保や菜園住宅建設等々を支援するために、そのための公共的投資を拡充し、強化しなければなりません。

こうして五年、一〇年、二〇年と長期にわたって、第一次、第二次……と段階を追って、年々「菜園家族」構想が実行に移され、実現されてゆくにしたがって、地域内の需要と供給の新たなる体系が形成され、地域地域の自然にふさわしい、個性的で特色のある恒久安定的な循環型地域社会が、日本の各地に円熟してゆくことになります。こうなると、「菜園家族」の内実も充実し豊かになってゆきます。家族が本来もっていた育児や子どもの教育や介護などの諸機能が、「菜園家族」内に生き生きと甦り、今日の家族機能の極端なまでの社会化傾向に歯止めがかけられ、社会負担は、確実に軽減の方向へとむかってゆくのです。それにともなって、国や地方の財政は、着実に健全化してゆくにちがいありません。こうして築かれる新たなる社会の基盤の上にはじめて、今日破綻寸前にまで陥った年金、医療、介護、育児などの福祉のあり方は、根本的に改革されるのです。

初夏　　画・前田秀信

「菜園」では、家族三世代の人々が、それぞれの年齢や個性や能力に応じて、ほほえましい協力関係を築きあげてゆきます。作物の栽培や加工、手工芸といった、手づくりによる〝もの〟の人間的創造活動からはじまって、次第に個性的な新しい「菜園家族」の文化が生み出されてゆきます。これを基盤に、地域に根ざした文化芸術活動が活性化し、カネやモノに単純化された今日の価値観や人生観は、次第に多様化の方向にむかいます。そしてやがて二一世紀の未来には、現代人の心に響く、「菜園家族」にふさわしい新しい人間の「幸福のかたち」が形づくられてゆくのです。

日本の国土のいたるところに、奥山や里山、そして平野部や海辺にも、「菜園家族」のネットワークは、徐々に広がりを見せてゆくことでしょう。そして、国土のいたるところに、土地土地にふさわしい「菜園家族」の特色ある美しい風景が展開してゆくにちがいありません。二〇世紀の工業偏重の時代から、農と工のバランスのとれた、二一世紀の恒久安定的な循環型共生社会への移行です。人間性豊かで明るいこのような未来構想の実現にむかって、これからの公共投資はなされてゆくにちがいありません。

誰のための、誰による改革なのか

ここで、「菜園家族」的公共事業と、今までの公共事業との違いを整理してみたいと思います。

道路やハコモノなどといわれてきた従来の大型公共事業への財政支出は、執行の限られた期間だけに限って雇用を生み出しますが、執行後は、基本的には道路やダムやトンネルなどといった大型建造物は残るものの、雇用は即、喪失します。国や企業は、新たな需要を求め、失われた雇用を維持確保するためにも、さらなる大型公共事業を、実際の必要性を度外視してでも繰り返しつづけてゆかなければならないという弊害《へいがい》に陥ります。当初はそれなりの時代の要請もあって、その必要もある程度は認められていた大型公共事業が、次第に精彩を失っていったのは、こうした事情によるものであるのです。

ところが、こうした従来型の大型公共事業に対して、「菜園家族」構想実現のために投資される、新しいタイプの公共事業であれば、事情は一変します。

この新しい「菜園家族」的公共事業の場合であれば、財政支出執行期間中にも当然、雇用は創出されますが、執行後においても、その投資の結果、地域に新たに生まれた「菜園家族」そのものが、引きつづき恒久的とも言える新規の「雇用先」として、地域に確保されたことになるのです。それだけではありません。未来を担う子どもたちにとってこの上ない、「菜園家族」という人間形成の優れた場が創出されたことになり、また、それこそ本物の〝循環型共生地域社会〟という素晴らしい財産が、後世に残され、継承されてゆくことにもなるのです。

こう考えてくると、「菜園家族」構想は、今日ますます深刻化する経済の行き詰まりを打開する緊急経済対策としても、きわめて有効であるばかりでなく、さらには、二一世紀の未来を切り拓く、国民がほんとうに待ち望んでいる根本的な「構造改革」、つまり「菜園家族レボリューション」の名にふさわしい真の改革であると言ってもいいのです。要は、「構造改革」の中味とその方向性が、今、問われているのです。

小泉内閣が決めた経済財政運営の基本方針のように、効率性の低い分野から成長分野へとヒト、モノ、カネを移す構造改革なるものが「経済再生」につながるとして、かつてのような高度経済成長を夢見て、相も変わらず同盟国アメリカとともに、従来型の市場競争至上主義の「拡大経済」の文明崩落の道を突きすすむのか、それとも今日のこの

「拡大経済」の破綻と危険性をいち早く見抜いて、「循環型共生社会」への転換をはかるのか、その二者択一が、今、迫られています。まさに二一世紀最大の争点は、この二者のいずれを選択するのかという点にあるのですが、現実にはこの争点は絶えずあいまいにされたまま、先送りされてきました。このような優柔不断な態度をこれから先もつづけてゆくならば、国民はきっと近い将来、とり返しのつかない壊滅的な打撃を受けることになるでしょう。

さて次に、「菜園家族」構想を現実に実行する際の、国と地方自治体との関係について、若干触れておきたいと思います。

画・志村里士

「菜園家族」構想が全国的に展開されるものとするならば、これは、中央集権的な方法や体制で実行できるような性格のものではなさそうです。都道府県から市町村に至る、財政をも含めた、徹底した地方分権化の体制の中で、おこなわれることになるでしょう。こうした地方分権体制の中ではじめて、住民の叡知と力は結集され、地域地域に根ざした土地土地に特色のある多彩な「菜園家族」構想が、具体的な形で各地にきめ細かく生み出されてくるのです。こうした過程の中でこそ、地方分権や住民の社会参加も、標語に終わることなく実体化され、円熟してくるにちがいありません。

「菜園家族」構想による週休五日制の実現にとって、まず大切なことは、「菜園家族」を選択すれば、誰もが経済的にも成り立ち、従来通り週五日間勤務するよりも、精神的にもゆとりができてよいと思えるような、社会的、経済的な仕組みになっていなければなりません。こうした社会的条件のもとで、国家公務員、地方自治体の職員、さらには小・中・高・大学の教員等々が、自ら率先して週休五日制のワークシェアリングを実行し、地域に広げてゆくことが大切です。週に二日だけ、役所や学校に勤務することになるのですから、先にも述べたように、これらの職場の雇用は、単純に計算して、人数にして二・五倍に拡大されるはずです。それだけ、住民と自治体や学校を結ぶパイプは太くなり、その連携はいっそう強化されてゆくことになるでしょう。

こうした地道で長期にわたる実践を通じてはじめて、地方分権、住民の社会参加は実体化され、「菜園家族」構想を実行する主体的な力量が、次第に蓄積されてゆくのです。そして、やがてこうした先進的実例を核にして、一般の民間企業へも、次第にその広がりを見せてゆくことになるのです。

グローバリゼーション下の選択

地球が一体化したといわれている今日の国際化の時代に、このような「菜園家族」構想は、文字通りの酔夢《すいむ》であり、空想に過ぎないという意見もあるかもしれません。しかし、考えても見てください。二〇世紀末以来、盛んに唱えられてきたグローバリゼーションとは、一体なんだったのでしょうか。このことを事実に則して、冷静に考えてみるべきときが来たようです。

ここで少し、私たちが研究してきたモンゴルを例にとって、考えてみたいと思います。

モンゴルは一九二一年以来、旧ソ連の影響下にあって、遊牧の社会主義的集団化経営ネグデルを社会の基盤に据え、ソ連・東欧の経済支援を受けて、国づくりをしてきました。ところが、一九八九年一一月のベルリンの壁の崩壊後には、ソ連・東欧の民主化の波が内陸アジアのモンゴルにも押し寄せ、一気に市場経済に移行することになったのです。ソ連の援助にかわって、日本やアメリカなど西側の援助のもとで、国内の経済運営がおこなわれ、以後、急速に世界市場の中に組み込まれてゆきます。

西側は、モンゴルに対して、経済援助をテコに経済顧問団を派遣し、短期間のうちに市場原理を強引に導入させ、モンゴルの特殊性を無視した形で、モンゴルの資本主義化を強行してゆきました。先進資本主義諸国は、モンゴルに限らず、経済援助の相手国が、自分たちのような社会になることが進歩であり、発展であると思い込み、そう信じてきました。このような思考が描き出す世界像とは、結局、アメリカや日本などの先進工業国が世界の先頭に立って、その他の国々は、その先進の社会モデルを目標に、その後を追ってすすめばよいとする、単線的な発展の図式です。そして、その単線上のどの位置に達しているかが、発展の評価の基準となります。モンゴルのような国は、まさにこの基準に照らせば、はるか低位の位置にある「発展途上国」となるのです。考えてみると、実に傲慢《ごうまん》な世界観であると言わざるを得ません。つまり、世界を己の姿に似せてつくりかえ、世界を画一化してゆくという思想が、このグローバリゼーションの根底にはあるのです。

日本やアメリカ社会が、果たして発展の目標となり得る社会モデルなのか、まずこのことから問われるべきです。大量生産・大量消費型の「拡大経済」の末路がどんなものであるかは、もう縷々《るる》述べてきたので、ここでは説明の必要もないでしょう。

この十数年間、日本やアメリカのような社会モデルをめざしてきたモンゴルが、今どんな状況におかれているのか、簡単に触れたいと思います。

チーズづくりをたのしむモンゴル遊牧民の女性たち
大地に根ざした暮らしや地域社会も、今、グローバル化の波にさらされている。

モンゴルが市場経済に急激に移行してからは、遊牧というモンゴルの特色ある伝統的生業を、生産効率の悪い遅れた生産部門とみなす地域政策の無策の中で、地方から都市への人々の移動が加速されてゆきました。都市では新規産業も創出されないまま、失業率が異常なまでの高さに達し、貧富の格差がますます拡大しています。ストリートチルドレンなどに象徴される家族の崩壊など、深刻な社会問題が噴出しています。

一方、新興「財閥」がにわかに形成され、政治との癒着《ゆちゃく》を強め、民主化を唱えて登場したはずの新しい指導層や役人にも、汚職がはびこっています。政治の腐敗は深まり、社会不安はつのるばかりです。市場原理至上主義のもとで、民衆は競争を煽《あお》られ、人々の心はすさんでゆくばかりです。貧困層を尻目に、にわか金満家が奢侈生活に耽《ふけ》る中、富とわが身を守るための自衛と称して、御抱え警備の拳銃《けんじゅう》所持と使用に関する法案まで国会に提案され、紛糾する始末です。

こうした事態は、アメリカや日本といった「先進国」が、「拡大経済」の価値観やそれにもとづく政策を、相手国の独自性を無視して強引に押しつけてきた結果なのです。モンゴルにはモンゴルの特色ある自然があり、その大地という母胎の中で育まれてきた、人々の暮らしや文化の独自の形があります。ですから、それを基盤に成立する、かけがえのない独自の発展の道があるはずです。グローバリゼーションとか援助という名の干渉や妨害が、いかにこのモンゴル独自の発展を阻《はば》んでいるかを、真剣に考えてみる必要があります。

一九九〇年から三年間にわたって、モンゴルの南西部で実施された日本・モンゴル共同のゴビ・プロジェクト調査(代表＝小貫)、そしてその後も引きつづきおこなわれた山岳・砂漠の村ツェルゲルでの調査も、このグローバリゼーションに抗して、いかにモンゴル独自の道が模索できるのか、ということが主要なテーマでした。山岳・砂漠のゴビ地域で、モンゴルの遊牧民たちがどのようにして世界市場に組み込まれ、そして彼らの独自の発展の可能性がいかにして潰《つぶ》されてゆくのか、このことをつぶさに観察し、自らも体験してきました。

グローバリゼーションの事態の推移を注意深く見てゆくと、このグローバリゼーションなるものは、結局、民衆的なレベルでの、あるいは民衆の願いに基づく人間的な国際交流などとはおよそ無縁の、突き詰めてゆくと、結局それは、一部の経済的な利益やその恩恵に浴することのできる特定の大国の、しかも一部の特権的強者の論理にもとづくものにほかならないということが、次第に分かってくるのです。結果的には、強者が特定の価値観を、世界的な規模で弱者に押しつけようとする以外の何ものでもありません。地球は、様々な気候や自然から成り立っています。歴史的な背景や風土も、実に多様です。それぞれの地域には、それぞれの地域にふさわしい経済や暮らしや文化の形があります。人間にとって、この多様性こそが大切なのです。

今日盛んに唱えられているグローバリゼーションとは、新しい流行にのって一見スマートに見え、聞こえはいいのですが、実は、そんな穏《おだ》やかな代物ではありません。相撲《すもう》にたとえれば、地球を一つの市場という土俵に仕立て、この一つの土俵上で横綱も赤ん坊も対等に闘わせようという、実に血も涙もない無慈悲な思想にもとづく、無謀《むぼう》極まりない策略なのです。これは結局、世界的な規模で、弱肉強食の原理が隅々にまで貫徹することを意味しているにほかならないのです。こうした中では、地域地域の特色や独自性は決して許されることはないし、今後もグローバルスタンダードのもとに、画一化が一層押しすすめられてゆくことは間違いありません。

こうしたグローバリゼーションが進行している中で、今、日本において、きわめて個性的なこの「菜園家族」構想なるものを実現しようとするならば、当然のことながら、今度は日本が今とは逆の立場に立たされて、日本に対する大国の干渉や妨害が強まることが予想されます。その覚悟が必要です。それでもこの構想を実現しようというのであれば、この未来構想の内容をもっと具体的に示し、この構想にもとづく世界の未来像についても、ねばり強く説明してゆく必要があります。

市場競争原理のもと、地球を一つの市場に仕立て、六〇億の人々の経済を、地球規模で中央集権的に統轄《とうかつ》しようなどということ自体が、どだい不可能に近いことなのです。世界的規模で統一的な巨大経済をめざす限り、それは遅かれ早かれ、いずれ破綻の道をたどらざるを得ないでしょう。内容は若干違いますが、それはかつてのソ連邦が、ヨーロッパから中央アジア・極東シベリア・モンゴルに至るまでの広大な領域で、中央集権的に経済を統轄しようとして、結局はついえ去ったことからも、教訓は汲みとることができます。

今日のグローバリゼーションではなく、むしろ国々の個々の実情に合った経済運営を基本にしながら、国と国、あるいは地域ブロックと地域ブロックの間で、それぞれに欠けるものをお互いが補完し合うという目的に沿って、賢明なる調整貿易をおこなうことが、国際間の本来あるべき姿なのです。いい意味での地域や国々の個性や独自性や特色をつくりあげてゆくことが、世界を多様で豊かなものにするのであって、世界を画一化の方向へ導く市場原理・競争原理至上主義であってはなりません。世界の圧倒的多数を占める中小の国々や少数民族やすべての弱者のためにも、そして大国の民衆のためにも、市場原理・競争原理至上主義のプラグマティズムの哲学は、強者の意識からも、同時に弱者の意識からも、徹底して排除されなければなりません。狭い意味での経済的交流ではなく、むしろ民衆レベルでの文化的・人間的交流を促し、人々がお互いに尊重し合い切磋琢磨《せっさたくま》し合う、精神性の高い真の国際主義をめざすときが来たのです。「自由貿易」という名を借りた戦争は、もう中止すべきです。

「菜園家族」構想による、真に恒久安定的な、人間性豊かな「循環型共生社会」をめざすというのであれば、このように国際環境をも変えてゆく努力が必要です。巨額の貿易黒字を稼ぎ出し、そのおこぼれを恵む式の「援助」などではなく、経済大国は自らが率先して、「菜園家族」構想による「循環型共生社会」をめざすべきです。そして、貿易という名の収奪を止め、二一世紀における社会のあるべき姿を自らが世界に示し、それぞれの地域や国々の自立をお互いに尊重し合えるような国際環境を、本気で構築してゆくことです。「国際化」とか「自由貿易」という美名のもとに、ことの本質を見失ってはなりません。

二一世紀の〝暮らしのかたち〟を求めて

小泉政権の経済ブレーンといわれていた閣僚の一人、竹中平蔵総務相（当時）は、二〇〇一年の就任直後の国会の予算委員会で、次のように答弁しています。「日本という資源の少ないこの国で、一億二〇〇〇万の民が戦後短期間のうちに生産性を高め、世界でもトップクラスの経済大国に成長してきたことは、世界に誇るべきことである。これは、〝競争〟によって生産性を高めることでできたことなのだ、ということを忘れてはならない。今、この経済危機を前にしてやらねばならぬことは、痛みを覚悟での不良債権の処理であり、構造改革を断行して生産性を高め、かつての経済成長をふたたび達成することなのだ」、概《おおむ》ねこのように述べています。

たしかに戦後、私たちは、経済大国を目標に掲げて突きすすんできました。しかし、その結果はどうだったのでしょうか。競争、競争、競争の中で、人々は自由な時間を奪われ、頭脳は破壊され、家族は空洞化にむかい、少年・少女にまで奇妙な犯罪が急増し、わけのわからない理由で人をたやすく殺したり、わが子を虐待したりしてしまうような精神の荒廃がすすんでいます。このことに、おおくの人々が心を痛めています。もう答えはとっくに出ているはずなのに、それでもあのバブルの夢をふたたび追い求めようとでもいうのでしょうか。

氏は、さらに言います。今や日本の国際競争力は、世界で十数番目にまで転落した。だから構造改革によってリストラ・人減らしをすすめ、競争力をつけて、世界での順位を取り戻すために邁進《まいしん》しようではないか、というのです。どうも経済学者や政治家には、経済外の価値は眼中にはないようです。繰り返しになりますが、経済構造改革によって景気回復ができるかどうかが、二一世紀の今日の最大の争点ではないのです。従来の市場競争至上主義のアメリカ型「拡大経済」を一日も早くきっぱりと拒絶して、人間復活をめざす新たな道を構築できるかどうかが、今問われているのです。二一世紀をむかえ、今私たちがどのような状況に立たされているのか、その時代認識を誤ってはなりません。私たちは今こそ、人間性を根っこからダメにし破壊し尽くす、「経済競争」という名の「戦争」の道を拒絶すべきときに来ているのです。

小泉前首相は、就任早々の二〇〇一年七月の日米首脳会談で、ここ二、三年中に不良債権の処理をおこなうことを、森政権に引きつづき再度公約し、アメリカのミサイル防衛システムには唯々諾々《いいだくだく》と理解を示し、「日米安保」の重要性を今までになく強調し、確認し合いました。国内では、憲法九条の改正を含む集団的自衛権の問題や、靖国神社参拝や歴史教科書の問題において、歴代の自民党政権の中でも、もっとも危険な姿勢を示しています。

2005年衆院選挙で堀江貴文候補の応援に駆た竹中郵政民営化担当相（当時）「私と小泉総理と堀江さんで改革をすすめます」と訴えた（2005年8月30日、広島県尾道市）。写真提供・共同通信社

そして、CO_2などの温室効果ガスによる地球温暖化の防止をめざす「京都議定書」に対しては、議定書からの離脱を宣言したブッシュ政権に、同調とも受け取られかねない発言をした、と報道されています。これは、ヨーロッパをはじめ世界のおおくの人々が、ここ一〇年間、誠実に取り組みまとめあげてきた地球環境を守る努力に背をむけるもので、京都会議の議長国である日本は、裏切りと非難されても弁解の余地のない態度に終始しています。市場競争至上主義「拡大経済」を全世界の先頭に立って推しすすめ、世界で最大量の温室効果ガスを排出しているアメリカは、「議定書」が自国の経済にとって不利益であると公言して憚《はばか》りません。日本は、何とか理由をこじつけて、態度を曖《あい》昧《まい》にしながら行動していますが、結局、超大国アメリカに理解を示し、同調し追従《ついじゅう》する形になっています。報道によれば、小泉首相（当時）がこうした態度で訪欧した時、ヨーロッパの人々は、「京都議定書は死んだ」と悲しんだのです。

こうした一連の経緯からも浮き彫りになってきたことは、いずれにせよ小泉政権、そして、二〇〇六年九月、これを引き継いだ同類系の安倍政権は、アメリカとの武力同盟のもとに、これまでのアメリカ型「拡大経済」を、いわゆる小泉流の「構造改革」の強行によって再生させ、二一世紀になっても、相も変わらずそれを堅持してゆきたいと願っている点です。こうした「拡大経済」を前提にする限り、小泉政権が五年にわたってすすめてきた「構造改革」と、これをひきつぐ同類系の路線は、遅かれ早かれその本質を露呈して、結局は失敗に終わらざるを得ないでしょう。その理由については、別の角度からもすでに縷々述べてきた通りです。

ここでもう一度、強調しておきたいと思います。仮に辛うじてこの小泉流、そして同類系の「構造改革」なるものが成功したとしても、それは、従来の「拡大経済」を甦らせるだけであって、国民の大多数にとっては、今日抱えている深刻な問題、つまり一言で要約するならば、今日進行しつつある極めて惨《むご》い〝人間性の破壊〟をとどめることはできないばかりか、一層重大な事態に陥ってゆくことは間違いないでしょう。こうした「改革」路線に、もはや未来はありません。

今、私たちに求められているものは、「構造改革」を断行するかどうかなのではなくて、それが何のための改革であり、誰のための改革なのかを見極めることです。そして、改革後にどのような未来社会を想定し、どのように日本のグランドデザインを描くかなのです。このことを抜きにした議論は、無意味であるばかりでなく、大多数の人々に虚《むな》しい幻想のみを与え、大きな誤りを犯すことになるでしょう。

すでに述べてきたように、「菜園家族」構想にもとづく、恒久安定的な循環型CFP複合社会は、今までのように効率のよい、生産性の高い、勝手気ままに使い捨てのできる「便利な」ライフスタイルでもなければ、「輸入してまで食べ残す、不思議な国ニッポン」といわれるほど、ものの溢《あふ》れた社会でもないかもしれません。にもかかわらず、なぜこの道を選択するのか。それは、モノやカネによって単純化された今日の幸福観とは違った、より精神性の高い私たち自身のための〝暮らしのかたち〟を求めようとしているからなのです。

あとは、どちらの道を選択するかが残されているだけです。

第二章　人間はどこからきて、どこへゆこうとしているのか

悠久の時空の中
人は大地に生まれ
育ち
大地に帰ってゆく

二〇〇三年九月一六日。忘れもしません。午後一時すぎのことでした。テレビの画面に突然、ニュースが飛び込んできたのです。

激しい爆音とともにビルの窓から炎が噴き出し、間もなく激しい黒煙が上がりました。場所は、名古屋市東区のオフィスビルで、刃物を持った男性がガソリンのようなものをまき、人質を取って立てこもったこの事件は、発生から約三時間後に、その男性を含む三人が死亡、四〇人以上が負傷する惨事となりました。

この男性は、立てこもった後、そこにいた支店長に軽急便の本社に電話をかけさせ、「七、八、九月の未払い分の給与二五万円を振り込め」と委託運送代金の振り込みを要求。同社によると、契約料は二ヵ月後に支払う約束で、男性には七月分を九月一九日に支払う予定だったということです。黒煙とともに窓ガラスや書類が飛び散ったあの光景は、今でも鮮明に脳裡《のうり》に焼きついています。

新聞報道によると、押し入って死亡したこの男性（五二歳）は、中学校を卒業、建具会社に一五年間勤めた後、運送会社など四社を転々としていました。その後、食品会社では配達業務を担当。同僚の社員は、「仕事はきっちりまじめだった」と話しています。その前に勤めていた運送会社の社長（五一歳）も、「無断欠勤ゼロで有休もほとんど消化せず、まじめ一筋」と評しています。近所の方は、事件の一年ほど前、この男性の妻から、「貯金を食いつぶしたから、私もパートで働く」と聞いたといいます。

事件の数ヵ月前に、この男性は軽急便の会社と委託契約を交わし、経費込みで約一〇五万円の配達用バンを購入。頭金六〇万円を払い、残り四五万円を六〇回払いで返済している途中だったといいます。実際には事件のあった年の三月末ごろから働き始め、六月までに支払われた委託運送料は月平均一〇万円程度、周囲の人には給料が安いと愚痴《ぐち》をこぼしていたといいます。高校生の娘さんと息子さんと妻の四人暮らし。名古屋という大都会のただ中で、この収入では一家四人がとても生活できるものではありません。困り果てたこの男性は、早朝に新聞配達もはじめたということです。

少しでもましな別の仕事口があったとしても、今の会社に借金で縛られている身では、職を変えようにも変えられません。どうにも身動きできない窮地《きゅうち》に追い込まれた挙句の事件であったようです。借金返済のためだけに労働を強いられる「債務奴隷《さいむどれい》」という制度が、経済大国を誇る高度に発達したこの現代日本の社会にもあったことが、白日のもとに晒《さら》されたのです。日本の社会は、一国の首相ともあろう者が、「人生いろいろ、社員もいろいろ」などと、そんな呑気《のんき》なことを言っていられるような状況ではないのです。

　この事件は、たまたま起こった特殊なケースとは思えません。今流行《はやり》のパート、フリーター、派遣労働者。そのどれひとつとっても、これでは使い捨て自由、取り替え自由の機械部品同然ではないでしょうか。これほどまでに人間を侮辱《ぶじょく》し貶《おとし》めたものもないのです。完全失業者三百二十数万人、フリーター四百数十万人、自殺者年間三万四〇〇〇人の現実から、起こるべくして起こった事件であったと言わざるを得ません。

朝日新聞

説得不調　突然の炎

ガラスの雨　報道陣も血まみれ

「逃げろ」飛び交う悲鳴

現場ルポ

名古屋・立てこもり

ビルの４階部分から炎が上がり、窓から書類が散乱した＝16日午後１時すぎ、名古屋市東区で

宅配会社「軽急便」名古屋営業所立てこもり事件（朝日新聞、2003年9月17日朝刊）　黒煙とともに窓ガラスや書類が飛び散っている。

　この事件が新聞やテレビで報道されたのは、事件当日を含めてわずか二日間でした。あとは何事もなかったかのように、街の賑《にぎ》わいは日常に戻り、人はそ知らぬ顔でまた急ぎ足に歩きはじめます。茶の間のテレビのチャンネルも、いつものように、何がそんなにおかしいのか、四六時中、つまらぬギャグに空《から》笑いの大騒ぎです。

　特に現代の若者の大半は、時給いくらのアルバイトに慣らされながら、「賃金労働者」という社会的存在については、あまり突き詰めて考えることもないようです。人類史上、遠い昔から今に至るまで、現在の「働き方」が永遠不変のものとして存在しつづけ、これから先もいつまでもつづくごく当たり前のものとして、何の疑問もなく見過ごされているのです。そこへもってこの事件は、あらためて「賃金労働者」という社会的存在が、大地から遊離した根無し草のように、本質的にいかに脆《もろ》く不安定なものであり、いかに非人間的で惨《みじ》めな存在であるかをあらためて気づかせてくれたのです。

「賃金労働者」は、資本主義形成の初期の段階とは違って、高度に発達した現代資本主義の今日では、賃金の格差や職階制による待遇の様々な違いによって、階層分化がすすみ、その内実は単純ではなく、複雑な様相を呈しています。したがって、今日、社会の圧倒的多数を占める都会の勤労者を、一口で「賃金労働者」という概念で捉えがたいことも事実です。しかし、今日の深刻な不況下で、パートや派遣労働者など不安定労働者の比率がますます増大し、比較的恵まれ安泰であると思われてきた大企業の社員であっても、突然のリストラによっていとも簡単に職を奪われてゆく現実に直面すると、「賃金労働者」という概念の本質が、今ほどあからさまな形で露呈した時もないのではないかと実感されてきます。

こうした中で、この事件は、私たちに極めて強烈な形で、「現代賃金労働者」の問題をあらためて歴史を遡《さかのぼ》って根源的に捉え直すよう迫っています。

百数十年の昔、産業革命によって社会が激動していた時代に、私たちの先人たちが真剣に考え取り組んだように、二一世紀の初頭にあたって今、私たちは、あらためて人間とは一体何なのか、そして、人類史上、人間はどのような存在形態を辿《たど》り、さらに、未来へむかってどこへゆこうとしているのか、このことについて、現代社会の圧倒的多数を占めているこの「現代賃金労働者」の問題を出発に、省察しなければならなくなってきたのです。

前章では、「菜園家族」の現代的意義を一般的に強調するにとどまり、世界史的視野からこの「菜園家族」を歴史的に位置づけて考察することは、ほとんどなされませんでした。この章では、残されたこうした課題を中心に考えてゆくことにします。

ところで、終戦を青少年期にむかえた世代は、ほとんどの人々がそうだったのですが、戦後の廃墟と飢えと漠然とした不安の中で、未来へのほのかな希望を胸に、心の奥底から湧き出ずる何かに突き動かされるように、中・高・大学などの学校教育や、あるいは独学に励み、精神的にも何か手応えのあるものを求めて学んできたように思います。

今から思えばそれは、一国にしか通用しないあの偏狭《へんきょう》で忌々《いまいま》しい思想の呪縛《じゅばく》からの脱却であり、壮大な人類史的視野に立つ世界の普遍的な知の遺産を、戦後日本の歴史学や経済学研究が引き継ごうとしたものであったのかもしれません。

そしてそれらは、学問の世界ではいざ知らず、世間一般、とくに今日の若い世代には、はるか過去のものとして忘れ去られてしまったものなのかもしれません。しかし、それらを今、あらためて謙虚にここでのテーマに則して振り返ってみると、意外にも新鮮な形で甦《よみがえ》ってくるのに気づきます。と同時に、今、私たちが生きているこの現代資本主義社会が、あらためて人類史の全過程の中に、首尾一貫した透徹した論理でくっきりと照らし出されてくるのに気づくのです。そして今、私たちが突き当たっている状況とその課題が何であるのかも、より明瞭になってきます。古臭いと烙印《らくいん》を押され、洗い流されてしまった数々の理論的諸命題が、イギリス産業革命以来、二百数十年におよぶ人類の苦渋に満ちた数々の闘いと現実の実践的経験を組み込みながら、修羅場《しゅらば》にも似た現代の行き詰まった状況の中で、改めて「否定の否定」として、生き生きと活力ある新たな命題に甦り、あらわれてくるのを感じるのです。

それは、旧ソ連邦の崩壊とともに高らかに謳《うた》いあげられた資本主義勝利の大合唱が、その後の世界の事態の進展によって、またたく間に色褪《いろあ》せ、しかも一八世紀以来、人類が身をもって苦闘し明らかにしてきた資本主義そのものに内在する運動法則が、かえってこの法則自体によって導かれ陥ってゆく現実によって、皮肉にも検証される結果に終わろうとしていることと、無関係ではありません。

少々長くなりますが、ここで解決すべき課題と関連して大切な論拠にもなってくるので、まずは、古いと断罪され烙印を押された、これらいくつかの諸命題にも触れながら、一八世紀イギリス産業革命と資本主義の胎動から、今私たちが生きている二一世紀初頭の現代資本主義に至る二百数十年の歩みを大まかに辿《たど》りつつ、それぞれの時代の特徴や特質、それにその時々に浮上してきた問題や解決されずに残された課題などを、整理しながら考えてゆきたいと思います。

こうすることによって、人類史の長いスパンの中で、「菜園家族」とそれを基盤に成立するＣＦＰ（Capitalism・Family・Public）複合社会の歴史的位置がどんなものであり、そしてその果たすべき歴史的役割が何なのかが、あらためてより明確になってくるのではないかと思っています。

1　新しい生産様式の登場

今日、市場競争至上主義のもとに弱肉強食がまかりとお

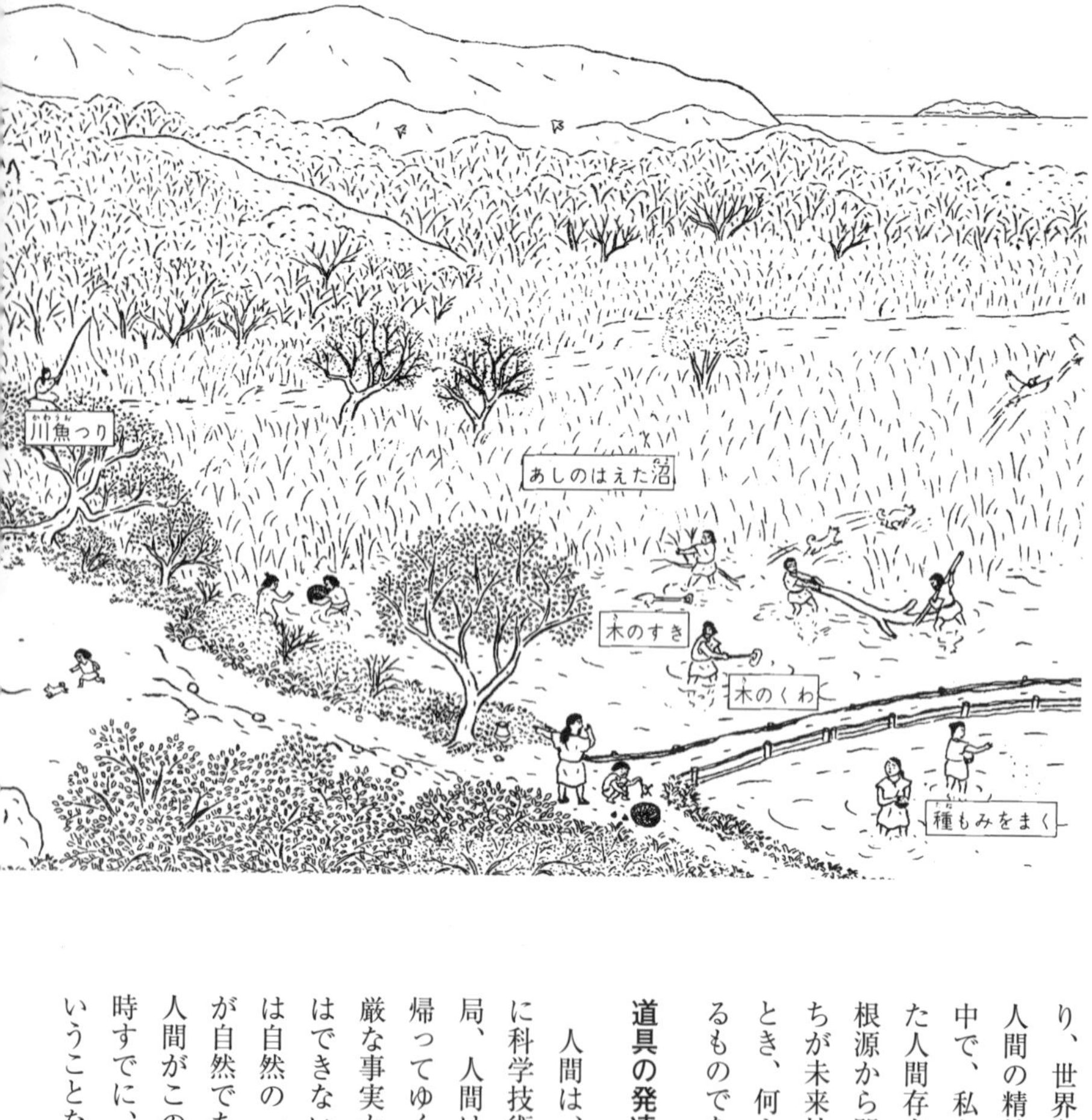

り、世界各地での紛争が凄惨《せいさん》を極め、人間の精神がますます荒廃してゆく中で、私たちが追求してやまなかった人間存在そのもののあり方が、今、根源から問われています。今、私たちが未来社会のあるべき姿を考えるとき、何よりもこの問いに答えられるものでなければなりません。

道具の発達と人間疎外

人間は、至便さをもとめてどんなに科学技術を発展させようとも、結局、人間は、大地に生まれ、大地に帰ってゆくのです。人間は、この冷厳な事実から、少しものがれることはできないでしょう。つまり、人間は自然の一部であり、人間そのものが自然であるということ、そして、人間がこのことをやめたとき、その時すでに、人間は人間でなくなるということなのです。

日本列島で水田稲作がはじまった頃の村の暮らし（西村繁男『絵で見る日本の歴史』福音館書店より）

人間は、道具を使う動物である、ともいわれています。人間を動物から峻別《しゅんべつ》し、人間を発達させてきたのも、やはり道具であり、人間と人間との関係、つまり人間社会のあり方を複雑かつ高度に発達させてきたのも、突き詰めてゆけば、この道具でした。

　ここでは、道具、つまり「生産用具」と、生産に不可欠な土地とを合わせて「生産手段」として捉えることにします。人間がこの生産手段を用いて、自らの労働を自然に働きかけることによって、自らの生活の糧《かて》を獲得し、生きてきた姿にまず注目したいと思います。そして、労働と生産手段、および両者の関係に焦点を当てることによって、もう一度、人間存在そのもののあり方と、人間と人間の関係とを考え直してみたいと思うのです。こうすることによって、人間はどこからきて、どこへゆこうとしているのかを歴史的に辿りながら、あるべきもう一つの未来社会の可能性をさぐることができればと思っています。

人間は本来、人類史の長きにわたって「生産用具」や土地、すなわち生産手段を、自己のものとして、それらを自己のもとにおき、自己の労働力を直接、自然やその他の対象に投下することによって、自らの〝いのち〟をつないできました。これが、人類の本源的な生きる姿であったのです。

ところが、生産手段の中でも重要な要素をなす「生産用具」は、石斧《せきふ》など簡単な道具から、やがて複合道具、集合道具（半機械・器機）へと発達し、さらには機械の段階を経て、オートメーション、コンピューターへと高度化・巨大化してゆきます。それに伴い、生産力はめざましく発展してゆきました。

これに照応して人間の社会の仕組みは、原始共同体、古代社会、中世封建社会、資本主義社会へと移行してゆきます。そして、人類史のほとんど全部をうめつくしていたといってもいいほど、長い長い原始共同体の歴史の間、人間のもとに不可分一体のものとしてあった自己の生産用具と自己の労働力は、古代から中世へ移行するにつれて、徐々に分離の傾向を辿ってゆき、ついには、近代資本主義の段階に至って、決定的に分離してしまったのです。

この歴史過程は、「資本の本源的蓄積過程」と呼ばれているものです。この歴史過程は、まさに前資本主義の諸形態をいっさい残らず解体するのです。ですから、この過程は、生産手段と直接生産者、言い換えれば生産手段と労働の結合に基づく過去のいっさいの社会、つまり、原始共同体的、古代奴隷制的、中世封建的社会すべてとの訣別《けつべつ》なのです。このことは、よく言われているように、人類史上数千年、数万年の長きにわたる原始共同体の無階級社会と古代社会以後の階級社会とを分かつ分水嶺につづく、第二の分水嶺が形成されたことを意味しています。

資本主義的生産以前、中世では広くおこなわれていた自由な小農民や隷属小農民の耕作、それに都市の手工業者の家族小経営は、直接生産者が生産手段を私的に所有することをその小経営の基礎としていました。土地や農具や仕事場、手工具などの生産手段は、ただ個人的使用だけを目的に作られた個々人の生産手段であり、そのためそれらは、ちっぽけで小規模な限られたものでした。これらの分散した小規模の私的な生産手段を強力に集中し拡大すること、これこそ、資本主義的生産様式と、その担い手として新し

マニュファクチュア（ピン製造）

く登場してきた産業資本家の歴史的役割だったのです。

　中世において、自然発生的に徐々にあらわれてきた社会内の分業が生産の基本形態になってくると、さまざまな生産物は、この分業によって、否応なしに商品という形態をとることになります。例えば、農民は、農産物を手工業者に売り、そのかわりに手工業者から手工業製品を買うという具合です。このような個人的な商品生産者たちの社会の中に、資本主義的生産様式という新しい生産様式が入り込んできたのです。そこに現れたのが、大規模な仕事場や工場における生産手段の集積です。こうして生産された生産物は、生産手段を用いて生産物を実際につくりだした労働者、つまり直接生産者によって自分のものにされずに、集積された生産手段の所有者である産業資本家によって、自分のものにされることになるのです。

市場競争から恐慌へ

　商品生産が拡がり、ついで資本主義的生産様式が現れるとともに、これまでおとなしくしていた商品生産の法則は、ずっと大ぴらに強力に作用しはじめます。古い地域的閉鎖性は破られ、村落の人々の団結はゆるめられ、生産者はますます個々別々に振る舞うことになったのです。こうして社会的生産の無政府状態は、ますます極端に推し進められてゆくことになるのです。

　いったん資本主義的生産様式が採用されると、その産業部門は、古くからの経営の並存を許しません。この新しい生産様式が手工業をとらえると、その存立を許さず、ほろぼしてゆきます。労働の市場は、熾烈《しれつ》な戦場となりました。さらに、一五世紀末のコロンブスによるアメリカ大陸の「発見」とそれにつづく植民とは、市場を何倍にも広げ、手工業からマニュファクチュアへの変貌《へんぼう》を促進してゆきます。こうした中、市場競争は、イギリス国内での個々の生産者たちの間ではじまっただけではありませんでした。地

イギリス産業革命期の紡績工場　（『伝記アルバム　マルクス＝エンゲルスとその時代』大月書店より）

域に限られた市場競争は、国民的な市場競争へ、そして一七世紀から一八世紀には、インドおよびアメリカ大陸との貿易の主導権をめぐるヨーロッパ大国間の競争へと拡大していったのです。

植民地市場の略奪をめざして戦われたヨーロッパ大国間のこの一連の商業戦争において、イギリスは、最初オランダと戦い、のちにフランスと戦った結果、勝利者として現れ、一八世紀末には、世界貿易のほとんど全体をその手中に収めました。そして最後に、大工業の成立と世界市場の形成とが、この競争を普遍的なものにすると同時に、それをこれまでになく激烈なものにしたのです。個々の資本家の間でも、産業と産業の間でも、国と国との間でも、自然的条件あるいは生産諸条件の良否が死活を決定的にしました。敗者は容赦《ようしゃ》なく葬《ほうむ》り去られるのです。

これは、まさに自然淘汰《とうた》の個体生存競争です。しかし、この個体生存競争は、地球の起源および生命の起源以来、少なくとも三十数億年におよぶ大自然の摂理である「適応・調整」の原理からはかなりかけ離れた、しかも宇宙を包摂する大自然界からすれば、きわめて特殊で局所的な現象形態にすぎないものです。この個体生存競争が、人類史発展のある時期から、何倍もの野蛮と凶暴さで、あたかも自然界から人間社会にうつされたかのように現れたのです。

資本主義的生産様式は、その起源からして、それに内在する矛盾の現象形態の中で運動しており、「悪循環」を描いて、それからぬけだすことができません。生産の社会的な無政府状態は、没落を恐れる個々の産業資本家を、機械の改良にますます力を入れなければならない衝動に駆り立て、大工業の機械改良の無限の可能性を現実のものにしてゆきます。なぜならば、そこには、資本家や経営者が安価な商品を最も強力な武器にして戦わなければならない、熾烈な市場があるからです。しかし、機械の改良は、人間の労働を余計もの扱いにし、ますます多くの労働者そのものを駆逐《くちく》します。機械は、結局、資本にとっては、いつでも

スープを待つ失業者の行列（マンチェスター、1862年）
（玉川寛治『資本論と産業革命の時代』新日本出版社より）

勝手気ままに利用できる、大地から乖離した根なし草同然の賃金労働者を大量につくりだす、ということを意味しているのです。

本来、人間の労働を軽減させ、労働時間の短縮のための最も強力な手段であるはずの機械、そして、直接生産者である労働者からは歓迎されるはずの機械は、こうして、労働者とその家族の全生活時間を、資本の増殖のために利用できる労働時間に転化させる確実な手段に一変するのです。

このようにして、一方の人間の苛酷《かこく》な労働は、他方の人間の失業の前提となり、産業資本家は、国内では賃金を切り下げ、大衆の消費を飢餓的最低の水準までに制限し、自らの国内市場を一層狭め、破壊してゆきます。その結果、国外に新しい消費者をもとめざるをえなくなり、世界を狩り尽くしてゆくのです。

ところが、市場の拡大能力は、外延的なものであれ、集約的なものであれ、さしあたりはまったく別な、作用力のはるかに弱い法則によって支配されています。そのため、市場の拡大は、資本主義生産様式に内在する生産のすさまじい拡大法則との歩調を合わせることができません。この二つの矛盾の衝突は、避けられなくなるのです。こうして、資本主義的生産は、ひとつの新しい周期的な「悪循環」、つまり「恐慌」を生み出すことになったのです。そして、一方の極では、生産手段を所有する資本家の富は蓄積されるが、同時に反対の局では、皮肉な話ではありますが、自分自身の剰余労働によって資本をつくりだしたはずの側、つまり労働者の側での、貧困と労働の苦しみと奴隷状態と無知、粗暴、道徳的堕落が、ますます蓄積されてゆくのです。

こうして現実に、イギリスにおいて最初の一般的恐慌が起こったのは、一八二五年です。交易は停滞し、市場は生

ロンドン（1850年頃）（前掲『伝記アルバム』大月書店より）

産物であふれ、信用はなくなり、工場は閉鎖し、破産は破産を生み、強制売却が続きます。労働者は仕事を失い巷にあふれ、家族は崩壊し、置き去りにされた子供たちは、安価な労働力として雇われ、そのために成人労働者はますます雇用の機会を狭められてゆくというように、労働市場でも悪循環を生み出してゆきます。そして、先進資本主義国イギリスは、早くも資本主義の勃興期、一八二五年から一八七七年までの間に、一〇年ごとのこうした恐慌、悪循環を六回も経験することになったのです。その間、特に四七年の恐慌は、国内にとどまらず、ドイツ、フランスへもその広がりを見せたのです。

そして衰退過程へ

技術革新による生産の発展は、一八三〇年のマンチェスター＝リバプール鉄道の開通にはじまり、鉄道網を急速にイギリス全土に拡大させ、産業資本循環の大動脈を形づくってゆきます。その結果、イギリス国内の資本主義経済は、全国の隅々にまで浸透してゆき、資本主義に内在する魔性ともいうべき法則は、伝統的なイギリス農村共同体を解体にむかわせてゆきます。国内の農業人口の割合は、一八世紀中頃の約七〇パーセントから、一八五〇年の二二パーセントへと急速に減少してゆきます。農村から都市への、イギリス史上空前の民族大移動が起こったのです。

こうして確立してゆくイギリス資本主義の再生産構造は、

重商主義時代から拡大していた国内市場を基盤にしながらも、繊維工業基軸の輸出入依存型を特徴としていました。したがって貿易構造も、穀物や熱帯産食料と、繊維工業の原料としてのインド綿花を輸入し、工業製品、とくに綿糸と綿布を輸出することによって貿易収支を均衡させるという、工業国型貿易に典型的な構造をとっていたのです。

やがてこの構造は、大陸における綿工業の発展にともなって輸出が伸び悩み、輸入超過の傾向を生み出すと、たちまちその陰《かげ》りを見せはじめます。そして、過剰な工業製品のはけ口を、次第に帝国領植民地に求めざるをえなくなるのです。

世界の工場　19世紀中頃の南ウェールズの工場群。（岩間徹『世界の歴史』16、河出書房新社より）

一方、一八四〇年代以降における運輸革命と大陸各国における鉄道建設の進展は、一九世紀第3四半紀のイギリス黄金時代をもたらします。綿工業が依然として基軸をなしつつ、運輸革命と製鋼における技術革新が、鉄鋼の輸出を急速に増大させてゆくにつれて、イギリスは、いまや〝世界の工場〟として、世界市場における絶大的支配を不動のものにします。

やがて、輸出入依存型大工業＝工業国型貿易構造は、極限にまで達します。まさにこうした事態の中に、イギリス資本主義の自己崩壊の要因が隠されていたのです。農業部門は次第に衰退し、食料および一部の原料・製品の輸入が増大します。第一次産業と第二次産業のバランスを失い、内需成長型資本主義の自己破綻は、決定的になるのです。

こうしたイギリス経済の構造的脆弱性《ぜいじゃく》は、外からの衝撃によって一挙に露呈し、一八七三〜九六年には、再び大不況期をむかえることになりました。

新大陸から安価な穀物や肉類が大量に輸入されたため、自由貿易政策を採っていたイギリス農業は、壊滅的な打撃を被り、食料自給率は著しく低下しました。技術革新を達成したドイツ、アメリカの重化学工業に遅れをとったイギリスは、国際競争力を失い、ついに〝世界の工場〟の地位をゆずることになります。

やがて貿易赤字は増大し、国内の過剰設備と過剰雇用は次第に深刻の度合いを増し、それにつれて、海外投資は、植民地や後進農業国にむけられるようになりました。巨額の貿易赤字は、海外投資の利子収入と、依然として優位を保持していた海運収入とによって補填《ほてん》するほかなく、イギリスは、ついに工業国から〝利子取得者国家〟へと、転落の道を歩みはじめることになったのです。

一九世紀イギリスにおける恐慌と二一世紀の現代

一八八六年十一月五日、フリードリヒ・エンゲルスは、マルクスの『資本論』英語版の序文（邦訳、岩波文庫）で、当時のイギリスの状況について、次のように述べています。

イギリスの産業体制の活動は、生産の、したがって市場の不断の急速な拡大なくして不可能であるが、いま休止状態に入ろうとしている。……一八二五年から一八六七年にいたる間つねに繰返された停滞、繁栄、過剰生産および恐慌という一〇年の循環は、たしかにそのコースを走り終えたように思われる。その結果は、ついにわれわれを、継続的で慢性的な不況という絶望の泥沼にもっていってしまったのだ。好景気という待ちこがれた時期はこないだろう。われわれはあんなにもしばしば好景気を予告する徴候を見たと信じた。しかし、あのようにしばしば空しく消え去った。その間、くる冬もくる冬も新たに問題が繰返された、「失業者をどうする？」と。しかし、一方失業者の数が年々増大しているのに、この問題に答える人は一人もいない。

ここまで読まれて、はたとわが身日本に引き寄せて考えられた方も、少なくないのではないでしょうか。それから一〇〇余年ののち、アジア大陸の東海の果てに浮かぶわが列島でも、人々を一時期沸かせた成長率一〇パーセントを超える高度経済成長と、その後の収束。そしてバブルの崩壊、引き続く先の見えない長く深刻な不況。今は誰も信じなくなってしまったので、すっかり聞かれなくなったあの経済担当相の、桜の花が咲く頃には、とか、梅の花が散る頃にはなどという、しばしば繰り返された景気回復への期待。一〇〇余年前のイギリスの状況に、あまりにも似ているのに驚かされるのです。と同時に、資本主義に内在するこの不況と恐慌の問題を未だ解決できずに、今日においても繰り返している人類の不思議さと愚かさに、苛立《いらだ》ちをおぼえる人も少なくないのではないでしょうか。

一八二五年から一八七七年までの間、一〇年ごとにイギリスをおそった世界ではじめての恐慌と悪循環。民衆におそいかかる、むごくて厄介きわまりないこの新しい妖怪《ようかい》の出没に、人々はしかし、ただおののき手をこまねくだけではありませんでした。目前の冷厳な現実に直面して、それを克服し乗り越えようとし、一九世紀以来、人類は並々ならぬ思いと努力で、実にさまざまな思索と実践を重ねてきました。その後もその努力は続けられ、今日に至っています。その思索と実践の試みは、もちろんことごとく未完におわっています。だからこそ今、私たちは、二〇〇〇年におよぶこうした先人たちの努力をあらためて振り返り、大切なことを掘り起こし、謙虚に公正な態度で学ばなければならない時に来ているのではないでしょうか。

パリ取引所での低落気分（1857年） 経済恐慌は、国際的連鎖となって、広がっていった。（前掲『伝記アルバム』より）

救貧施設でパンと小麦粉の配給を受ける人びと
（前掲『資本論と産業革命の時代』より）

俗流政治的偏狭さや、私的利得や、ささやかな名誉欲から、実に真摯《しんし》な新しい思索や実験に対しては、容赦なく安易なレッテルを貼ってしりぞけ、あとは自己の思考を停止させ、付和雷同し、もっぱら保身につとめる。こうしたことの繰り返しが、いかに多かったことか。そして、二一世紀の今日においても、なお繰り返されているのです。それは、権力をわがものにしている、ごく一部の少数者に限ったことではありません。ごく普通の一般の大多数の民衆が、この偏狭さに訣別を告げ、公正さの側に敢然《かんぜん》として立たない限り、人類に残されたこの二〇〇年来の課題の解決を、はるか遠いところに置き去りにしたまま、先送りを繰り返しつつ、ずるずると現状に流され、やがては破局へと転落してゆくほかないでしょう。

ケインズと並んで二〇世紀を代表し、また戦後日本の高度経済成長の理論的支柱ともあがめられた経済学者シュムペーターは、一九二六年に出版した彼の著書『経済発展の理論』（邦訳、岩波文庫）の中で、「恐慌は経済発展の転換である。そしてその限りにおいてのみ、われわれは恐慌を問題にしようと思う。〃恐慌〃という表現もこの場合に限りたい。他のすべての場合はわれわれにとって原理的に興味のない不幸でなければならない」とも述べています。

なるほど経済学者であれば、冷静さを装ってでも経済学の範疇《はんちゅう》にとどまっておれば、それで済むのかもしれません。しかし、今日の現代世界は、そういっていられるほど、呑気な状況ではないのです。人類は、資本主義とともに歩んだ二〇〇余年というわずかな歴史の間にも、いくたびかの不況や恐慌を繰り返し、そのたびごとにその解決の手段として戦争を選ぶ誘惑にすら駆られ、現にそのような悲惨な事態を体験してきたのです。

今では、日本でも一般の人々にもよく知られている、二〇世紀最大の経済学者といわれるケインズは、『雇用・利子および貨幣の一般理論』（一九三六年）の中で、経済学の「パラダイム」をしめしました。のちにこれが「ケインズ革命」と呼ばれることになるのですが、経済全体の雇用、生産、消費、投資、政府支出、貨幣供給量といった集計された量を変数として、その相互関係、因果関係を考え、モデルをつくり、そこから、ある変数を動かせばどんな効果が生ずるか、したがって、「どんな政策をとればよいか」についての明快なノウハウをしめしてくれるマクロ経済学を構築したということが、「ケインズ革命」の主な中身となっています。

ケインズは、こうしたモデルから、政府が財政支出を増やすことで総需要を拡大する政策が有効だ、という結論を引き出しています。資本主義は、病気になることもある。治療を誤れば、命取りになることもある。一九三〇年代の大不況の経験は、そのことを教えてくれた。人体（経済）のメカニズムについて正しい知識をもち、その上で治療法を編み出さなければならない。……これが、ケインズの立場だったのです。

今日、この前提を心底から信ずる人は、あまりいなくなってきたようです。霞ヶ関の官僚たちが経済運営に有効な手だてをもっていないことも、ようやく分かってきました。さらに困ったことに、今の日本では、型通りのケインズ政策を繰り返しても、国家財政の累積赤字が増えるばかりで、企業倒産や失業者は、増加の一途を辿ります。効果を発揮できるどころか、かえって日本経済は、深刻な長期不況と行き詰まり状態に陥り、人々は苦しむことになったのです。

ケインズは、未来を予測して、「大きな戦争も人口のきわだった増加もなければ、一〇〇年以内（二〇三〇年まで）に経済的問題は解決されてしまうか、あるいは少なくとも解決のめどが立っているだろう。このことは、未来のことを考えてみると経済上の問題は人類にとって永遠の問題ではないことを意味している」、とも述べています。これは、あまりにも楽観的に過ぎた見解ではないでしょうか。そうした考えに立てるのは、資本主義経済が今なお不可避的に不況や恐慌を繰り返し、おおくの民衆を苦め、そして不況や恐慌を引き金に世界戦争への危機すらはらんでいる今日のこの世界の事態を、ヒューマニズムの精神から捉えることができないところに、その原因があるように思えてならないのです。

今、世界は、イギリス資本主義の勃興期とは比較にならないほど巨大な生産力と、世界のすべてを焼き尽くし、破壊し尽くすことができるほど壊滅的な破壊力を持つ核戦力を保持し、人々は、一触即発の危機に日常的にさらされています。二〇〇一年のニューヨークにおける九・一一、その直後のアフガニスタンへの報復攻撃、矢継ぎ早におこなわれたイラクへの先制攻撃、二〇〇五年の七・七ロンドン同時多発爆破事件、、北朝鮮をめぐる不穏な現実。このどれひとつとっても、世界破局への危機が、いかに現実味を帯びてきているかが分かるはずです。

今日の世界危機の根源に何があるのかを見究めるためにも、恐慌と悪循環の要因と、その克服のために注がれてきた実に数々の先人たちの努力の跡を辿りながら、今日私たちが当面する課題の解決の糸口を探っていきたいと願うのです。そのために何よりも大切なことは、繰り返しになりますが、俗流政治的な偏狭からくるところの安易な決めつけや、これまた使い古されてきた安易なレッテル貼りの悪しき習性からの訣別でなければなりません。その上で、大切なことは、唯一、それが大多数の民衆にとって、究極においてどうなのか、この一点によってのみ、公正さは問われなければならないのです。

2　人間復活への新たな思索と実践

新しい思想家・実践家の登場

ここでもう一度、一九世紀のイギリスに戻って考えてゆきたいと思います。

先にも触れたように、前時代からの長い「資本の本源的蓄積過程」を経て、いよいよ一八世紀後半の産業革命をむかえたイギリスでは、一九世紀に入ると、社会の一方の極にはたゆまぬ資本の膨大な蓄積がなされ、他方の極には貧困が累積してゆく中で、社会不安がいよいよ深刻なものになってゆきます。

こうした一九世紀の時代状況を背景に登場してきた思想家・実践家の中でも注目すべきは、サン・シモン、フーリエとならんで、のちにいわゆる三大空想的社会主義者の一人に数えられたロバート・オウエン（一七七一〜一八五八）です。オウエンが呱々《ここ》の声をあげたのは、この激動の時代がはじまろうとする一七七一年でした。北ウェールズで馬具・金物商の家に生まれ、ロンドンの商店員から身をおこし、イギリス産業革命の中心地マンチェスターで、若くして、当時イギリスで急速に発展しつつあった綿糸紡績業の産業資本家としても、成功しています。

ロバート・オウエン（1771〜1858）PPS通信社・提供

人類が資本主義の矛盾を、失敗も成功も含めて、いかにして克服しようと努力してきたかを知る上で、ロバート・オウエンは、その克服の歴史の起点をなすものとして、その意義はきわめて大きな位置を占めています。

二一世紀の今日、オウエンの功罪をあらためて確認しておくことは、きわめて重要になってきていると考え、本書の本筋からはやや離れる嫌いはありますが、オウエンの事績について、土方直史氏の最近の細部にまでおよぶ優れた研究（『ロバート・オウエン』研究社、二〇〇三年）があるので、これに依拠し、五島茂訳『オウエン自叙伝』（岩波文庫、一九六一年）、ロバアト・オウエン『新社会観』（岩波文庫、一九五四年）、ロバート・オウエン『ラナーク州への報告』（未来社、一九七〇年）などを参照しながら、以下、オウエンについて、若干踏み込んでおきたいと思います。

オウエンは、イギリス社会の一端を、次のように述べています。「……産業革命以前は、最も貧しい親たちでさえ、子供が労働をはじめる年齢は一四歳である、と考えていた。その年齢まで、子供は屋外で遊び、頑丈な体格の基礎を作りあげ、家庭生活についての有益な知識を教えられていた。ところが、最近では、親たちは、男女とも七、八歳の子供たちを夜が明ける前の六時には工場に通わせ、夜八時まで働かせていた。」

これは、産業革命が、いかに児童労働に急激な変化をもたらしたかを語るものです。そして、オウエンは、イギリス労働者の悲惨な状態を、アメリカにおける黒人奴隷と比較しながら、「私がのちに西インド諸島およびアメリカ合衆国で見た家庭奴隷より、はるかに悪いものであった」と告発しています。ロバート・オウエンの思想の形成過程を知る上で重要なことは、当時のイギリス労働者のおかれていたこの悲惨な状態と、これを彼がどう受け止めていたかという点です。

一八〇〇年からはじまったスコットランドのニューラナーク綿紡績工場の「統治」において、オウエンは、当時支配的な社会思想となりつつあった功利主義を特異な形で適用してゆきます。彼があえて「経営」とは言わずに「統治」と言いたかったのは、単なる利潤めあてではなく、新しい原理を採用し、労働者の生活全般を見直して、新しい人間形成が実現できる工場にしたい、との意気込みからです。

鞭でうたれる子供　1854年に出版されたジョン・コブデン『イギリスの白人奴隷』の口絵

地下抗から引き上げられる少年（14歳）と少女（13歳）　『児童労働調査委員会第１次報告書・1841年』（前掲『資本論と産業革命の時代』より）

ニューラナーク工場　PPS通信社・提供

この山間の工場では、労働力を調達するために住宅を用意し、また、とりわけ労働力の一部を救貧院の児童に依存していたので、売店や食堂や礼拝堂など、生活の一切の施設をも整えました。つまり、工場は、生産と生活をあわせ営む村であり、「ファクトリー・ヴィレッジ」とか「ファクトリー・コミュニティ」とか呼ばれていたのです。

　ニューラナークの人口は、家族ぐるみで居住している一三〇〇人と、教区からあずかった七〜一二歳の子供たちを含む、総数一七〇〇〜一八〇〇人でした。その大多数が実に怠惰《たいだ》で、盗みをはたらく、つまり悪習と不道徳にそまった人々、とオウエンには映ったといわれています。こうした現実の中でオウエンは「統治」をはじめたわけですが、経費をともなう改革には、出資者であるパートナーからの抵抗があったし、利益をあずかるはずの労働者もことごとくオウエンの施策に反対するなど、乗り越える障害はあまりにも多かったといわれています。

　しかし、オウエンは、まず労働者の信頼を得て、労働生産性の向上に結びつく具体的なプロセスを追求することからはじめました。ニューラナークにおけるこうした経営実践は、持論の環境決定論を成熟させ、経営の哲学から社会の哲学に発展させる上で、欠くことができない通過点であったのです。

　環境決定論に基づいて展開した『新社会観』（一八一二年）は、書名を『新経営観』としなかったことからも分かるように、社会思想家でもあることの自己主張を暗に意味していました。オウエンは、人間は環境と教育によって形成されると考え、労働者階級が貧困、無知、労働苦、道徳的退廃など悲惨な状態にあるのは、自己改善の努力をしない結果であるという見解を否定し、そこから施策を組み立ててゆきます。そして、彼の独自性は、労働者の生活と労働条件の改善が、労働能力と意欲の向上、したがって利潤の増大を導くと主張し、さらに、国家の失業対策事業による失業の絶滅をも意図したことにあります。

この『新社会観』によって、工場経営の枠を越え、思索を社会の視野にひろげたオウエンは、これ以降の全生涯を社会改革に献身することになります。

イギリス宗教界の最高指導者カンタベリ大主教は、オウエンに対し、貧民救済策を提言するよう諮問します。こうした経緯から、一八一七年三月、「労働貧民救済委員長への報告」が答申されました。この「報告」では、労働者階級の貧窮の原因は、広く導入された機械によって、人間労働の価値が低下したことであると指摘されています。

貧民化の要因と現状をこのように認識したとなると、もはや機械を壊すわけにはいかないので、根本的な発想の転換しか残されていません。かの有名なコミュニティ計画は、時代の要請という社会の内的必然性によって、というよりも、こうした個人的な経緯に基づく、かなり恣意的な発想の中から姿を現してきた、といった方が正しいのかもしれません。この構想は、ニューラナークの「工場村」の考えに、新たに農業を加えた農工一体型のコミュニティでした。しかし、これを実施するには、社会制度そのものの大改革が必要です。オウエンは、下院の救貧特別委員会で審議するよう取り計らったのですが、下院は体よくその場を回避してしまいました。オウエンの期待は、挫折を余儀なくされることになりました。

このコミュニティ構想の挫折を契機に、彼は、広く議会外の世論にも、積極的に自説を訴えてゆくことになります。彼の周辺には「オウエナイト」と呼ばれる賛同者が集まり、彼の生涯に重大な転機をもたらしてゆくのです。

景気回復の徴候は見られず、不景気が続く中、スコットランドでは、経済苦境をいかに打開するか、抜本的な対応策に苦しんでいる人々が、オウエンの発言に関心を寄せました。ラナーク州のジェントルマン委員会の諮問を受けた彼は、一八二〇年五月、『ラナーク州への報告』と題する答申を提出しました。

この『報告』は、一八一七年の彼のコミュニティ構想を発展させ、いっそう具体的に展開したものでした。この中で注目すべき点は、貨幣はすべての害悪の根源であり、貨幣制度の廃止が不可欠である、としていることです。具体的には、貨幣に代えて、現在の日本でも各地で試みられている地域通貨にあたる「労働券」を発行して、これを交換手段とするというものでした。この考えには、古典派経済学者のリカードらが唱えた「投下労働価値説」が採用され

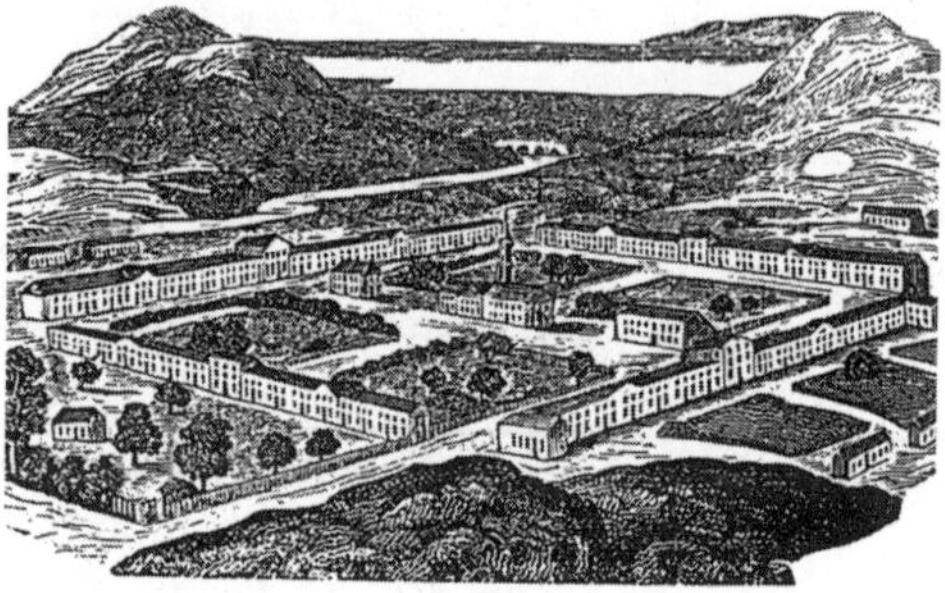

1823年のコミュニティ・プラン
（The Kaleidoscope, May 6, 1823）
（土方直史（『ロバート・オウエン』研究社より）

ています。

そして、この『報告』の主要テーマであるコミュニティについては、一八一七年の最初の提案よりも理想化された内容になっています。

……土地面積は、一二〇〇人規模であれば、一二〇〇エーカー（一エーカー＝四〇・四六九アール）が適当である。広大な土地には、コミュニティ構成員の住宅、貯蔵室、倉庫、病院など、住民の生活に必要な建物が、東西南北の側面にロの字型に整然と並び、その内側に広がる中庭の中央部には、教会と学校と炊事場つきの食堂が配置される。各建物の周囲を庭園で囲み、さらにこの居住・生活ゾーンの外縁部を森でうめつくす。人々の生活の場を閑静な居住空間の中に設けるのである。主要な労働の場となる農耕地や工場や作業場などの施設は、この緑の森の緩衝地帯の外側にすべて配置される。このように、居住・生活空間を中心に、同心円状にその他の機能別各ゾーンが広がってゆく。

……オウエンの農工一体の理念に基づくコミュニティは、ざっとこうした森と農耕地の緑で囲まれた田園小都市の観を呈することになります。

オウエンがこのコミュニティ構想にたどりつくまでには、その間、「ファクトリー・ヴィレッジ」つまり「工場村」を手がけながら、もうすでに二十余年の歳月が過ぎていました。この時期のオウエンは、機械制生産と分業に対して、厳しい批判の姿勢を見せはじめていました。もともと製造業の専門家であるはずのオウエンは、この構想の中で、工場についてはあまり触れることなく、工場が配置される位置をごく簡単に説明するにとどめています。分業と協業を前提とする機械は、人間労働が本来もっている多面的な豊かさを細分化し、細分化されたどれか一つに限定することによって、人間に一面的な発達しかもたらさない結果となる、と懸念したのです。その一面性への埋没を避けるために、農業と工業の労働に交互に携わり、食料を自給することが大切であると強調しているのです。

また、コミュニティの構成員は、一家族のように協同生活を営むことから、炊事、洗濯、掃除なども、個別の家事労働よりもはるかに節約できるし、食料も大量に貯蔵が可能で、無駄が省かれ、炊事はより短時間に少ない燃料でおこなわれるとして、家事労働の社会化による利点を指摘しています。

そして肝心のコミュニティ管理・運営ですが、それは資金の拠出の仕方によって、二つに分かれると見ていたようです。一つは、大土地所有者・大資本家、あるいは州や教区などの拠出資金によって建築された場合には、コミュニティの構成員は、これらの出資者が任命する人物の指導のもとに、その指導者が定めた規則に従うというものです。もう一つは、労働者階級や中産階級であるコミュニティ構成員が出資した場合には、彼らが管理・運営の主体となって、自治を実現するというものでした。当時の労働者の悲惨な状況からして、オウエン自身は、コミュニティの構成員が当初から自主的に管理・運営にあたれるとは、期待していなかったようです。しかし、このコミュニティ構成員、つまり労働者や手工業職人などを主体とするこの自主管理の方式には、工場経営の経験と手腕のある彼の見積もりによれば、将来においては十分に根拠があると見ていたようです。この方式によって、コミュニティの生産性は著しく高まるので、出資金を返済しても十分に利潤を獲得でき、したがって、構成員自身が出資した場合でも、創業資金が償還されれば、コミュニティのすべての所有権は、コミュニティ構成員自身のものとなり、最終的には構成員自身の「共同所有」が実現すると見ていたのです。

以上が、一八二〇年の時期にロバート・オウエンの頭の中で描かれたコミュニティ構想の骨子でした。

ここでは、このコミュニティ構想について、肯定的・否定的両側面をまじえて、二、三指摘するにとどめて、あとの検討にゆだねたいと思います。

まず、人類史上において、労働の主体と生産手段とが分離したことによって、貧困と不況など社会的弊害が深刻になってきた時、オウエンがその原因をいち早く的確に捉え、それを独自の構想によって解決しようとした点は、高く評価されなければなりません。彼は、今日においてもなお人類の悲願ともいうべき労働と生産手段との再結合という課題を、土地や生産用具、つまり生産手段を共同所有化し、その基礎の上に共同運営することによって実現しようとし、人々が自分の頭で考え、創意工夫しながら、自己の労働を自然やその他の対象に働きかけて生きるという暮らしの基本の姿を、いかに復活させるか模索したのです。なかんずく、その実践力は、評価されなければなりません。

また、この構想自体に誤謬《ごびゅう》や不十分さがあったとしても、これらを含めて、今日、私たちが学ばなければならないことは、きわめておおいといわなければなりません。彼は、低賃金と不況とが、資本主義的自由競争下の盲目的利潤追求に起因していることをみとめ、その結果、貨幣と分業と私有財産の廃止を主張するにいたったのです。しかし彼は、産業資本家としての経営者の立場を完全に捨てたわけではありませんでした。自由競争体制の根本からの変革を主張しながらも、あくまでも企業的に構想された農工一体の経営の、分業と私有財産のない〝村〟が、不況も失業もなく、高度の生産力を生み出すものであることを実験的に例証することにより、資本主義が徐々に社会主義に移行すると信じていたのです。

最後に、否定的な側面を指摘しておきたいと思います。まず、オウエンが自らよく自覚していたように、やがてコミュニティの主体となるべき当時の労働者が、今日では想像もできないほど、貧困と無知蒙昧《もうまい》と怠惰と不道徳を強いられてた状況下で、こうした主体とは無関係に、主観的には外部の善意に期待して資金を調達し、しかもこの主体とは無関係にその外部で考えられた構想を、外部から導入することは、結果的には、主体内部に宿る人格発達の芽を抑え込み窒息させる形にならざるをえない、ということです。

この方法であれば、肝心な資金をはじめから外部の善意に期待するのですから、たとえ期待どおりにそれが実現できたとしても、それはきわめて恣意的なもので、この社会にあっては、きわめて例外的で幸運な特殊ケースにすぎず、決して普遍的なものではないといわざるをえないのです。こうした主観的な願望におおくを負っているところに、このコミュニティ論が空想的であるといわれる最大の理由があったのだと思います。

もう一点、否定的な側面を指摘しておきたいと思います。資金が調達できて、スタートすることができたと仮定しましょう。その後、出資金が返済され、施設の所有権が構成員自身のものとなり、「共同所有」が実現し、生産手段が形式論理上、構成員の「共同所有」となったとしても、現実には、個々の構成員のもとに生産手段は、実感的にも「自分のもの」として掌握されているわけではありません。つまり、個々の構成員にとっては、観念の中での所有に過ぎないのです。そこには、生産性の問題、人間の人格の発達の問題、さらには管理・運営の問題で、さまざまな弊害が生み出される要因が隠されているのです。つまり、「共同所有」では、観念的には論理上、「自分のもの」であるのですが、それはあくまでも、自分を含めたみんなのものであるという前提条件のもとでの「自分のもの」に過ぎません。

この「共同所有」のもとでは、自己の労働の成果を、自分で直接具体的に実感しつつ、創意工夫がおこなわれるという過程は、すでに失われているといわなければなりません。それは、生産に直接たずさわる者が、日常的で、恒常的な自己鍛錬の場をすでに失っていることを、意味しているのです。このことは、コミュニティ内部で、個々の構成員に家族小経営としての自立の基盤を積極的に認めるかどうかの問題とも、関連して議論を深めなければならないのですが、ここではこのことを指摘するにとどめておきたいと思います。

ニューハーモニー実験の光と影

ところで、この『ラナーク州への報告』で、コミュニティ実験の思想的基盤を固めたオウエンは、そのコミュニティ思想の実践へとむかって準備を開始してゆきます。

周辺の人々からも期待が膨らみ、熱心なオウエンの支持者もあらわれました。この支持者の提案は、もし、州が四万ポンドを出資するならば、自分の所有地五〇〇～七〇〇エーカーを永久借地として提供し、オウエン自身が管理者となるコミュニティを設立しようではないか、というものでした。

しかし、州が資金の提供を渋ったので、結局、この計画は挫折します。

それでもオウエンは、希望を捨てませんでした。このコミュニティ実験の試みは、短命に終わったとはいえ、この苦い体験をバネにして、アメリカのインディアナ州ニューハーモニーのコミュニティ建設へと突き動かされてゆくことになります。

なぜアメリカだったのかは、分からない部分もおおいのですが、オウエンは、アメリカ訪問以前から、一七世紀イギリスのピューリタンが、宗教的迫害を逃れメイフラワー号に乗って移住して以来、さまざまなセクトが大西洋を越え、アメリカの広大な大地に建設してきたコミュニティの伝統について、かなり具体的な情報を入手して、関心を寄せていたようです。今日、ニューハーモニーに残されているレンガ積みの建物は、オウエン以前の時代に入植したこうした人々の労働の結晶でもあるのです。当時は、このコミュニティ施設の所有者が、ちょうどハーモニー村を売却しようとしていた時期でした。また、オウエンにとっては、

ニューハーモニーの風景（1826年頃） PPS通信社・提供

その頃、ニューラナーク工場は規模も小さく、農工一体の構想を実施するには不適当であるし、共同出資者との確執もあって破局をむかえていた時でもあるなど、事情は重なっていたように思われます。

一八二四年十一月に買収交渉のためアメリカに渡ったオウエンは、翌年一月には売買契約を結び、コミュニティ実験の開始を決断しました。手に入れた総資産は、七〇〇人を収容できる住居、それに売店、集会所、教会、さらに四つの工場などおよそ一八〇のレンガ造り・木造などの建物群、それに耕作地二〇〇〇〇エーカーを含む総面積二万エーカーの土地でした。この時すでに、オウエンは、アメリカ国内で講演活動を展開しており、その演説は、一般の人々だけでなく、現職の大統領モンローをはじめ政府高官なども耳を傾け、注目をあつめるようになっていました。成功した工場経営者というオウエンのイメージとその経営の体験から生まれた「新社会観」は、宗教的寛容を国是として承認している国々の人々にとって、危険思想を感じさせるものではなかったようです。

一八二五年四月、ニューハーモニーは、十分な準備もなくあまりにも性急に開村の日をむかえることになりました。コミュニティに参加する住民の採用基準もないため、労働意欲に欠けるものを拒《こば》むことができず、住宅は絶えず不足し、工場は企画されても操業が遅れ、経営活動の中核を担うと位置づけられた農業も沈滞してゆきました。この期間、生産性はきわめて低く、消費をまかなうまでにはいたらず、赤字は累積する一方でした。

オウエンは、一八二〇年の『ラナーク州への報告』ですでに描いていたコミュニティ構想を、今こそこの地で実現せねばならなかったのです。世界変革の大事業をアメリカのこの地で成し遂げようと、理想にむかってますます精神が高揚するオウエン。その実現を性急に待望するコミュニティ構成員やこの地の住民たち。出発当初からふりかかってくる難題に狼狽《ろうばい》するコミュニティの共同出資者や首脳部。この三者は、ある意味で同床異夢の思惑をかかえての旅立ちであったのです。

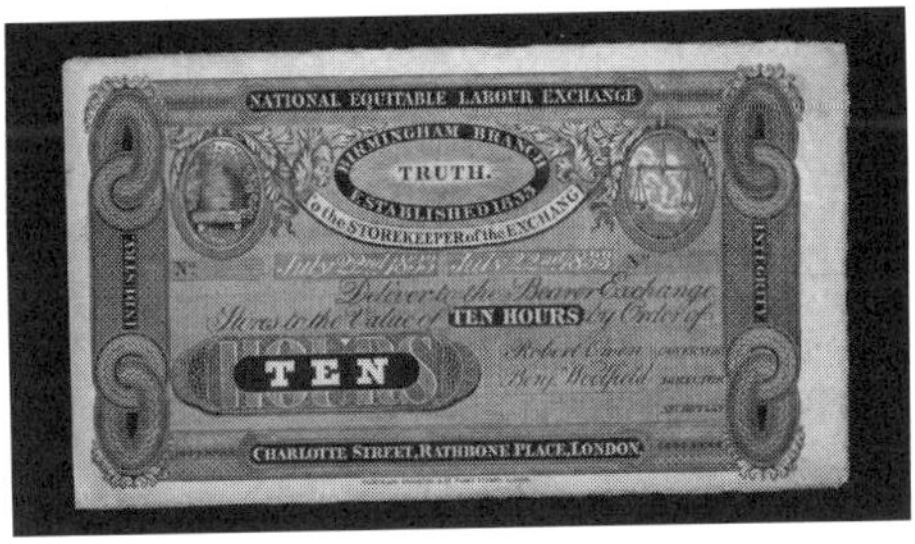

労働券　TEN HOURS（10時間）と書いてある。
PPS通信社・提供

理想主義は一時期の間、構成員の心をひきつけることができたとしても、現実の中から湧き出る批判は不可避であったのです。市場経済では、労働意欲の向上は、私的利益によって促されるのですが、共有社会ではどうするのかという問題が、このコミュニティにもさっそく突きつけられたのです。オウエンは、その方策として、教育による人間の改造をまず第一におき、激烈な調子で精神革命による完成を主張しました。次には、交換手段として貨幣を廃止し、各人の生産に要した労働時間を表示した「労働券」による交換方式を採用しました。一挙に事態を打開しなければならないとする焦燥感は、現実を根源的に否定するラディカリズムの姿をとって鮮明にあらわれはじめたのです。しかし、この二つの方策のいずれもが、失敗に終わっています。

ニューハーモニーに地上の天国を求めてやってきた人の数は、八〇〇人から一〇〇〇人と言われています。まず住宅不足に悩まされ、食糧不足の解決も急を要していながら、すべてを自給するために多品種の作物を計画的に栽培することなどは、到底不可能に近いことでした。「労働券」の制度が採用されたとはいえ、貨幣による交換は停止されていなかったようです。生活必需品をコミュニティ外の市場に依存しようと思えば、コミュニティ外の市場で取り引きする「外貨」を保有しなければなりません。「外貨」準備高を必要水準に保つには、外部の市場に販売する余剰生産物が確保されていなければなりません。ニューハーモニーのコミュニティは、こうした側面からも破綻の道を辿ってゆくのです。市場経済という大海の中の小島で、そこだけラディカルに共有社会に移行してゆくことがいかに至難の道であるかを、ここでも世界に先取りして示しているのです。

　コミュニティの経済状態は、一八二六年秋から急速に悪化してゆきました。コミュニティの危機が深まるにつれて、教育計画の実施と併行して、いくつかの新たな改革に乗りだしていきます。しかし好転の兆しは見えません。危機が深まれば深まるほど、強力な統治が要請されてくるのは必然です。共同資産の管理は、オウエンと毎年彼が任命する他の四名からなる「強力な統治機関」によってなされる、という改革案が提示されました。コミュニティ構成員に対しては、自由と権利の保障にかわって、義務と責任が強制され、無権利状態が一般化してゆくことになりました。

　この頃のコミュニティの機関紙は、最も欠陥のおおい人々が村を去っていった、と伝えています。

　そして一八二七年六月一日、ついにロバート・オウエンは、ニューハーモニーを去ることになったのです。

　オウエンが帰国した一八二九年は、イギリスの労働運動史上、画期的な年でした。その頃から、さまざまな社会運動の領域で、オウエナイトの活躍が目につくようになりました。オウエン自身が再び活動を開始する舞台が用意されていたのです。一八二四年から二九年の彼のアメリカ滞在中にも、イギリス労働者階級の間には、協同組合《コープラティブ・ソサエティ》が次々に組織されはじめ、その活動は全国規模で展開していきました。はじめにも触れたように、一八三〇年九月には、マンチェスター＝リバプール間の鉄道が営業を開始し、経済の大変動は、社会のあらゆる領域へと拡大し、人々の暮らしと意識を根底から揺り動かしていったのです。

　ニューハーモニーでのコミュニティ建設の試みの失敗にもかかわらず、こうした当時のイギリス社会の状況の中で、オウエンの社会改革の理想への情熱は、少しも衰えることはありませんでした。しかし、理想への情熱と楽天家の天性をいかに彼が備えていたといっても、資金が枯れてしまった今、オウエンは、コミュニティ実現のための実践活動からは手を引き、講演などを通じて、この新しき協同組合《コープラティブ・ソサエティ》の普及活動に専念することを余儀なくされてゆくのです。

資本主義の進展と新たな理論の登場

　オウエンは、一九世紀後半の多くの人々に多大な影響を与えました。中でも、著名な詩人であり、かつまた著名な工芸家でもあったウィリアム・モリス（一八三四〜一八九六）

も、深く影響を受けた一人でした。ロバート・オウエンが世を去った一八五八年の年には、モリスは二四歳の青年でした。ロマン主義の芸術運動を、ちょうど同時代に新たな理論として登場していたマルクス主義と結びつけたモリスは、社会のあるべき理想の姿への情熱と、少年のような無垢な心を生涯もちつづけたオウエンへの賛辞を惜しまなかったのです。

　モリスは、日本では、今では有名百貨店などで開催されるウィリアム・モリス工芸展などにおいて大勢の観客を動員することもあって、一般には、家具・室内装飾・壁紙や織物の図案・ステンドグラス・印刷と造本などの工芸家として知られていますが、彼は、自らが不得意とする社会主義の経済学分野の勉強をはじめるようになります。マルクスの『資本論』の学習は、必ずしもモリスにとって楽な知的作業ではなかったことも、自ら述懐しています。

ウィリアム・モリス（1834～1896）PPS通信社・提供

　ロマン主義的中世趣味的詩人として出発したモリスが、その詩人兼工芸家としての半生の後にたどりついた思想的立場とその遍歴を垣間見ることによって、一九世紀後半のイギリス社会の思潮に触れることができます。

　モリスは、一八三四年生まれですから、詩人として活動を開始した青年期は、一八五〇年代です。それはまさにイギリス産業革命の進展とともに、人々の生活が根底からくつがえされてゆく激動の時代でもありました。

　芸術家としてのモリスには、何よりも美しいものを作りたいという欲求があり、同時に素朴で美しいものを容赦なく破壊してゆく一九世紀産業文明に対する強い憤《いきどお》りがありました。機械の勝利によって氾濫《はんらん》する画一化された商品、手づくりの美の放逐《ほうちく》、素朴な人間労働に宿る芸術性の破壊、貧困者の増大とますます少数者に累積する富、愚かしいまでのあらゆるものの巨大化への傾向、民衆の素朴な愉しみへの蔑視《べっし》、人間生活の低俗化へますます拍車をかける貨幣と商品。こうした現代文明への憎悪が、芸術家モリスを社会のあるべき姿、その理想の探求へとかりたてていったのです。そして、その理想とは、彼なりに理解していた社会主義であったのです。

　モリスは、彼の理解する社会主義を、貧富の差別がなく、主従の差別もなく、怠惰もなければ過労もなく、知的労働と肉体労働の区別もない社会状態である、と定義していました。さらに一八八〇年代以降のイギリス社会主義復興の機運とともに、理想実現の方法が社会主義にあると知った時、彼は敢然《かんぜん》としてその実践運動に身を投じてゆきます。

人間の理想は、芸術即生活、生活即芸術であり、すべての人間にとって、芸術的創造の喜びのない真の生活はあり得ない、とモリスは考えていました。ですから、利潤追求の営利主義的現代文明、すなわち資本主義は、徹底的に否定されなければならないと考えたのです。病める社会を前にして、一九世紀後半は、彼にとっては闘争の時代にほかなりませんでした。

このきわめてラディカルな姿勢は、決してひとりモリスだけのものではありませんでした。産業革命の勃興期のイギリス社会では、機械によって職を奪われた労働者たちのラッダイト運動を経て、一八三八から四八年のチャーティスト運動の昂揚《こうよう》期、そして八〇年代のイギリス社会主義復興期へと機運が高まってゆく中で、人類史上初めて登場した労働者階級の奔流《ほんりゅう》が、一人の芸術家をも突き動かしてゆくまでになっていたのです。

そして晩年、モリスは、到達した思想に立脚して、芸術家であり社会革命家としての自己の理想を一篇のユートピア物語に結晶させ、一八九一年、『ユートピアだより』としてまとめ公刊しました。それは、もちろん、未来の社会主義国が必然的に採るべき設計図ではありません。それは、美しいものを愛し、美しいものを作ることを愛した作者モリスの人間観と自然観が色濃く反映した、架空の国であるのです。そこには、人間の素朴な生の喜びを尊重し、大地に根ざした人間の営みと自然を心から愛した人間モリスの生来の好みが、強く滲み出ています。それでいて、「実践的社会主義」、モリス自身この語をしばしば好んで用いているのですが、この思想が断ちがたく結びついているのです。この作品が牧歌的で詩情的でありながら、科学的であるところに、マルクス（一八一八～一八八三）やエンゲルス（一八二〇～一八九五）が活躍した一九世紀半ばから後半期

『ユートピア便り』（1893年）の口絵

の、モリスと同時代の思潮を読みとることができます。

　一八三一年、リヨンで初めて労働者の蜂起が起こり、一八三八年から四年間にわたる最初の国民的労働運動へと発展する中で、資本と労働の対立的抗争は、歴史の全面にあらわれてきます。労働者は、ロバート・オウエンの時代に、貧困の故に怠惰・無知蒙昧・不道徳の汚名や屈辱に甘んじ、慈善的施《ほどこ》しの対象とされていた状況から、次第に社会の一大階級としての自己を自覚しはじめるようになってきます。こうなると、資本と労働の利害は一致すると説き、自由競争の結果として国民的福祉がもたらされるとするそれまでの経済学の学説は、事実によって、その虚偽《きょぎ》が明らかになってきます。こうした中で、資本と労働の本質をこれ以上、否定するわけにはいかなくなってきたのです。

リヨン織物労働者の蜂起（1831年）（前掲『伝記アルバム』より）

　歴史観についても同様です。それまでの古い観念論的歴史観は、資本と労働の対立も、結局は、物質的利害の対立にもとづくものであるということを認めようとしませんでした。生産も経済的関係も、この古い歴史観にあっては、せいぜい文化史の一従属的な要素として扱われてきたに過ぎなかったのです。先に触れたロバート・オウエンの思想と実践の限界も、一八三〇年以前の社会発展の水準に規定されたものであったといわなければなりません。

　こうして次々に生み出されてくる新しい事実にせまられて、これまでの人類史の全体が新しく研究しなおされなければならないようになってきました。時代の要請するこの大課題に真正面から取り組んだ人こそが、マルクスやエンゲルスたちだったのです。

　人類の歴史は、原始社会を別にすれば、古代社会も、中世社会も、近代社会も、それぞれの時代や歴史段階によって、奴隷と奴隷主、農奴と領主、労働者と資本家といったように、姿や形態は変わっていても、剰余生産物をいかに取得するかという、物質的利害をめぐる階級間の対立抗争であるという点では、本質的になんら変わりはありません。そして、社会の中のこれら対立・抗争するそれぞれの階級は、いつの時代においても、その時代の物質的生産関係と

高校教科書『詳説 世界史』
（山川出版社、2003年）

高校教科書『倫理』
（東京書籍、2003年）

交換関係が生み出すところの結果にすぎません。したがって、生産関係を基礎とする経済的構造が、それぞれの時代の社会の土台をなしている、と見なければならないのです。そして、時代時代の政治的制度や思想・宗教・倫理・哲学・文化などの意識のあり方などの総体も、究極においては、この土台から説明されるべきものであるということが、マルクスやエンゲルスの研究によって明らかになってきました。

　こうした歴史観は、今ではもう常識になっています。終戦直後にアメリカのＧＨＱの指令のもとに、天孫降臨《てんそんこうりん》の神話にもとづく皇国史観による国定の国史教科書に墨塗りをさせられ、そしてやがて新しい中学校・高校の教育制度のもとに学んだ世代にとっては、この新しい歴史観は、ごく普通の常識として養われていったのです。

　今日の教科書ではどうかと、山川出版社の高校地理歴史科用・文部科学省検定済教科書『詳説 世界史』（二〇〇三年発行）を開いて見ると、「マルクスは友人エンゲルスと協力して、資本主義体制の没落は歴史の必然であるとする経済学説を展開し、労働者階級の政権獲得と国際的団結による社会主義社会の実現を説いて、以後の社会主義運動に大きな影響をあたえた。その根本思想は、一八四八年に発表された『共産党宣言』に要約されている」と記述されています。

　また、高校公民科用・文部科学省検定済教科書『倫理』（東京書籍、二〇〇三年発行）にも、「マルクスは、人間の本性は自然に働きかけ自然をつくり変えていくところ、すなわち労働するところにあると考える。……労働はもともと、……人間としての喜びや生きがいまで与えるものである。ところが資本主義体制のもとでは、生産手段をもたない労働者は、（中略）自発的な労働ではなく強制的な労働になるなど、まったく非人間的なものにならざるをえない（疎外《そがい》された労働）。マルクスは、この非人間的な状況から労働者を解放するためには、生産手段の私有を廃し、それを労働者全体のものにする社会主義社会を実現する以外に道はないと考えた。この考え方をささえるものとしてマルクスがうちたてた歴史観が、つぎにみる唯物史観《ゆいぶつしかん》である。マルクスは、この世界を変化発展するものとしてとらえ……変化発展の原動力となるものを……物質的なものにもとめる唯物論の立場をとった。（中略）マルクスは、以上のような考え方から、これまでの歴史は階級闘争の歴史であるとみなし、歴史の必然にそって、いまや労働者階級（プロレタリア階級）は団結し、社会主義革命をおこなうべきであると説いた」、と記述されており、マルクスの思想を、人類の哲学・思想史において、一時代を画するきわめて重要なものとして位置づけ、紹介しています。

　現在の高校生が、こうした教科書の記述をどのようにどの程度理解するかは別としても、一九世紀三〇年代以降のイギリス社会の大変革と、それにともなって新たに登場してくる労働者の意識の高まりと運動の進展の中で、それまでの古い歴史観に対置して、マルクスやエンゲルスによって次第に仕上げられていったこの新しい歴史観が、今日、わが国の教科書でもとりあげられ、高校生たちがそれを学んでいるのです。

　このことからも、終戦直後に青少年期を過ごした世代が、古い偏狭な歴史観から脱却して学び、やがて目を開く契機になった新しい歴史観は、その間、歴史教科書をめぐるさまざまな問題があったにせよ、基本的には戦後六〇年間、次の世代へと受け継がれ、私たちの心の中に息づいてきたことは、否定できません。

人間の歴史を貫く根源的思想

　先にも触れたように、イギリス産業革命が進行し、近代資本主義が形成される中で生まれてきたロバート・オウエンなどのいわゆる空想的社会主義といわれる一連の思想や、高校の教科書にも記述されているこの社会主義とか共産主義という用語に連なる思想は、はたして、近代に限られた近代の産物であったのでしょうか。決してそうではなかったのです。

　それは、近代以前の古代からも人類史の中に脈々として伝えられ、人々の心を動かし、時には民衆による支配層への激しい抵抗や闘いをよびおこし支えてきた、根源的な思潮ともいえるのです。

　それは、私利私欲に走るあさましさ、人間が人間を支配する不公正さ、抑圧される人々の貧困や悲惨さへの憤りに発する思想でもあり、人間の協同と調和と自由に彩られた生活を理想とする人類の根源的な悲願でもあり、したがって、おのずから繰り返し生まれてくる思潮にほかならないのです。

キリスト教も「貧しきものは幸いなり」とし、私利私欲を堕落《だらく》とみなし、少なくともその初期には、共有財産による共産主義的教団生活を理想としていました。中世においても、キリスト教の教父たちやスコラ哲学の信奉者たちの中には、自然状態における人々の自然権は、私有財産による貧富の差別をともなわず、すべてのものの共有にもとづく公正で自由で平等な生活を実現するものであったと考え、

近江天保一揆の様子―一揆の10年後に書かれた『百足《むかで》再来記』（滋賀県野洲市、市木修氏提供）**より**　1842（天保13）年、年貢のとりたて強化を意図した幕府の検地に反対して、近江国、野洲川流域の甲賀・野洲・栗太の三郡の百姓・庄屋たち４万人は、その中止を求め、農民一揆をおこし、「十万日の延期」を勝ちとった。「天保義民」として今日に語りつがれている。

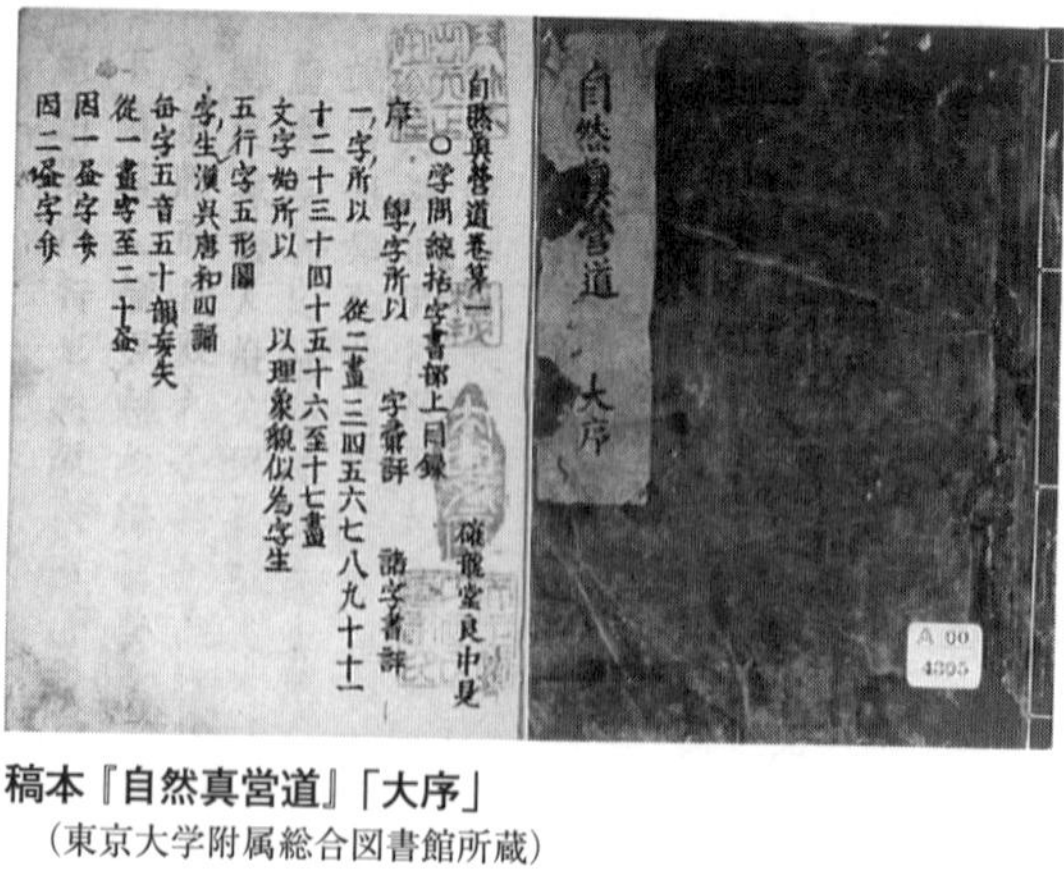

稿本『自然真営道』「大序」
（東京大学附属総合図書館所蔵）

この理想的自然状態を、私有財産成立後の人間の腐敗堕落の状態と対比して発想する人たちが、少なからずいたのです。

こうした思潮の伝統は、中世末期から、農民一揆を支える思想として、現実的な影響力を示していました。神や仏の前に、人間は本来、平等であり、財産や身分による差別は不当であり、来世での救済だけではなく、この世においても公正で共同的な生活を実現する世直しがなされなければならない、という思想は、ヨーロッパだけではなく、世界各地の宗教の内にあらわれ、時には激しい農民の一揆や反乱を支えたのです。

日本でも、一五世紀後半から一〇〇年にもおよび、近畿・北陸・東海に広がった浄土真宗門徒による一向一揆、さらには、江戸時代を通じて各地に展開した農民一揆などに、こうした思想が色濃く認められます。江戸中期に『自然真営道』を著した安藤昌益《しょうえき》は、自然の営みと「直耕」の人々の生産活動を基本として、共有、皆労、平等の共同生活を自然世として実現することを呼びかけています。彼の考えは、自然生的ではあるけれども、世界史的にも先駆的で独創的な共産主義思想に到達したものであるとして、評価されているのです。

近代に先だってあらわれた、これらの先駆的な自然権的共産主義思想は、おおくの場合、人類始原の自然状態における、差別や抑圧のない共同的で平等な生活を理想とする見地に立っていました。このような見地から、私有財産とそれをめぐる私利私欲は、身分的な支配隷属関係とともに、人間の腐敗や堕落をもたらすものとして、批判されているのです。

現存社会の荒廃や抑圧や不公正が、人間の本来あるべき原初の姿と対比して、不自然で歪んだ社会状態であると批判するこの思想は、人間の根源に根ざす普遍的な思想であるだけに、今日までたえず繰り返しあらわれてきたし、これからも繰り返しあらわれてくるにちがいありません。そして、その自然権的思潮は、その時代時代の社会と思想の到達水準に照応した新たな内容を盛り込み、新しい形式をととのえて再生されることになるのです。

太古の人間社会の共有、平等、自由の自然状態を歪めてきたものは、何であり、誰であるのかの疑念が深まれば深まるほど、やがてその考えが科学に転化してゆくのは、自然の成り行きでもありました。商品経済による有産階層の権利を自然視する啓蒙主義的思想で代替して済まされるものではなかったのです。むしろ、人間に本来的な基本的人権とは何か、自然と人間、人間と人間との関係を律すべき根源的な原則とはいかなるものなのか、資本主義的商品経済のもとでの人間の疎外や自然の荒廃の原因は何なのか、その究明へとむかってゆくのです。

先に触れたマルクスやエンゲルスたちの新たな思想とその理論も、まさにこうした人類史の基底に脈々として流れる自然権にもとづく根源的な思想を受け継ぎ、さらに一九世紀三〇年代以降のイギリス資本主義の新たな発展と、それに内在する対立・矛盾とを組み込む形で、必然的にあらわれてきたものであるといわなければなりません。

3　一九世紀、思想と理論の到達点

マルクス（一八一八～一八八三）の思想の形成に、何より も強力な手がかりと、多大な影響を与えたものは、ヘーゲル（一七七〇～一八三一）の壮大な哲学体系であり、中でもその法哲学と歴史哲学であったといわれています。

マルクスが生まれたのは一八一八年。その頃のドイツでは、ヘーゲルが近代の観念哲学の発展の頂点に立って、弁《べん》証法《しょうほう》的自己展開として自然と社会をとらえる、壮大な体系を構築していました。

ヘーゲル（1770～1831）
（前掲『伝記アルバム』より）

弁証法的思想は、古代ではギリシャにおいてもみられたものですが、近代において弁証法を復活させ、それを世界およびその認識の法則として意識的・包括的に叙述したのは、ヘーゲルであったのです。

前提と前提されるもの、原因と結果、という関係は、世界の単なる一面的な関係であって、世界の事物は、相互に前提しあい、作用しあって不可分につながっていること、事物は前提をもつが、また反対に事物はその諸前提をつくり出してゆくこと、事物はすべてその本性のうちに自己自身の否定者、その死滅の因子を含む矛盾物であること、この矛盾こそ事物の生命と運命の根源であり、したがって無常性と歴史性がその宿命であること、であるから事物の運動・発展・死滅は、本質的には自己運動としてとらえねばならぬこと、世界は可逆的な運動や変化を含みながらも、全体としては、低いものから高いものへと限りなく発展していること。これらが、その弁証法的世界観の主要な内容でした。

青年期のマルクスは、ヘーゲル、ついでその後継者フォイエルバッハ（一八〇四～一八七二）の哲学に深く学び、その影響のもとに出発します。やがてマルクスは、フォイエルバッハの説く人間主義が、人間を抽象的にのみ見ていた欠陥を批判的に克服し、人間が現実には社会関係、とりわけ経済のもとにおいて、労働とその成果から疎外《そがい》され、階級関係のもとにおかれている現実に注目するようになってゆくのです。

マルクス（1818～1883）

はじめボンで、次にベルリンの大学で、法学、とりわけ歴史学と哲学を学んでいたマルクスは、一八四一年、大学を終えると、ある事情でやむなく教授になる道を捨ててケルンに移り、『ライン新聞』の編集者となって活躍します。この時の体験が、それまでの彼の研究の姿勢とその方向を大きく変える転機になるのです。マルクスは、一八四四年『ヘー

ライン州の経済の中心地ケルン（1840年頃）（前掲『伝記アルバム』より）

ライン州モーゼル地方（1832年）（前掲『伝記アルバム』より）

ゲル法哲学批判―序説』で、「私を悩ました疑問」の解決のためのひとつの結論にたどりついた、と言っています。それは、次のような事情について言っています。

一八四二年にマルクスの生まれ故郷であるライン州のモーゼル地方で、貧しいぶどう栽培農民が他人の山林に入って木材を盗んだとして、処罰される事件が起こりました。この山林は、それまでは、農民が共同利用できる入会地《いりあいち》だったのです。それがある日突然、入会権を禁止するという法律がつくられ、山林は個人の所有物となり、農民の立入りが禁止されてしまいました。農民は、今までの慣行にしたがって山林へ入り、枯木を拾ったり、枝を切ったりしただけなのです。ところが、このことが窃盗《せっとう》罪とされたのです。

この問題が州議会で審議されるのを『ライン新聞』の編集者として傍聴していたマルクスは、法律というものに疑問をもちはじめます。

学生時代のマルクスに弁証法という考え方を教え、多大な影響を与えたかのヘーゲルは、国家とか法律は、人間精神の発展によってつくられるものである、と主張していました。そして、人間は理性的な存在であって、この理性が発展すれば、人間の対立も解消し、自由と秩序の調和する理想の社会が実現する、というのです。人類の歴史は、人間の理性の発展の歴史だというのが、ヘーゲルのこの「壮大な体系」ですが、マルクスは、この事件を調査することによって、ヘーゲルのこの体系そのものにそもそもの疑問をもつようになります。マルクスは、社会の現実世界に身をおいてはじめて、その大系を根本から疑うことになったのです。のちに彼自身、私を悩ました疑問の解決のために企てた最初の仕事は、ヘーゲルの法哲学の批判的検討であった、と述懐しています。

そこでマルクスは、あらためてヘーゲルの法哲学を批判的に検討し、法律とか国家というものは「物質的な諸生活関係」に根底をもっている、という結論に到達したのです。

ヘーゲルの弁証法は、世界の発展の思想において、ことに思惟《しい》の諸カテゴリーの根本的な発生的研究において、偉大な足跡を残しましたが、その観念論のために、逆立ちした神秘的形態をもち、不徹底であり、科学的分析を拒否する理論、現状神聖化の理論ともなっていたのです。マルクスは、ヘーゲル弁証法の遺産を受け継ぐと同時に、これを科学と唯物《ゆいぶつ》論の基礎の上に据え、それを徹底させ、かつ一層発展させてゆくことになるのです。

マルクスの盟友であるエンゲルス（一八二〇～一八九五）は、『ライン新聞』に掲載したマルクスの最も大きな論文として、先述のモーゼル河流域のぶどう栽培農民の状態に関する論文をあげています。この新聞の仕事でマルクスは、自分の経済学に知識が不十分なことを悟り、経済学の研究をはじめます。

マルクス（左）とエンゲルス
（1820～1895）

こうして出発したマルクスの経済学の研究成果のひとつが、『経済学と哲学に関する手稿』（一八四四年）です。ここでマルクスは経済学の根本には、私的所有という問題があり、この問題に目をつぶっていたことが、これまでの経済学の欠陥だと気づきます。資本主義は私的所有を大前提としていますが、いつの時代にも私的所有制はあったのだろうか、あったとしたら、それはいつ頃から、どのようにして形成されてきたのだろうか、マルクスはこういう疑問から出発して、人類史を所有制度の生成発展の側面から研究し、さらに資本主義以前の生産関係全般についても、考察を深めてゆくことになります。

この研究の成果は、一八四五年から四六年にかけてエンゲルスと共同で執筆した『ドイツ・イデオロギー』にまとめられてゆきます。そこでは、長い間つづいてきた中世的蒙昧《もうまい》を打ち破り、ヘーゲルのかの壮大な歴史観を止揚し、一層発展させた新しい歴史観、すなわち唯物史観（＝史的唯物論）の基礎がうちたてられています。

この唯物史観は、それから十数年後に、その後の研究成果をふまえ一層豊富化され、マルクスが一八五九年に『経済学批判』（第一分冊）を出版した際に、その「序言」の中で簡潔に定式化されることになります。

この唯物史観を、ここでできるだけ簡単に要約しておきたいと思います。

人間は、必然的に、人間の意志からは独立した存在である諸関係に、すなわち物質的生産諸力の一定の発展段階に対応する生産諸関係に入る。これらの生産諸関係の総体は、社会の経済的構造を形成する。これらが実在的な土台であり、その上に一つの法律的および政治的上部構造が立ち、そしてこの土台に一定の社会的意識形態が対応する。人間の意識がその存在を規定するのではなく、逆に人間の社会的存在が人間の意識を規定する。

以上が、第一の要点です。

次に、社会の生産諸力がある発達段階に達すると、既存の生産諸関係あるいは所有諸関係と矛盾するようになる。その時この生産諸関係は、生産力を発展させるのに機能していたものから桎梏《しっこく》へと変わる。その時に社会革命の時期がはじまる。経済的基礎の変化とともに、この巨大な上部構造全体が、あるいは徐々に、あるいは急激に変革される。このような変革の考察にあたって注意すべきことは、物質的な、すなわち自然科学的に正確に確認できる変革と、人間がこの変革を意識してそれと格闘する場面である法律的、政治的、宗教的、芸術的、または哲学的な諸形態とを常に区別しなければならないということである。

これが第二の要点です。

第三の要点は、

このような変革の時期をその時期の意識から判断することはできないのであって、むしろこの意識を物質的生活の諸矛盾、つまり生産諸力と生産関係との間の衝突から説明しなければならない。一つの社会構成は、生産諸力が発展しきるまでは、決して没落しない。新しいさらに高度な生産諸関係は、その物質的条件が古い社会自体の胎内で孵化《ふか》し終わるまでは、決して古いものにとって代わることはない。だから人間は、常に自分が解決しうる課題だけを自分に提起する。

そして最後に、第四の要点として、

人類史を大づかみにいって、原始的、古代的、封建的および近代資本主義的生産様式を、経済的社会構成のあいつぐ諸時代としてあげることができる。資本主義的生産関係は、社会的生産過程において人間が人間を搾取するという敵対的形態の最後のものである。したがって、この資本主義的社会構成でもって、人間の前史は終わる。

以上が、マルクスとエンゲルスによって確立された新しい歴史観、すなわち唯物史観の「定式」の要約です。もちろんこれは、定式化されたものですから、唯物史観の骨格の部分にすぎません。

本章のはじめの部分で、労働と生産手段の分離の問題、剰余労働、資本の本源的蓄積過程、生産の無政府的状態と過剰生産、不況・恐慌等々について触れた叙述は、もちろんこの唯物史観にもとづくものです。それと合わせて理解していただければ、唯物史観の全体像がよりはっきりしてくると思うのですが、マルクスとエンゲルスによるこの壮大な人類史の総括は、見通しうる限りの人間社会の発展史の基本像を捉えようとしたものであると言えます。

マルクスは、本格的な経済学研究の最初の成果として『経済学批判』をまとめましたが、まずその「序言」において、「私の経済学研究にとって導きの糸として役立った一般的結論は、簡単にいえば次のように定式化することができる」と、先に要約した唯物史観の「定式」について述べた上で、この『経済学批判』の本論に入ってゆくのです。ですから、マルクスが研究をはじめた初期の段階で、ヘーゲルを批判的に検討し、それを止揚して確立した唯物史観が、彼の経済学の研究にたえず密接に関連しながら、いかに大切な「導きの糸」になっていたかが、このことからもよく分かります。

余談になりますが、ここでマルクスが、ヘーゲルの編み出した弁証法という武器から学び、ヘーゲルのまさにこの弁証法によってヘーゲルを否定し、ヘーゲルに内包するすぐれた部分を止揚することによって、自己の唯物史観を新たに生み出していったというこの研究方法は、これ自体がきわめて弁証法的であって、おもしろいと思うのです。

と同時に、経済学という個別学問分野を研究するに際して、人類史の総括の上に立った広い視野から個別領域を研究するという、このマルクスの研究姿勢が、時代の大転換機にあって、従来の価値そのものが根底から問われている現代の私たちにとって、いかに大切なものであるか、このことを今、あらためて考えさせられるのです。それは、特に成果主義のもと、細分化された狭隘な学問領域で汲々として、大局を見失っている現代の研究者に対する警鐘でもあると思えてならないのです。

マルクスの経済学研究と『資本論』

話はもどりますが、先にみた『ドイツ・イデオロギー』において、ほぼその輪郭をつくりあげられた社会発展の法則としての唯物史観は、歴史の科学的解明への道をはじめて開くことになるのですが、これによって、マルクスのその後の経済学の研究を着実に推進してゆくことにもなりました。

プルードンとの論争の書『哲学の貧困』（一八四七年）と一八四七年末のブリュッセルでの講演『賃労働と資本』（一八四九年）には、すでに経済学の核心である剰余価値説の萌芽的形成がみられます。

こうしてマルクスは、経済学理論の確立に努力しながら、他方では、この理論の基礎の上に、労働者の革命的運動を組織する活動にも参加してゆきます。こうした中で、一九四八年、エンゲルスとの共同で、かの有名な『共産党宣言』が作成されます。

余談になりますが、これは、ドイツ語でManifest der Kom-munistischen Parteiですから、直訳すれば「共産党のマニフェスト」ということになります。今、わが日本の政界で騒がれている「マニフェスト」などとは、およそ比べようもないほど壮大な理論的体系を成しているものです。また、これほど世界を震撼《しんかん》させ、世界の隅々にまでとどろきわたり、労働者や農民、知識人にいたるまで、世界の多くの人々の心をとらえ、現実の世界を動かした文書も他にはないのではないでしょうか。

一八四八年、パリで起こった二月革命の直前に発表されたこの不朽の文書には、新しい世界観、社会生活の領域を含む首尾一貫した唯物論、最も全面的で深遠な発展の学説である弁証法、世界史に新しく登場してきた労働者階級の世界史的役割とその運動の理論が、天才的な明瞭さとあざやかさで描かれている、と後世の多くの人々によって語られてきたことは周知の通りです。

マルクスは、パリを経て、一八四九年秋、ロンドンに亡命、以後、同地に永住することになります。ロンドンでの亡命生活では、ニューヨーク・デイリー・トリビューン紙への寄稿（一八五二～六二年）と、エンゲルスの友情としての、そして同志としての物心両面にわたる献身的な援助に支えられて、貧困や病気と闘いながら、経済学の研究に集中してゆくのです。

ロンドン（1850年頃）（前掲『伝記アルバム』より）

一八五七年、史上最初の世界恐慌を契機として、マルクスはそれまでの多年にわたる経済学研究の体系的総括に着手します。それから一〇年間、マルクスは、政治的活動から身をひき、大英博物館の図書室にある経済学に関する豊富な資料を渉猟《しょうりょう》して、研究に没頭することになります。そして、先にも触れた『経済学批判』第一分冊（一八五九年）を公刊し、一八六七年九月には『資本論』第一巻（第一部）を公刊したのです。

大英博物館の閲覧室（1850年頃）
（前掲『伝記アルバム』より）

その間、一八六四年には、ロンドンで第一インターナショナル（国際労働者協会）が創立され、マルクスは、この協会の中心人物として活躍します。『賃金・価格および利潤』は、この協会の総評議会の席上で行われた講演にもとづいてまとめられたものです。また、一八七一年のパリ・コミューンに際しては、『フランスにおける内乱』を著し、そして一八七五年には、社会主義への移行と建設についての展望を示した『ゴータ綱領批判』を執筆して

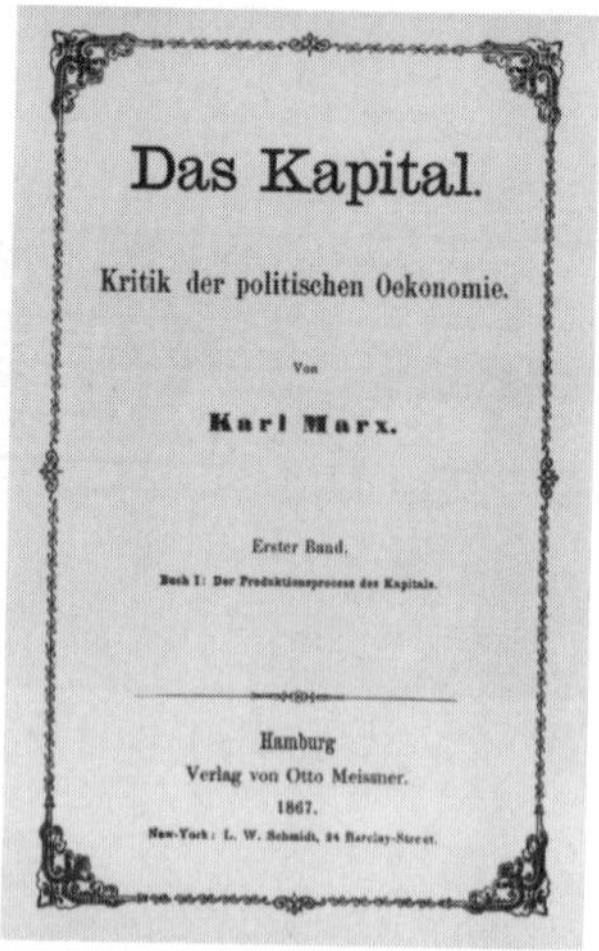

『資本論』初版本の表紙（1867年）（前掲『伝記アルバム』より）

います。

マルクスは、余生を『資本論』の続刊の完成のために捧げましたが、ついに一八八三年三月、完成をみることなく、享年六五歳でこの世を去りました。マルクスの遺稿をもとに、『資本論』第二巻は八五年に、第三巻は九四年に、エンゲルスの編集によって出版されました。

『資本論』は、岩波文庫にして全九分冊。ページ数が一番少ない第一分冊でも三〇六ページ、一番多い分冊になると五二八ページもあり、気が遠くなるような膨大な著作です。先にも触れたように、『資本論』は、研究の初期の段階からマルクスとエンゲルス自身によって一貫してつくりあげられてきた、人類史の総括としての新しい歴史観、すなわち唯物史観に導かれ、資本主義的生産様式を分析、解剖し、その結果、この史観によって全体が貫かれているという点に、まず最大の特徴があります。そして、生産様式の内的連関を、その最も簡単な範疇《はんちゅう》から複雑なものへとたどることによって、対象とする資本主義的生産様式を、多くの諸規定と諸関係から成立する真に具体的なものとして、理論的に再構成してゆくという点に、マルクスの研究方法上のもう一つの際立った特徴が認められます。

第一巻では、まず、資本主義的生産様式の最も一般的で象徴的な範疇としての商品・貨幣の考察を全体の序論として位置づけています。そして、直接的生産過程を個別的事象および再生産過程として分析し、のちにエンゲルスがマルクスの偉大な発見と評価する「剰余価値」というものが、いかに生み出されるかの謎を解明し、その剰余価値生産の過程および資本そのものの生産を明らかにしています。いいかえれば、資本主義のもとで、資本家による労働者の搾取がどのようにおこなわれているのか、ということの実態解明です。資本主義的生産様式では、大きく分けて二つの社会階級が存在することを、すなわち一方では生産手段を所有している資本家と、他方ではこれらの所有からしめだされ、今では商品と化してしまった自分自身の労働力以外、何も売るものをもたず、したがって、生活の糧を得るためには、この自分自身の労働力を売らなければ生きてゆけない労働者階級とが存在することを前提にしています。

次に、第二巻では、この直接的生産過程を現実の世界で補足し媒介する流通過程がとりあげられ、資本が流通部面で現出する形態変換を考察しています。

最後に第三巻では、資本主義生産の総過程が考察の対象とされ、全体として資本の運動過程から生じる利潤・利子・地代等は、剰余価値が必然的に現象した形態にほかならないことを明らかにします。

『資本論』第１巻の印刷所（ライプチヒ）

はじめに指摘したように、『資本論』は、まず商品の諸群と人間の諸群を対置するかのように、資本主義社会の表面に直接現象する商品世界をとりあげ、人間労働の成果としての商品という視点から、価値法則を商品世界の内的法則として明らかにし、ついでこの表面的過程の背後に隠されている資本の内的連関を考察し、資本主義社会の基軸をなす資本と賃労働の関係を、価値・剰余価値の法則によって暴露したのです。これは、のちにエンゲルスがマルクスの偉大な発見と評価する「剰余価値」というものが、いかに生み出されるかの謎の解明であったのです。

そして、最後に再び資本主義社会の表面にたちかえり、資本の現実的運動過程に生じる資本相互の関係および資本と土地所有との関係を、資本主義市場競争の根本法則である一般的利潤率および生産価格の法則を基礎に明らかにしました。

先にも触れたマルクスの哲学研究や人類史研究など、広範にわたる長年の研究の成果と、この『資本論』とによってはじめて、資本主義社会の内部構造と経済的運動法則が解明され、資本主義はそれ自身の発展の内に、それ自身の解体の諸条件をも必然的に準備せざるを得ない、ひとつの歴史的・過渡的社会形態であるという確証も、これによって可能となりました。

この研究の論理構成そのものが、若きマルクスが学んだヘーゲルの弁証法を、唯物論を基礎に転倒させ、それが見事に具現しているものであるといってもいいのです。『資本論』の成立は、科学としての経済学の確立であると同時

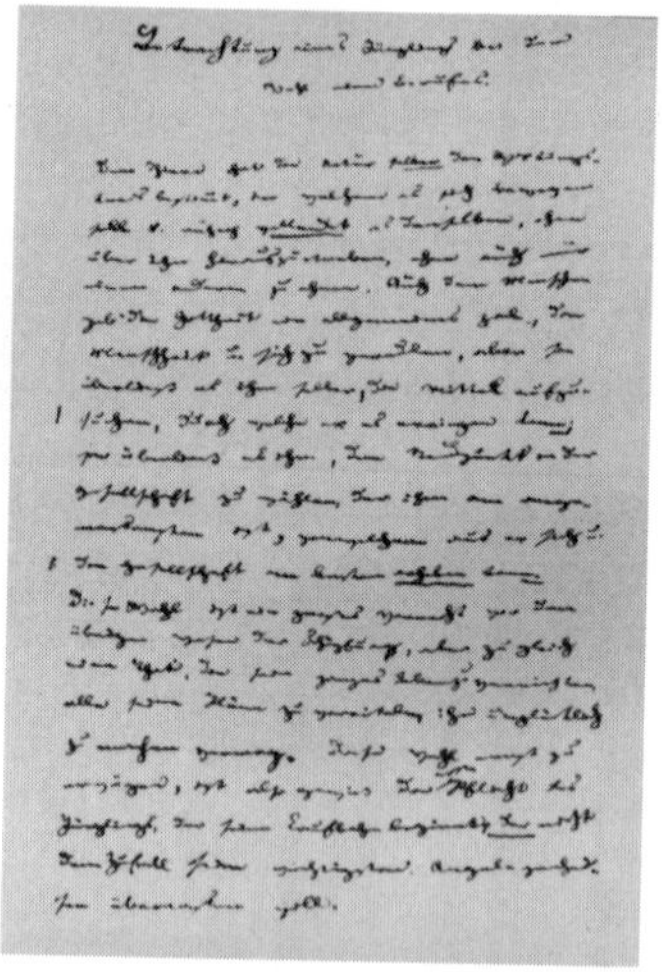

マルクスが高校の卒業試験に提出した作文『職業の選択に当面する一青年の考察』（1835年）の1ページ目（前掲『伝記アルバム』より）

に、それを貫く唯物史観の確証にもなっています。また、先にふれたロバート・オウエンなど、先駆的役割を果たしたいわゆる空想的社会主義の一群からも、明確に脱却したことを意味するものであり、社会主義の科学的基礎を揺るぎないものにしたのです。

『資本論』が幾多の困難にもめげずに完成に近づくことができたのは、人間にとって何よりも大切なこんな精神がその人の根底に流れていたからだ、とうなずける次のような文章があります。それは、マルクスが一七歳の時、高等学校の卒業試験に提出した作文の一節にある、次のことばです。

地位を選択する場合に、われわれを導く主な道しるべは、人類の福祉ということと、われわれ自身の完成ということである。……人間の天性は、その時代の完成と福祉のために人間が働く場合に、はじめて自己の完成をも達成することができるようになっているものである、と考えるのが正しい。

もし人間が自分のためだけを考えてことをなすならば、たとえ名のある学者、たいへん賢い人、すぐれた詩人ていどのものになることは出来ても、決して完成した、真に偉大な人間になることは出来まい。

歴史は、世の中全体のために働いて、自分自身を気高くして行く人を、最高の人物と名づけるのである。

……

われわれが最も多く人類のために働きうる地位を選んだとしたら、その人の肩にどんなに多くの重荷がかかっても、これで挫折するようなことは決してあるまい。それはすべての人々のためにする犠牲に外ならないからである。だから、われわれは、決して貧弱な、狭小な、利己的な喜びをたのしみにするものではなく、われわれの幸福は、万人に属し、われわれの行為は、静かに、しかし永遠に生きることをやめず、そしてわれわれの灰は高貴な人間の熱い涙で濡らされるであろう。

一七歳といえば、今の日本では、高校二、三年生のまだ幼い世代です。

『資本論』の翻訳者であり、経済学者でもある向坂逸郎さんは、若きマルクスのこの文章について、次のように述べています。

私は、このマルクスの『職業の選択に当面する一青年の考察』という作文をときどき引用する。この作文が別に名文だからではない。マルクスの生涯は、この十七歳の青年が書いたとおりであったからである。マルクスは何故〝永遠に生き〟たか、この作文で人間がなさなければならぬと考えた通りになしたからである。

私は、なさねばならぬと考え、真っ正直にこれをなしたマルクスの人間的な強さに驚嘆する。

マルクスは、資本主義社会の階級の存在とその闘争を見た。その歴史的意義を発見した。同時に彼自身がその闘争の中にとびこんだ。そしてなすべきその闘争に全力を傾けた。どんな困難にもたじろがなかった。どんな苦しい生活にも耐えた。『資本論』はこのようにして出来た。十七歳のマルクスが『資本論』に到達するまでには、経なければならぬ辛苦の思想的、実際的鍛錬があった。マルクスは、それをことごとく克服して、到達すべきところに到達した。

（向坂逸郎「解題」『資本論』（九）、岩波文庫、一九九〇年より）

若き日のマルクスのこの文章を読みおえて、ふとわれにかえると、この『資本論』成立から百数十年後の現実に一気に引きもどされるのです。この列島の私たちの世界が、若きマルクスの心の世界とは、あまりにも大きな隔《へだ》たりがあるのに驚き、不思議な感覚にさえおそわれます。すべてが我利我欲の渦の中でうごめく世界。利己心を虚言や甘言で覆い、平然と大言壮語する不気味な政治家たちの群れ。ことの本質はいつもうやむやにされ、ずるずると深みに引きずられてゆく大人たちの不甲斐なさ。子供たちは、きっとそう見ているにちがいありません。希望などもてるはずがないではないか、身を震わせて叫ぶ声が聞こえてきます。こうして、いよいよ子供たちも、狭小な利己の世界に閉じ込められてゆくのです。

もう一度この辺で人間の原点に立ち返って、そこから、一九世紀のこの一七歳の若々しい崇高な精神と意志の力を、とりもどせないものなのであろうか。私たちは、今までみてきた一九世紀の人類の苦闘の足跡から、それが一体何であったのか、そしてその学問と実践の成果から、何を学びとることができるのであろうか。このことを真摯に考えてみたいと思うのです。

たとえ、それを否定しようとも肯定しようとも、私たちは、人類が創造した過去の水準、過去の蓄積の中からしか、前へは進めないのは明らかです。

人類始原の自然状態

先にも触れた、人類始原の自然状態にもう一度立ち戻って、考えてみようと思います。

はるか古い時代からたびたび、すぐれた哲学者や思想家や詩人たちは、人々の苦悩やそれゆえの強烈な憧《あこが》れを代弁するかのように、人類始原の自然状態における、私有財産なき自由で平等な人々の共同生活を、けがれなき理想状態として賛美してきました。そして本来、人は、神や仏によって平等につくられたものであり、生命、自由、財産についての権利は、譲《ゆず》るべからざる自然権であると考えてきました。それは、生の全体的統一性を謳《うた》い得た古代神話の世界に対して、現世は分裂と不平等の時代であるとするアイロニーを、主体の無限遡行《そこう》的な自己反省の契機にして到達してゆく、自然な成り行きでもあったのです。つまり、人間の歴史が、この自然状態を歪めてきたのだと、考えるのです。

時代をくだって、『ユートピア』の著者トマス・モア（一四七七～一五三五）も、労働者の運命は、今や重荷を負った獣の運命よりみじめであり、貨幣というぅぬぼれが、すべての害悪の根源である。耕地の囲い込みによって、かつてはおとなしかった羊が農民と土地を食い潰《つぶ》していると指摘し、農業をあくまでも基礎とし、農業人口と都市人口の交替制や、分権的な州議会制を想定した、単純で贅沢《ぜいたく》を知らない農的生活を描いています。

その後のフランス革命も、最終的には、中・下層民衆の立場に立つ徹底した社会変革へと進展してゆきます。資本主義的市民的枠を乗り越えて、土地を農民へ全面的に分配し、有産者の投機的利得を統制し、経済生活の実質的平等をめざしたのです。

先にもふれたロバート・オウエンもまた、人間の自然状態への回帰を夢見て、その夢に近づくべく、さまざまな考えをめぐらしてゆきました。工業と農業、都市と農村の再結合、分業による労働の単純化の克服、直接民主主義の可能な、分権的で自立的な共同生活などは、すべてその方向をめざすためのものであったのです。

スイス・ジュネーブの富裕な僧侶の家に生まれ、銀行家となり、フランス革命当時、父とともに投獄されたシスモンディは、『経済学新原理』（一八一九年）を著しています。その中で、資本の蓄積が、農民の収奪を通じて消費需要をせばめ、その結果、消費を超える生産の過剰が生じ、窮乏がそこから生じざるをえないとし、その解決の方策として、生産と所得と人口の理想的均衡体系を、家父長的農耕生活への復帰によって回復することを提唱しています。このシスモンディのロマン派社会主義は、のちにレーニンが社会主義運動の初期に批判したロシアのナロードニキに受け継がれてゆきます。

こうしたきわめて古い時代から絶え間なく生起してきた数々の思想の底に流れるものは、人類始原における自由と平等と友愛のけがれなき自然状態への憧れであり、不平等・貧困・不道徳・苦悩は、人類始原の自然状態を歪めてきた歴史の結果なのだ、という強烈な意識であったのです。

一九世紀後半のマルクスやエンゲルスたちも、この点では共通であったといえましょう。ですから、彼らの新しい歴史観、すなわち唯物史観も、この人類始原の自然状態の考察からはじまります。マルクスは、経済学研究の集大成である『資本論』第一巻が出版された一八六七年よりも一〇年ほど前に、『資本主義的生産に先行する諸形態』の手稿をまとめ、その中で、人類始原の自然状態について実に詳細な研究をおこなっています。

マルクスは、この研究の歴史的考証の糸口を、ひとつはパルミーラ、イエメンの廃墟、エジプト、ペルシア、およびヒンドゥスタンの諸地方にある廃墟、もうひとつは、当時、イギリス資本主義の手に帰したインド西北部になお完全な形で現存した村落共同体や、フランソワ・ベルニェの記録したモガール大帝のカシミール進軍等々の記述に求めています。そして、マルクスは、土地のアジア的無所有の地域を、特にサハラからアラビア、ペルシア、インドおよびタタールを経て高地アジアに連なる大砂漠地帯、ヒンズー勢力の影響下にあったジャワ、さらにわが日本にまで拡大し想定しています。

マルクスのこのアジア的生産様式に関する研究の目的は、明らかにヨーロッパよりも著しく早期に発展し、かつ停滞していったアジア諸国の奴隷制と封建制の特質とその崩壊

狩猟・採取による群居が支配的であった縄文時代の暮らし（西村繁男『絵で見る日本の歴史』福音館書店より）

の原因を見極め、さらにローマ・ゲルマンの生産様式と比較研究することによって、原始無所有の自然状態から出発した社会構成体が、いかなる普遍的法則のもとに発展するかを解明することにあったのです。

動物から進化した人類の原初の社会は、あらゆる動物が類的群れをなしているのと同じように、動物界の母斑《ぼはん》としての類的群居が本源的な生存の形態であり、生産という側面から見るならば、それはつまり、最初の生産様式としての原始共同体であるのです。人類は原初において、類的集団であらねばならないというのが、そもそもその生存様式のはじまりなのです。

狩猟・採取によって辛うじて飢えをしのいでいる原始人は、動物界から受け継いだ自然発生的な種族的血縁団体を形成しています。狩猟・採取から野獣を馴《な》らして遊牧生活がはじまるにしても、土地（水系やその他の資源を含む）との結合関係、すなわち所有関係はまだ極めて不安定であり、食物や牧草のあるところへ絶えず放浪し、移動しています。やがて、狩猟から遊牧が、採取から農耕が発生するころになっても、個々人は群れから離れて孤立しては生きてゆくことができないので、この段階においてもやはり、群れが個々人にとって生きるための不可欠の条件であり、群居生活をする種族の群れ、すなわち種族的血縁共同体が、土地所有の前提にならざるをえませんでした。

この土地所有関係は、定着農業、あるいはより発達した遊牧への移行によって、はじめて安定します。これが、原始共同体の段階における土地の共同体的所有の発生過程です。この原始共同体の成員である各個人は、共同体の一成員としてのみ、土地に対する占有者ないしは所有者になりえるのであって、共同体内部の個々人の私的所有は、まだ発生していません。そしてそこでは、共同所有に対して、共同労働が対応しています。つまり、この時点では、個々人には私的所有は存在せず、若干の農業がみとめられるとしても、共同で狩猟・採取をおこなうのが支配的であり、このような共同労働による成果は、共同体成員に平等に分配され消費されていたのです。これを別の側面から見れば、平等に分配しなければ、共同体の個々人の生命が維持できないほど、低位の生産力水準にあったということです。

この段階では、たしかに生産力の面では低位にあったけれども、それゆえに人間の平等と、人間と人間の協力と協和が基調となる客観的な根拠がそこにはありました。そして、自らがその中で生存しなければならない自然と大地こそが恵みの源泉であり、その自然の循環を破壊するような乱獲や自然への過度な働きかけは、自己の生命を否定する致命的な行為になることから、そこでは、循環の思想と倫理が基調になります。この時代に発達した自然に対するタブーや土地神に対する讃仰《さんごう》の精神が、何よりもそのことを物語っています。

自然状態の解体とその論理

人間が動物から区別されるのは、この章のはじめにも述べたように、道具の使用です。

人間が自然にむかって自己の労働力を働きかける際に、この道具が媒介するのですが、これによって、労働の成果はよりあがります。人間の知能が道具を発達させ、発達した道具がさらに人間の知能を発達させるという相互作用の中で、道具すなわち生産用具は、簡単な石斧《せきふ》からはじまって、現代の高度に発達した巨大で精巧な機械やコンピューターなどに至るまで、飛躍的に発達を遂げてきました。

こうした道具の発達と人間の知能の発達によって、人間労働は、自己の生命を維持する以上のものを生産することが可能になってきます。つまり、この超過部分を「剰余生産物」といい、それに対応する労働を「剰余労働」というのですが、この剰余生産物を生産することが可能になった時点から、人間は、他人の労働による生産物を自己のものにすることをはじめるのです。つまり、搾取がはじまるのです。

このとき、共同体を支配していた人間と人間のあいだの平等は、もろくも崩れはじめます。それまで、数十億年の長きにわたって、自然界の秩序とその進化を支配してきた原理、すなわち「適用・調整」の原理にかわって、人間界にはじめて、それとはまったく異質の原理、すなわち「指揮・統制・支配」の原理があらわれ、働きはじめたのです。

縄文時代の石器　石器は、はじめ自然の石を打ちくだいた打製石器であったが、しだいに磨いて刃をつけるようになった。斧《おの》・鏃《やじり》・小刀・錐《きり》などがある。

ロボット化が進んだ自動車生産ライン　写真提供・共同通信社

人間が人間をまさに生きた道具、つまり奴隷として使用して、その剰余生産物を自分のものとして取得するという習性が定着してゆくと、他人の剰余生産物を取得する一部の人間が私的に富を蓄積し、その富がさらに蓄積を加速してゆきます。

その富の内実は何かといえば、まず動産である食糧などの生産物であり、原料などであるのですが、その次には、生産に必要な道具すなわち生産用具であり、そして富の基本的な源泉である土地（水系やその他の資源を含む）であるのです。この富の私的な蓄積の中でも、生産用具と土地の私的な蓄積は、さらに一層生産の拡大に拍車をかけ、人間による他人の労働の使用も、それに伴ってますます拡大してゆくことになります。

生産用具や土地を一括して、「生産手段」として把握しますが、この生産手段は、もともと共同体のもとにあるか、共同体を構成する個々人のもとにあったのですが、生産手段が共同体の一部の成員に集中してゆくことによって、大多数の成員は、生産手段からしめ出されてゆくことになります。こうなってくると、原始共同体内部の無所有の状態、すなわち原始共同体内部の共同所有は崩れて、私的所有が発生し、やがて共同体に亀裂《きれつ》が深まってゆきます。

ところで、分業の原形は、原始共同体内部にもありました。ひとつの共同労働の組織であったこの共同体では、狩猟・牧畜・農業などの部門の分業は、男女別や老若別による自然発生的な分担のもとに、全体として計画的権威的に組織されていました。個別作業、ことに簡単な手工業においては、工程分割による分担の固定化は、まだ生じていませんでした。

やがて、より発達した段階に至ると、共同体内部の分業の発展が生産力を高め、より多くの余剰を生むことになります。そして、自然環境や生活様式を異にする共同体の間での相互的な剰余生産物の交換、すなわち端緒的な商品交換がはじまるのです。この交換が、また、共同体内部に徐々に私的所有をはぐくみ、共同体間の交換が私的交換に転化してゆくにつれて、共同体は解体してゆき、社会的分業の範域も拡大されてゆきます。こうしてあらわれてきた手工業者や商人は、都市を形成し、都市と農村は分離してゆきます。

人類が、採取・狩猟から農業へ移行するにつれて、生産手段の一要素であった土地、特に耕地は、重要な意義をもちはじめます。大地は、これまた生産手段の一つの要素でもある生産用具や原料を提供し、家族や集落の居住の地、そしてあらゆる人間活動の基地を提供するところの大きな仕事場でもありました。人間は、この大地において、自然の法則を認識し、これを労働過程に適用して、自己の目的を実現します。この労働過程で、知能や技能は技術に転化し、たゆみなく技術水準を向上させてゆきます。それを可能にしているのが、自然という場であり、家族という場であり、集団という場であるのです。

このようにして人間は、生産力を絶えず高めてきただけでなく、自己の労働とこうした場の結合、つまり、人間労働と生産手段の結合が、人間自身の発達をも可能にしてきました。このことに関連しては、次の章で詳しく述べたいと思います。

しかしながら、こうした生産力の向上は、今見てきたように、剰余生産物を生み出し、剰余が分業を促し、そして分業がさらに生産力をおし上げ、剰余生産物を増大させます。その結果、富はますます一方の極に集中し、大多数の

「囲い込み」のための測量（W.E. Tate, The English Village Community and the Enclosure Movements, 1967）

地主に搾取される農民を描いた風刺画
（R. Groves, Sharpen the Sickle, 1948）

人間の労働と生産手段（土地・生産用具・その他の労働対象）との結合をゆるがし、不安定にしてゆくのです。人類の原初から潜在していた、労働の主体である人間と生産手段とのこうした分離の法則は、やがて原始共同体的生産様式を変革し、その後に継起する古代奴隷制的、中世封建制的生産様式をも変革し、解体してゆくことになるのです。

このように前資本主義的な生産形態を解体して、社会の一方に資本に転化されるべき生産手段の集中を、他方に二重の意味で自由な労働力（人身的隷属および生産手段から自由な労働力）をつくりだす歴史過程を、マルクスは「資本の本源的蓄積過程」として研究を深めてゆきました。この過程は、先にも触れたように、単に封建制から資本主義への転化過程にとどまらず、人類史全体に射程のおよぶ世界史的意義をもっていたのです。

資本主義成立以前には、今見てきたように原始共同体的諸関係、自由な小生産者の自己労働にもとづく所有、奴隷制や農奴制など、様々な過渡的形態が存在していました。これらの諸形態は、生産手段の所有者が直接生産者であるのか、搾取者であるのか、直接生産者と生産手段との結合が自由意志であるのか、隷属的で強制的であるのかなどのちがいがあるにしても、直接生産者、すなわち労働の主体である人間と生産手段とが結合していた点では、そのいずれの場合も同じです。ですから、「資本の本源的蓄積過程」は、まさにこれらの諸形態をいっさい残らず解体するプロセスであり、生産手段と労働との結合にもとづく過去の一切の社会との訣別であるのです。したがって、人類史は、搾取関係、階級対立の有無ということを基準にして、原始共同体―様々の階級社会―未来における無階級社会という三つの段階に区分されることになります。

こうして、「資本の本源的蓄積過程」がすすむと、この社会は、生産物が商品となるだけではなく、人間の労働そのものが商品となるような全面的に発達した商品生産の社会となり、生産手段を私的に所有する資本家と、生産手段（生産用具・土地など）を失った賃金労働者との階級関係が支配的な社会になります。これが資本主義社会の特質です。

マンチェスター（1850年頃）（前掲『伝記アルバム』より）

この特質については、私たちは、この資本主義社会に現に生活しているので、実感としてもよく理解できるはずです。つまり、私たち都市生活者の大多数は、生産手段、つまり生産用具や農地や山林をもたずに、唯一、給与による賃金収入で、食料や日常必需品から、各種サービス・教育等々に至るまで、すべての生活手段を買いもとめて生きています。この賃金がなければ生きてゆくことができない、いわば大地から遊離した根なし草同然の極めて不安定な存在であるのです。そして、ついには、自分の労働力そのものが商品になるのです。それはどういうことかといえば、次のように具体的に考えると、分かりやすいと思います。

私たちは、生産手段を所有している資本家の企業なりその他の職場との契約にもとづいて、自己の労働を売って、賃金を得ています。つまり、自己の労働力を、一般の商品と同じように売買しているわけです。もっと分かりやすい例でいえば、パート労働者の場合です。時給いくらという形で、労働力を一般の商品と同じように売り買いしているのを想定すれば、理解しやすいものと思います。労働力の商品化とは、そういうことなのです。

資本主義以前の社会であれば、生産用具や土地などの生産手段は、直接生産者のもとにあって、人間の労働と直接かたく結合していました。それが、資本主義社会になってはじめて、人間労働と生産手段との分離が決定的になったのです。私たちは、現実に慣らされて、このことを当たり前のように思っていますが、人類の全史から見れば、資本主義社会は、極めて特異な社会であるといわなければなりません。ここにも資本主義の歴史的特質と限界性がひそんでいるのです。

この章の冒頭に紹介した、あの凄惨《せいさん》な名古屋・宅配会社立てこもり事件は、労働と生産手段の分離という、人類史上、特定の時代にあらわれた、人間の特異な存在形態が、究極において、人間の内面に何をもたらすかを、誰の目にも分かるように、白日の下にさらけ出したものである、といってもいいのかもしれません。

資本の論理と世界恐慌

さて、ここで問題を分かりやすくするために、もう一度、中世的生産様式から資本主義的生産様式への移行過程に照準を合わせることによって、マルクスが『資本論』で解明した重要な命題について考えてみたいと思います。

近代資本主義の前代に当たる中世的生産様式の特徴は、家族小経営の小規模な単独生産でした。生産手段は、個人的使用にあわせてつくられており、きわめて原始的で、効果もつつましい小さなものでした。その生産は、生産者自身の消費のためであるか、あるいは封建領主の消費のためであって、生産者にとっては、誰が消費者であるのか、明確です。したがって、その生産は、直接的な消費を目的としているものであったのです。そして、この直接的な消費を超える生産の余剰は、この時代においては、まだようやく発生しはじめたばかりでした。しかし、すでにこの時に中世的商品生産は、それ自身のうちに社会的生産の無政府状態を萌芽として含んでいたのです。

手つむぎの紡錘紡車（前掲『資本論と産業革命の時代』より

中世的生産様式も、末期をむかえる頃になると、先に見てきた「資本の本源的蓄積過程」は、まず単純な協業とマニュファクチュアによっておこなわれていた工業を改造します。これまで分散していた生産手段を、大きな作業場へと集積するのです。このことによって、個々人の中世的な生産手段は、社会的手段への転化を遂げます。しかし、この転化は、全体としての交換形態には、影響を及ぼしはしませんでした。古くからの生産物の取得形態は、そのままで効力をもっていたのです。そして、そこに資本家があらわれたというわけです。資本家は、相変わらず生産手段の私的所有者としての資格で、生産物を自分のものとし、それを商品にしました。生産は、社会的行為になったにもかかわらず、商品交換も、生産物の取得も、そのまま前代と変わらず、個人的行為であったのです。これは根本的な矛盾です。そこから、資本主義社会がその矛盾の中で運動し、大工業が明るみにさらけだすところの、一切の矛盾が生まれるのです。

イギリスの紡績工場（1835年頃）（前掲『伝記アルバム』より）

　他方では、今見てきたように、直接生産者、すなわち労働主体である人間の生産手段からの分離が進行します。富の源泉である土地からは引き離され、自らの生産用具を失った根なし草同然の労働者が、終身賃金労働者を宣告されて社会に放り出されるのです。社会は、労働者と資本家の対立が支配的な分裂状態をむかえます。商品生産を支配する法則がますます顕著になり、その作用がますます強められ、際限のない市場競争が激化します。個々の経営内の社会的組織と、総生産における社会的無政府状態との矛盾が深刻になってゆきます。市場競争のために機械設備を改良することが経営主にとっての至上命題となり、それが結果として、労働者の解雇につながるのです。これは、マルクスのいう「産業予備軍」が準備されることを意味します。このことがまた、労働者の賃金を抑制することにもなります。そして、市場競争の強制法則が経営主に働き、無制限な生産拡張へと駆り立ててゆきます。

　このような両側面から、前代では見られることのなかった生産力の急速な発達が遂げられ、需要に対する供給の超過、過剰生産、市場の過充が許容限度をはるかに超え、不況と恐慌の悪循環がはじまることになります。それは、社会の中に、一方における生産手段と生産物の過剰と、他方における仕事も生活手段もない労働者の過剰としてあらわれます。世の中にものがあり余るほど溢《あふ》れながら、労働者は貧困に苦しむという、不思議な現象が現出するのです。これは、資本主義以前の中世にも、古代にも、原始共同体

ベッセマー式回転炉による鉄鋼生産現場（1850年代）
（前掲『伝記アルバム』より）

の社会にも見られなかったことです。しかし、この現象は、不思議でもなんでもなく、資本主義自身に内在する法則によって現出したものにほかならないことを、マルクスは、資本主義の経済研究の集大成である『資本論』の中で解明したのです。

こうした生産の無政府性は、資本主義の基本矛盾の現象形態であり、資本主義の運動法則は、資本の蓄積＝再生産であり、そして集中・集積がこの運動法則を貫いています。やがて、少数の大資本のもとへ生産手段の集積がすすみます。資本集中の二大槓杆《こうかん》は、競争と信用です。資本間の競争は、商品を安くすることによっておこなわれます。商品の安さは、技術革新や労賃の引き下げによる労働の生産性によって決まります。この生産性はまた、規模拡大によっても決まるのです。したがって、大資本は、小資本を倒し、集中・吸収・併呑《へいどん》・合併するしかありません。また、信用によって、諸資本の集中、資本による資本の吸引、合併、資本結合、株式会社設立などがおこなわれ、集積が促進されるのです。こうした社会現象は、資本主義社会にあっては、決して特殊なことではなく、日常茶飯事の如くおこなわれていることであって、今日の日本社会を見るだけでもよく分かることです。

資本主義の成立とともに、自由競争の時代がはじまりました。自由競争は資本の蓄積・集中運動を促進し、少数の大資本のもとへと生産手段の集積をもたらしました。その結果として、巨大な独占資本主義が形成され、これとともに資本主義の独占資本主義時代への移行がおこなわれるのです。

『資本論』でマルクスは、資本主義が一方において、生産力を無制限に発展させ、他方では、この生産力を手段に無限の価値増殖を目的としていること、この二つが相容れないということ、このことに資本主義の矛盾を見ています。そして、資本主義の歴史的使命は、生産力を無制限に発展させ、それに対応した大工業と世界市場を創出することに

失業した織布工の一家（1860年頃）（前掲『伝記アルバム』より）

ありますが、『資本論』は、大工業のもつ突発的で飛躍的な拡張能力と、世界市場向けの生産の増大が、周期的に全般的過剰生産を発生させ、その結果、社会的生産の盲目性・無政府性、その極致としての恐慌、さらには世界市場恐慌が引き起こされることが避けられないことを、論証しているのです。

　不況や恐慌がおこると、多数の起業家が破産して借金を背負い込み、労働者は失業と賃金低下と過労に苦しみ、起業家も労働者も、自殺に追い込まれるような惨憺《さんたん》たる状態に陥ってゆきます。今日の不況下の日本社会を思い起こせば、それがいかに深刻であるかが分かるはずです。その意味で、恐慌は、現代社会における最も悲惨な人災と言ってもいいのです。

　人類史上、過去の社会でも、天変地異・凶作・伝染病・戦争などによって、物資の生産が不足をきたし、人々が物の欠乏に苦しむということは、しばしばおこりました。しかし、これらの現象と比べて、資本主義の恐慌には、根本的な違いがあります。恐慌では、生産の不足によってではなく、生産の過剰によって人々が苦しむということなのです。それはまさに人災であり、資本主義に特有のものであるのです。

　恐慌は、決して偶発的に起こる社会現象ではなく、資本主義に内在する法則に基づく自己運動の結果、起こるべくして起こる必然的な現象であることを、マルクスは、イギリスにおける一八二五年のはじめての恐慌以後、一八三六年、一八四七年、一八五七年、一八六六年と、繰り返し一〇年ごとの周期で起こった恐慌を、自らも体験し、その原因を科学的に分析することによって突きとめたのです。ひとたび一定の運行軌道に投げ入れられた天体が、絶えずその運動を繰り返すように、社会的生産も、ひとたび膨張と収縮の交互運動に投げ込まれると、絶え間なくこの運動を繰り返すことになるので、移転する景気の四局面、すなわち活況・好況・恐慌・停滞は、周期性の形態をとることになります。

マルクスがこの世を去ったのは、一八八三年。その後も恐慌は相変わらずおこり、二度の世界大戦による循環の中断や、一九六〇年代のベトナム戦争による恐慌の繰り延べなど、特殊な事情のケースを除くと、恐慌と恐慌の間隔は、一〇年前後になります。一八九〇年、一九〇〇年、一九〇七年、一九二〇年、一九二九年、一九三七年、一九四八年、一九五七年、一九七四年、一九八〇年と、二〇世紀に入っても、恐慌は依然として頑強に繰り返され、その周期運動は今も続けられています。

マルクスが資本主義を徹底的に分析し、それを一大理論体系にまで構築した『資本論』が、二〇世紀全般を通じ、そして百数十年後の二一世紀の今日においても、人々の心を捉えて離さないのは、恐慌の問題一つをとっても、その理論の核心部分が、今なお現実社会の中で生き続けていることを、自明の事実として、世界の人々が知っているからなのです。

マルクスの思想と理論は、それ以前にあらわれた様々な社会主義の思想の豊かな源泉と多様な試みの流れの中にあらわれ、それらの積極的な意義を継承発展させるとともに、それらの弱点を克服することによって、二〇世紀にかけて広範な人々の心を捉え、二〇世紀を革命の世紀として推移させる有力な指導理念となりました。その理念のすぐれた点は、人類史を総括して、人間の社会生活の本来あるべき姿を考え直し、その中から協同的で調和的な未来社会実現の可能性を探り出す姿勢が貫かれていること、そして社会の抑圧、差別、貧困が批判的に考察され、その解消が道義的にも重要な課題として提起されていることにあります。

さらにこの人類史の総括自体、学問的により広範で正確に歴史研究の成果を吸収し、経済学の研究にも基づいて深められたもので、それは同時に、哲学的な世界観の再構築を繰り返しながら、ついに唯物史観の構築に到達するものになっているのです。その歴史観の特質は、人類の歴史を生産力と生産関係との対立に基づく階級社会の発展史として捉えている点であり、そこには人類史の総括のもつ、未来への深い示唆と説得力があります。

マルクスの経済学研究によって、資本主義経済の運動の原理が、その内的矛盾や歴史性とあわせて体系的に解明され、その結果、古典派経済学のせまい自然主義の限界をはるかに超えて、歴史科学としても優れた経済学の原理論が確立されたのです。それは、資本主義の矛盾を学問的に分析する理論基準を提示するものになっています。

また、こうして人類が一九世紀の後半に到達した思想と理論の成果は、資本主義の自己運動の結果として、一方の極には少数の資本家層が、もう一つの極には、根なし草同然の賃金労働者が集積し、後者がやがて社会人口の圧倒的多数を占めるようになり、この「労働者階級」が自覚的に結集することによって、資本主義社会を変革し、未来社会を構築する強力な主体として、必然的に登場してくることを、唯物史観と『資本論』の経済学に基づいて論証しているのです。

4　一九世紀に到達した未来社会論

マルクスの未来社会

マルクス・エンゲルスの功績は、徹底した唯物論哲学を基礎に、人類の始原から近代資本主義に至る人類史の全史を見通して総括しうる唯物史観を確立し、これを「導きの糸」として、経済学の研究によって資本主義の内的矛盾とその運動を解明し、資本主義経済学の原理論を確立した点にあることは、すでに述べたところです。

これにひきかえ、意外に思われるかもしれませんが、マルクスやエンゲルスの膨大な著作の中には、未来社会についての具体的で詳細な体系的プランは、ごく簡単にしか示されていません。すでに見てきたマルクス以前のロバート・オウエンやサン・シモン、フーリエなどによるユートピア的社会主義が、未来社会の詳細な設計図を描いていたのに比べ、あまりにも叙述が少ないのです。このことは、マルクスやエンゲルスの研究の目的・課題の焦点が、当時の状況においてどこにあったのかということにも、おおいに関連しているように思われます。それは、ここでもすでに見てきたように、マルクスにとっては、ヘーゲルの観念論哲学とその社会観の批判からはじまって、さらに、それに対置する唯物史観を確立し、それを「導きの糸」として経済学の本格的な研究に取り組み、資本主義の運動法則を徹底的に解明することが最大の課題であり、またその時代がマルクスに課した最大の課題でもあったからなのです。

それから、もう一つの理由は、一九世紀の後半には、すでに資本主義は確立していたものの、まだ発展途上にあったということです。マルクス自身の理論からしても、社会革命は資本主義に内在する法則にしたがい、生産力の一定の高まりによって、生産関係が変革されること、また変革主体としての労働者階級の質と量の一定の発展水準を待たなければならないこと、こうした条件が具体的に把握できていない段階で、未来の具体的プラン・見取図を詳細に提示すること自体、慎重であるべきだという考えに基づいていたのだと思います。

たしかに、マルクス・エンゲルスは、資本主義を克服し、それにかわる未来社会への壮大な展望を、人類史を総括し、資本主義社会の運動法則の解明を通じて、社会主義・共産主義への移行の必然性を示すことによって成し得ましたが、未来社会についての具体的で詳細な設計図やプランの提示には、以上のような理由で、極めて慎重であったのは事実です。しかし、全くこの問題に触れていなかったということではありません。

マルクスとエンゲルスの共同執筆による歴史的文書、『共産党宣言』（一八四八年）の中には、資本主義にかわる未来社会についての比較的まとまった、大まかな叙述があります。

その中では、まずはじめに、今日までのあらゆる社会の歴史は、階級闘争の歴史であるとおさえた上で、労働者革命の第一歩は、労働者階級を支配階級にまで高めること、民主主義を闘いとることである、と述べています。そして、労働者階級は、資本家から次第にいっさいの資本をうばいとり、いっさいの生産用具を、国家、すなわち支配階級として組織された労働者階級の手に集中し、生産諸力の量をできるだけ急速に増大させるために、その政治的支配を利用するであろう、と述べています。

もちろんこのことは、はじめは所有権と資本主義的生産諸関係への専制的な規制を通じてのみ、おこなわれるものであり、したがって、これらは、経済的には不十分で、長もちしえないように見えるが、運動がすすむにつれて自分自身をのりこえて前進し、しかも全生産様式を変革する手段として不可欠であるような諸方策によってのみ、おこなわれるのである、としています。

これらの方策は当然、国によって色々であろう。しかし、

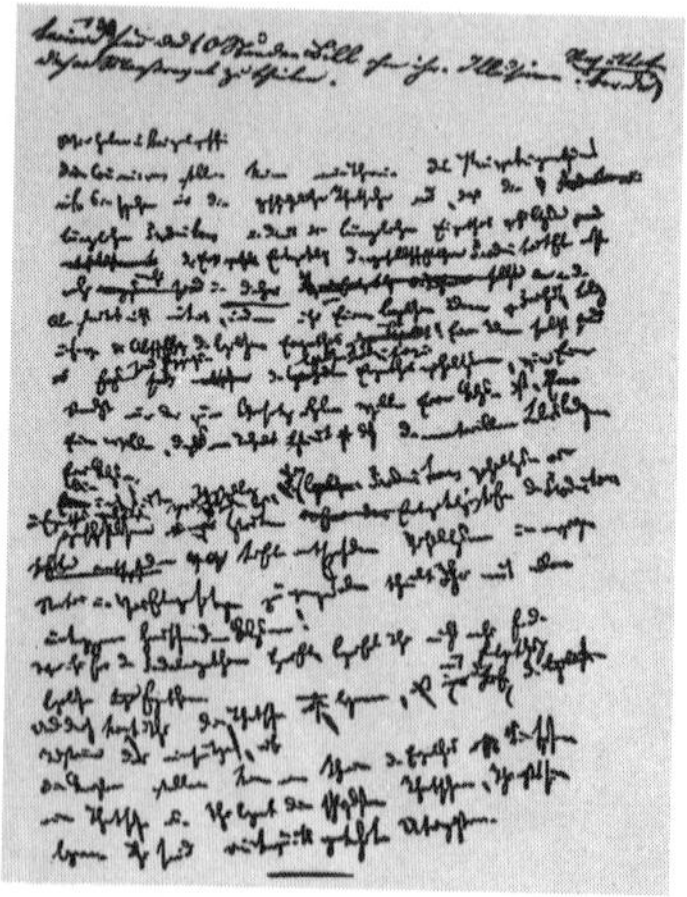

『共産党宣言』のマルクスの自筆原稿　保存されている唯一のページ。上段2行は妻イェニーによって書かれている。（前掲『伝記アルバム』より）

最もすすんだ国々では、次のような諸方策がかなり全般的に適用されるであろう。……こう述べた上で、次の一〇項目の方策が挙げられています。

一　土地所有を収奪し、地代を国家の経費にあてる。
二　強度の累進税。
三　相続権の廃止。
四　亡命者、反逆者の財産没収。
五　国立銀行を通じて信用を国家の手に集中。
六　運輸機関を国家の手に集中。
七　国有工場、生産用具の増加、共同の計画による土地の耕地化と改良。
八　万人に対する平等の労働義務、産業軍の編成、とくに農業のための産業軍の編成。
九　農業と工業の経営の結合、都市と農村の対立の漸次的除去。
十　すべての児童の公的無償教育。現在の形態の児童の工場労働の廃止。教育と物質的生産の結合、その他。

（マルクス・エンゲルス『共産党宣言』国民文庫、一九八七年より）

その上で、次のような叙述がつづきます。

このような方策が現実に実施され、社会の発展がすすむにつれて、階級の差別が消滅し、すべての生産が協同したそれぞれの個人の手に集中されたあかつきには、公的権力は政治的な性格を失うのである。労働者階級は、資本家階級との闘争において必然的に自らを階級に結成し、やがて革命によって自らが支配的階級となり、そのことによって強制的に旧生産関係を廃止する。他方、この生産関係の廃止とともに、階級対立の存在条件は失われ、階級支配は永遠になくなるのである。階級対立をともなう旧資本主義社会にかわって、各人の自由な発展が、万人の自由な発展の条件となるような一つの協同社会があらわれる。……

（マルクス・エンゲルス『共産党宣言』国民文庫、一九八七年より要約）

以上が、この『宣言』の中の未来社会論に直接かかわる部分の要約です。これが、一八四八年の段階でマルクス・エンゲルスが考えていた、労働者階級による資本主義体制

パブで労働者と語るマルクス

からの権力の奪取の構想であり、それによって成立する労働者階級の主導権による政治的支配のもとでの基本的方策と社会変革の大まかなプロセスであり、その結果、最終的にあらわれる協同社会の未来像です。これは、決して具体的で詳細な見取り図であるとはいえませんが、その方向性は、示されています。

私たちが現に生きている今日の日本社会の現状や、当面する課題からすれば、この施策は、いかにも現実からかけ離れた、そして乱暴で強引な感をまぬがれません。しかし、思えばこれが執筆された一八四八年の年といえば、イギリスは、一八二五年にはじまる初めての恐慌以来、幾たびかの周期的恐慌に見舞われ、その社会は揺れに揺れ動き、失業と低賃金と貧困と飢えの苦しみの中で、労働者は喘《あえ》ぎ、労働運動は、未曾有の高まりを見せていたのです。この文書は、こうした状況下で暮らしていた多くの労働者や、一般市民にむけて書かれたものであることを、想起しなければなりません。

そしてまた、それ以来、百数十年経った今日の私たちの社会においても、人々は、今なお不況、倒産、失業に苦しみ、年間自殺者三万数千人という現実や、少年・少女犯罪の急増、将来不安など様々な問題を抱え、打開の道を見出せずに、どうしようもない閉塞感にさいなまれていることを思う時、現代資本主義社会の支配の手口がますます巧妙になり、表面的にはいかにも民主的で温和で、自由な社会であるかのように装《よそお》われながらも、実は社会の本質は、いっこうに変わっていないことに気づかされるのです。

と同時に、資本と労働が対立する人類最後の階級社会を止揚することによって、人類始原の自由と平等と友愛の自然状態、つまり「各人の自由な発展が、万人の自由な発展の条件となるような、一つの協同社会」へと回帰してゆこうとする、人類の未来への壮大な展望が、今日においてもなお、この『宣言』の文書全体から、彷彿《ほうふつ》として伝わってくるのです。

導き出された「共有化論」、その成立条件

資本主義は、剰余労働の搾取に基づく奴隷制、封建制、

資本主義の三つの階級社会の中の最後の形態ですが、資本主義の歴史的位置とその役割は、それだけにとどまりません。「資本の本源的蓄積過程」は、原始共同体の遺制も、奴隷制、農奴制の人身隷属《れいぞく》的形態も、農民・商工業者の小経営的形態をも、一切合切《いっさいがっさい》解体しつつ、ついには直接生産者と生産手段（生産用具と土地など）との分離の最後の形態、すなわち生産手段を所有する資本家と、生産手段を失った賃金労働者という二大階級関係の支配的な社会につくりかえたのです。そこではものだけではなく、人間の労働そのものも商品となるような、全面的に発達した商品生産の社会であることは、すでに説明してきたところです。

こうした社会の特質は、全面的商品生産、つまり、商品が富の支配的形態であるということと、剰余価値それ自体の生産が目的になっているということ、この二点に集約されています。このことから生産の無政府状態が必然的にあらわれざるをえず、社会的生産が、意識的・計画的に均衡を保ちながら進行するのではなく、盲目的・無秩序におこなわれることを意味するのです。そしてやがて、不況・恐慌へと突きすすみ、最終的には世界市場恐慌となって暴発します。この恐慌が周期的に繰り返されてきたことについても、すでに見てきたとおりです。これが一九世紀に新しく人類に突きつけられ、解決しなければならなかった最大の課題であったのです。

人類史上にあらわれた私的所有、そしてそのたゆまぬ発展によって、直接生産者と生産手段との分離の最後の形態が出現し、社会の大多数の人々が生産手段から引き離され無所有になり、一握りの少数の資本家に生産手段が私的に所有され集中する。その結果、生産が社会的行為になっているのにもかかわらず、社会的生産物は個別的私的な資本家によって取得され、交換される。これが、資本主義社会の根本的な矛盾であったのです。

資本主義社会で人々が直面する様々な困難を最終的に克服し解決するには、根本にあるこの矛盾を解決しなければなりません。マルクス・エンゲルスは、結局、生産手段が私的に所有され集中している状態を止揚し、生産手段を資本としてのこれまでの性質から解放し、生産手段に社会的性格を完全に与える条件を整えなければならないと考えたのです。こうしてはじめて、あらかじめ決定された計画による社会的な生産が可能になると見たのです。結局、生産手段の社会的共有に基づく「協同社会」による以外に、この人類に課せられた根本矛盾の解決は望むべくもなく、したがって、労働者階級は、公的権力を掌握して、民主主義的国家制度を樹立し、この権力によって、資本家階級の手からすべり落ちつつある社会的生産手段を、公共の財産に転化しなければならない、という結論に達したのです。

以上が、『共産党宣言』の中で描かれた、生産手段の社会的規模での共有化による未来社会としての「協同社会」であり、これが構想された時代背景であり、社会的背景であるのです。

では、社会的規模での共同所有を基礎に、「各人の自由な発展が、万人の自由な発展の条件となるような一つの協同社会」というこの目標にむかって、どのように社会変革の主体が形成され、どのようなプロセスを経て、それが達成されるのでしょうか。それについては、『宣言』では、具体的にはほとんど述べられていません。『宣言』ではただ、「労働者革命の第一歩は、労働者階級を支配階級に高めること。民主主義をたたかいとることである」、とだけしか書かれていません。どのようにして変革の主体が具体的に形成されてゆくかについての言及が不明確であることが、後に二〇世紀に入って、社会革命の実践に大きな混乱を招く原因にもなったのですが、これについては、後ほどまた触れたいと思います。

ところで、この『宣言』が出版された数ヵ月前の一八四七年十月下旬、『宣言』の共同執筆者であるエンゲルスは、彼の著書『共産主義の原理』の中で、この革命は、どんな発展の道を辿るのだろうか？という市民の質問に対して、次のように答えています。

ある労働者教育協会の集会（1868年）（前掲『伝記アルバム』より）

それはなによりもまず、民主主義的国家制度を、そしてそれによって、直接にまたは間接に、労働者階級の政治的支配をうちたてるであろう。イギリスのように労働者階級がもう人民の大多数をしめているところでは直接に、フランスやドイツのように人民の大多数が労働者階級だけでなく小農民や小市民からなっている国々では間接に。この小農民や小市民は、いまやっと労働者階級のがわに移行しはじめ、その政治上のすべての利益も全面的にますます労働者階級に依存するようになり、したがって、遠からず労働者階級の要求にむすびつくにちがいない。このためには、おそらく第二の闘争が必要であろう。だがその闘争は、労働者階級の勝利をもって終わるほかない。

（エンゲルス「共産主義の原理」『共産党宣言』国民文庫、一九八七年より）

このエンゲルスの説明によって、さきの『宣言』の中の「労働者革命の第一歩は、労働者階級を支配階級に高めること、民主主義をたたかいとることである」の内容が、おぼろげながら見えてくるように思います。と同時に、この文章の後に続くくだりと合わせて読むと、次のことが明確になってきます。つまり、労働者階級が民主主義的国家制度を樹立し、労働者階級の主導権のもとに、いっさいの生産手段を国家に集中し、生産力をできる限り急速に増大させてゆく。そのためには、さきの一〇項目の方策を実行することによって、全生産様式を変革し、階級と階級対立をともなう旧資本主義社会にかわって、「各人の自由な発展が、万人の自由な発展の条件になるような一つの協同社会」が生まれる、ということなのです。

また、ここで注目しておきたいことは、以下の点です。それは、この「民主主義的国家」が実行すべきこの一〇項目の方策についても、これでなければならないということではなくて、極めて柔軟に扱われていることです。この方策は、国の実状や社会の発展段階によっていろいろであることとわった上で、全生産様式を変革する手段として不可欠な諸方策であること、そして最もすすんだ国では、次の諸方策がかなり全般的に適用されるであろうとして、さきの一〇項目の方策を列記していることからも、そのことは推察できます。最もすすんだ国というのは、後で引用する『共産主義の原理』の中の叙述からも分かるのですが、イギリス、アメリカ、フランス、ドイツを想定しているようです。つまり、これらの先進資本主義国では、社会的規模での共同所有を確立してゆくには、こうした一〇項目の具体的な方策を実行することによってはじめて可能になるのだ、ということが理解できるように例示した以上のものではなく、客観的状況によって、極めて流動的に考えられた方策であったと考える方が正しいと思います。

マルクス・エンゲルスが、未来社会についての具体的な見取図を詳細に描くことには、極めて慎重であったということについては、前にも述べましたが、この理由のほかに、その当時、すでに資本の論理によって、経済は世界的規模に拡大し、多くの国々がお互いに極めて複雑密接にからみあいながら、一つの世界を形成していたことも、想起しなければなりません。ですから、世界は、一国規模で予測できるような限度をはるかに超えた現実があったのです。それだけに、不確定な要素が以前にも増して多かったといわなければなりません。と同時に、資本主義という経済の大海の中に、原理的にも異質の経済システムを築くことが、いかに困難であるかということが自覚されていたからなのです。

こうした観点から、エンゲルスは、この革命は、ただ一国だけでおこりうるだろうか？という問いに対しても、前掲の『共産主義の原理』の中で、次のように答えています。

国際労働者協会バーゼル大会に参加した代議員たち（1869年）。左下は、同協会のバーゼル支部（スイス）の旗（前掲『伝記アルバム』より）

いや、おこりえない。大工業は世界市場をつくりだして、すでに地球上のすべての人民、とりわけ文明国の人民をたがいにむすびつけているので、どこの国の人民も、よその国におこったことに依存している。…この点で大工業は、文明国における社会の発展を、すでに均等にしてしまっている。だから共産主義革命は、けっしてただ一国だけのものでなく、すべての文明国で、いいかえると、すくなくとも、イギリス、アメリカ、フランス、ドイツで、同時におこる革命となるであろう。この革命は、これらの国々で、どの国が他よりも発達した工業、より大きな富、また生産力のより大きな量をもつかにしたがって、急激に、あるいは緩慢に発展するであろう。……それは、世界の他の国々にも同じようにいちじるしい反作用をおよぼし、それらの国々のこれまでの発展様式をまったく一変させ、非常に促進させるであろう。それは一つの世界革命であり、したがって世界的な地盤でおこるだろう。

こう述べています。さきの『宣言』では、全体として、唯物史観の全体系から見るならば、どちらかといえば、歴史における人間の主体的実践の果たすべき役割が前面に出て、変革主体としての労働者階級の果たす意義が、より強調されているように思われます。それに対して、新しい社会の建設が当面の課題として意識される場合には、このエンゲルスの答えにもあるように、生産力の規定性が前面にあらわれ、社会の発展には、人々の意識から独立した客観的な合法則性が貫くとする「自然史的過程」が強調され、人間の主体的実践の果たすべき役割が、やや後方に退いている感が否めません。それにしても、この革命そのものが、人類史上、それ以前の過去の社会構成体の移行期にあらわれたどの革命とも、比べようもなく複雑にして困難な問題を、その革命の歴史的性格上、初期の段階から抱えざるをえない運命にあったことが、この説明からも伝わってくるのです。

ですから、こうした複雑で流動的な、しかも世界的な規模での連関の中で想定される、労働者階級の主導権による「民主主義的国家」の樹立と、その役割、およびそれが打ち出すべき方策について、その社会の客観的条件や歴史的諸条件、それをとりまく世界史の発展段階などを無視した形で固定的に考えること自体が、もともと無意味なことであったのです。

事実、マルクス自身がその後も、一八四八年に『宣言』で述べたことに修正を加えています。『宣言』から二十三年後の一八七一年におこったパリ・コミューンの実践的経験から学んでの修正です。マルクスは、『共産党宣言』への一八七二年ドイツ語版への序文の中で、『宣言』の一〇項目の革命的諸方策は、それら一般的諸原則を歴史的与件の中において、実際にどう適用するかにかかわるところである、と注意を喚起するとともに、とくにパリ・コミューンが、「労働者階級は、既成の国家機関をそのままうばいとって、それを自分自身の目的のために動かすことはできない」という証明を提供した、と指摘しています。これは、マルクスがコミューンの経験から、極めて大切なことを学びとったことを物語っています。今日の私たちにも、これは重大な示唆を与えてくれています。これについては、次の章でも、あらためて敷衍《ふえん》して触れることになると思います。

マルクスは、その時より二十三年前に『宣言』の中で、労働者階級は「すべての生産用具を国家の手に、すなわち支配階級として組織された労働者階級の手に集中」する、としていた点に修正を加え、国家機構自体をコミューン的に変革しなければならないと、痛切に感じとったのです。そして、来たるべき新しい国家の内実を、より具体的に捉えはじめたといっていいのです。

また、パリ・コミューンの四年半後の一八七五年に書かれたマルクスの『ゴータ綱領批判』には、「資本主義社会と共産主義社会とのあいだには、前者から後者への革命的転化の時期がある。この時期に照応してまた政治上の過渡期がある。この時期の国家は、労働者階級の革命的執権以外のなにものでもありえない」という有名な規定がありま

パリ・コミューン成立の宣言　市庁前での宣言に歓呼する市民。（前掲『伝記アルバム』より）

す。

これもやはり、マルクスがパリ・コミューンを分析し、その結果ひきだされた国家論の発展を示すものです。そしてマルクスは、この過渡期の段階を「資本主義社会から生まれたばかりの共産主義社会の一段階」とし、この段階では、「個々の生産者は、彼が社会に与えたものと正確に同じだけのものを―控除をした上で―返してもらう。個々の生産者が社会に与えるものは彼の個人的労働量である」としています。

そしてここでは、平等の権利は、まだやはり資本主義的な権利であり、こうした欠陥は、長い生みの苦しみの後、資本主義社会から生まれたばかりの共産主義社会の第一段階においては、避けられないとしています。

そして「共産主義社会のより高度の段階では、諸個人が分業に奴隷的に従事することがなくなり、それとともに精神労働と肉体労働の対立がなくなったのち、労働がたんに生活のための手段であるだけでなく、労働そのものが第一の生命欲求となったのち、諸個人の全面的な発展にともなって、また彼らの生産力も増大し、協同的富のあらゆる泉がいっそう豊かに湧きでるようになったのち、―そのときはじめて資本主義的権利の狭い視界を完全に踏みこえることができ、社会はその旗の上にこう書くことができる―各人はその能力に応じて、各人にはその必要に応じて！」こう述べて、二十三年前に『宣言』で述べた未来社会についての自らの命題と理論を、パリ・コミューンという現実世界でおこった経験から深く学びとって、より厳密なものに補正していることが分かります。

ここで強調したかったことは、今挙げたいくつかの事例からも分かるように、理論は客観的世界の中ではあくまでも相対的であって、特に社会科学の分野においては、客観的な現実世界が変われば、そこには新たに豊かな事実が無限に派生するものであり、それを大胆に組み込むことによってはじめて、理論は深まり発展してゆくものだということです。このことからも、私たちは、人類の先人たちの理論を固定的に教条的に捉えるのではなく、あくまでも現実世界の発展の中にしっかりと位置づけ、その上で人類の叡知である思想や理論を批判的に取捨し、あるいは継承し発展させてゆくことが大切であり、必要なことであるといえます。

また、人類史上、先行の思想と理論から断絶したところでは、優れた思想や理論が生まれた試しはありません。今まで見てきたように、マルクス自身の思想と理論もそうであったように、これから先も、そのようになるにちがいありません。すべての思想あるいは理論が、「否定の否定」によって発展してきたというこの弁証法は、思惟《しい》の世界においても、現実世界を反映し、貫徹しているのです。

今こそ一九世紀理論の総括の上に

初期マルクスに多大な影響を与え、ドイツ観念哲学の最高峰を築いたヘーゲルは、一九世紀の前半、一八三一年に、そして社会主義思想に先駆的足跡を残し、その後にあらわれたマルクスやエンゲルスたちの社会主義思想の生成過程に、ある意味では先駆者として光明を照らしつづけたロバート・オウエンも、一八五八年にすでにこの世を去っています。

マルクス自身がこの世を去ったのは、一八八三年。マルクスの生涯の無二の親友であり、ひとつの目標をめざして共に苦闘し研究をつづけてきたエンゲルスが亡くなったのは、それから十二年後の一八九五年でした。著名な工芸家にして社会主義運動に身を投じ、多彩な芸術活動を実践したウィリアム・モリスは、その一年後の一八九六年にこの世を去っています。イギリスの生物学者で進化論を首唱し、生物学、社会科学および一般思想界に画期的な影響を与え、唯物史観の生成過程にも深く影響をおよぼしたダーウィンは、やはり一九世紀の末、一八八二年にこの世を去っています。

こうして、人類史に一時代を画すことになった、思想と理論の創出の一九世紀はおわったのです。

しかし、この一九世紀の資本主義超克の思想と理論の体系は、資本主義の社会システムそのものとともに、二〇世紀に引き継がれることになります。二〇世紀の資本主義は、それまで以上に、自己自身の内に自己を否定する客観的・物質的要因を拡大再生産しながら、同時に、自らが産み落とした自己否定の思想と理論の体系を、ある意味では、二重に内包しつつ、自己運動を続けなければならないことになるのです。二〇世紀は、一九世紀に創出された思想と理論の現実世界への適用と実験、そしてその失敗の繰り返しの時代であったともいえます。

私たちはここで、この一九世紀に到達した思想と理論の体系が、二〇世紀において、人々にどのように受けとめられ、そして、その思想と理論が現実世界にどのように適用され、失敗していったのかを、考えてみなければなりません。また、失敗したのであれば、それはどうしてなのか。その根本にある失敗の要因を、具体的に省察する必要に迫られています。一九世紀の先駆的な理論に、その後の二〇世紀の世界の現実を組み込むことによって、その理論を検証しなければならない時期に来ているのです。

二一世紀をむかえた今、世界の東西陣営のいずれが勝ったのか、負けたのかのつばぜり合いでは、もう、すまされない時に来ています。勝ち組は誇らしげに勝利の宣言を唱え、そこで思考は停止します。そして、鬼の首でも取ったように傲慢《ごうまん》になるのです。一方の負け組も、いとも簡単に観念して、それまでのすべてを洗い流し、魂までも売って、欲の権化《ごんげ》に早変わりします。これが、二一世紀の今日までの悪《あ》しきしきたりであったのです。そこからは、何も生まれてきませんでした。何も生まれないどころか、両者もろとも、まさに我利我欲の世界に、ますます陥っていったのです。そのような勝った負けたは、支配階級の好む言葉であっても、無産の庶民には、もともと無縁のものなのです。

今、私たちに必要なことは、人類がはるか太古の時代から願い、もとめてきた人間の真の解放がなぜ成就できなかったのか、その原因を明らかにすることです。あるいは、その理論そのものがまちがいであったのかどうかをも含めて、根源的に問い直す必要があるのです。いずれにせよ、今まで見てきた、一九世紀の世界が追求してきた先駆的な思想と理論の到達点とその遺産を真摯に受け止め、二〇世紀のその後の世界の現実を冷静に考察し、それを組み込み、公正な目で、新しい道を探り当てなければなりません。

わざわざここで、こうした過去の思想や理論にふれ、その学説の跡を辿ろうとしたのは、それが、それまでの無数にあらわれた思想や理論とはちがって、二〇世紀世界の幾百万、幾千万の民衆の心を捉え、資本主義に対抗する新しい社会を現実世界に築き、資本主義に対置するもうひとつの世界体制へと発展し、そしてその〝実験〟自体は無惨にも失敗におわったとはいえ、そこで追求された人間の自由と平等と友愛の普遍的精神は、二一世紀の今日においても衰えることなく私たちの心の中に生きつづけ、その実現への模索が、たとえそれが小さなものではあっても、今なお、さまざまな形をとって、世界の各地でつづけられているからなのです。

マルクス「共有化論」、その限界と欠陥

資本主義の二百数十年の歴史と今日の世界の現実が示しているように、資本主義が、自己運動の自らの法則によって陥った、市場競争至上主義の弱肉強食の修羅場から脱け出す道を見出せずにいる時、この資本主義超克の道とその

原理とは、一体、何なのかが、今、あらためて問われています。

そこで、話をもう一度、『宣言』で打ち出されている労働者階級の主導権による「民主主義的国家」の樹立と、その政治的支配のもとに実行されるべき一〇項目の方策の問題に戻して、考えてみたいと思います。

まず、『宣言』の一〇項目の方策から検討してみると、工業部門と金融部門については、国有化をめざしていることは、ほぼ間違いないところです。

しかし、農業部門については、具体的にどのようになるのかが、はっきりしていません。「土地を収奪し地代を国家の経費にあてる」とあるので、地主から奪った土地は、農民に分配されるとしても、その所有形態がどのようになるのかは不明です。そのあとにつづいて、「農業のための産業軍を編成する」とありますが、農業の集団的経営であるのか、あるいは都市労働者を動員して作業隊を編成しようとしているのか、それもこの文章からは、はっきりしたことは分かりません。

さきにも紹介した、『宣言』の原案となったエンゲルス執筆の『共産主義の原理』の方には、「国有農場において労働を組織し、あるいはそこに労働者階級を雇用すること」とあるので、やはり国営農場を想定しての記述とも受けとれます。

また、『原理』には、「国民の共同団体のための共同住宅として、国有地に大住宅をつくる。そしてこの共同団体は農業と工業をいとなみ、田園生活と都市生活との長所を結合し、その両生活様式の一面性と不便をまぬかれる」とも述べられています。これなどには、空想的社会主義といわれたロバート・オウエンが実験して失敗した、ニューハーモニーのコミュニティを彷彿とさせるものがあります。もちろん、これは、ロバート・オウエンの場合とはちがって、労働者階級の主導権による「民主主義的国家」が樹立されたもとでの方策ですから、客観的条件が根本的にちがっており、そのようなコミュニティの可能性がまったくない、というわけではありません。

いずれにせよ、農業・農民問題では、工業との関係においても、明確で具体的な方策は、この時点では確立していなかったと見るべきです。農業部門を社会化する、あるいは共有化するにしても、農民の存在形態や、農地など生産手段の所有形態がどうあるべきかが、理論的にもまだ熟していなかったと言わざるを得ません。一方、工業部門と金融部門、それに運輸については、『宣言』では、社会的規模での共有化が明確に打ち出されています。

ここでもう一度、生産手段の共有化の理論、すなわち生産手段の社会的規模での共同所有にもとづく、共同管理・共同運営の道がなぜ浮上してきたのかを、考えてみたいと思います。

「資本の本源的蓄積過程」を通じて、そして資本の論理が貫徹することによって、資本主義以前の原始共同体的、古代奴隷制的、中世封建制的形態といった過去の諸形態のいっさいが解体されます。その過程で、土地や生産用具などの生産手段と直接生産者である人間とが完全に分離し、一方の極には、生産手段から引き離され、自らの労働力を商品として売るほかに生きる術《すべ》をもたない賃金労働者が累積し、もう一方の極には、膨大な生産手段を私的に集積し、所有する資本家が出現します。過剰生産は周期的に恐慌をもたらし、資本主義的生産の無政府状態が生み出されます。こうした中で、これにかわる計画的・意識的に運営される、新たな社会的生産が渇望されるようになったのです。

このような生産力の発展と生産関係の両者の軋《きし》みに起因する、社会の根本矛盾を克服する方法として考えられたのが、労働者階級の主導権による「民主主義的国家」の樹立と、その政治的支配のもとでの生産手段の社会的規模での共同所有であったといえます。さきの『宣言』の一〇項目の方策は、この共同所有を実現させるための実践的な方策であったのです。

今、指摘してきたように、『宣言』では、農業部門、特に農民の位置づけと土地など生産手段の所有形態が、将来どのようになるべきなのかが、はっきりしないだけではなく、工業部門と農業部門との関連が、具体的に見えてきません。それはそれとして、不明な部分があるということだけはおさえた上で、工業部門における社会的規模での共同所有は、果たしてどのように具体的に実現されることになるのでしょうか。例えば、抑圧された労働者が、それに抗して合法的な示威《しい》運動やストライキによって行動に起ちあがり、政権を崩壊に導くか、あるいは普通選挙を通じて議会の多数派を形成するか、あるいはその他の方法によるか、そのいずれにせよ、労働者階級の主導権による「民主主義的国家」の樹立が実現し、この政治的支配のもとに、この一〇項目の方策が実行に移され、社会的規模での共同所有が実現されてゆくという道筋が想定されます。

とすれば、政権が樹立された場合、この政権のもとに結集する労働者階級をはじめとする広範な小農民や小市民の主体的力量が、決定的に重要になってきます。その側面から考えてみると、次のような懸念が湧いてきます。

たしかに、賃金労働者は、自らの労働力以外に失うものは何もないのであるから、政権の奪取と樹立に至るまでの過程では、その革命性が一時的には、おおいに発揮されることは分かります。しかし、いったん政権が樹立された後の、肝心の新しい社会の建設期の長い長い道のりでは、はたしてその革命性は、そのまま維持されるものなのでしょうか。

そのことを的確に予想するためには、ここに結集した「賃金労働者」という人間存在の形態そのものの性格を、もっと厳密に捉える必要があります。賃金労働者というものは、繰り返し述べてきたように、土地や生産用具、すなわち生産手段をもっていません。ですから、そのままでは家族小経営を営む主体には、もちろんなり得ません。このことは、賃金労働者の主体形成にとって、何を意味しているのでしょうか。

これまで家族小経営は、その狭隘《きょうあい》性が指摘され、社会の変革に対しては保守的で、革命推進の阻害要因になると見なされ、しばしば否定的に扱われてきました。しかし、それはあまりにも性急で、一面的な見解であるといわなければなりません。むしろ、人間生活のほとんどすべてを占める日常の暮らしの中では、人間を鍛錬し、人間性を豊かにする極めて積極的な契機が、家族小経営の中にはあることを認めなければなりません。このことについては、第一章で、縷々《るる》、述べてきたところです。

家族小経営は、人類史上、人間を全面的に発展させるすぐれた「学校」の役割を果たしてきました。自己鍛錬と自己形成の場としてのこうした家族小経営は、将来、それを基礎に、村落共同体、あるいは地域共同体へと広がりを見せながら、人間の共同性や友愛の精神をより普遍的なものへと高め、人間性をいっそう豊かに発展させてゆく可能性をもっているのです。

ところが、「資本の本源的蓄積過程」を通じて、また資本の論理によって、前資本主義的諸形態が解体され、その中からあらわれてきた賃金労働者は、もともと保持していた家族小経営のこうしたすぐれた基盤を、すでに奪われています。ですから、大地から切り離され、浮き草のように不安定な賃金労働者が、たとえ一時期、労働者階級の主導権によって「民主主義的国家」を樹立し、その政府のもとに一国の社会的規模で、幾百万、幾千万、幾億と結集することができたとしても、長期的に見れば、その結集自体、すでにその内部に、将来、社会にとっては極めて重大な危険ですらある否定的因子、すなわち、人間の自己鍛錬と自己形成の具体的な場とプロセスの喪失という否定的側面を、当初から内包していることになるのです。

このことについて、もう少し詳しく考えてみましょう。

もともと社会的規模での共同所有をめざした目的は、前代の資本主義的生産の無政府状態にかわって、計画的・意識的に社会的生産をおこなうことにありました。ですから、当然のことながら、共同所有に対応して、社会的規模での共同管理・共同運営が、考えられることになります。それは、一国規模での幾百万、幾千万、幾億の人口をかかえる社会的規模での共同管理・共同運営が、『宣言』の中にも述べられているように、労働者階級の主導による「民主主義的国家」の権力機構によっておこなわれることを意味するのです。このこと自体が、性急にも、人類史上、人間発達の諸段階を一気に飛び越えるほどの現実離れした、実に高度で厄介きわまりない難題なのですが、一九世紀、人類は、自らの歴史を総括し、この新しい道への実験に挑戦すべく、その課題を自らに突きつけることになったのです。

一国の社会的規模での共同管理・共同運営は、想像するだけで、気の遠くなるような話です。今考え得る一国の社会的規模での共同管理・共同運営の機構のその全体像を、ピラミッドに喩えるならば、その底辺部の土台は、生産手段から引き離された幾百万、幾千万、幾億の根なし草同然の賃金労働者とその家族の大群によって、占められることになります。自立の基盤を失い、自己鍛錬と自己形成の小経営的基盤を失った人間は、個性の多様な発達を阻害され、長期的に見れば画一化の傾向をもたざるをえません。したがって、そのピラミッドの土台は、中央集権的専制支配を許す土壌に転化する危険性を、はじめから孕んでいることになるのです。

一国の社会的規模での計画的・意識的共同運営のためには、「烏合《うごう》の衆」であってはどうにもなりません。どうしても、立法、行政、司法にまたがる全国規模での巨大な組織・機構が不可欠になってきます。末端の地方組織も必要になってくるし、それらを統括する中央の組織・機構も必要になってきます。こうした地方の末端から中央に至る膨大な組織・機構におさまって働くのは、人間なのです。

結局、その巨大な組織・機構は、生産手段から切り離された、つまり家族小経営的基盤を失った幾百万、幾千万の賃金労働者から成るピラミッドの土台から、一握りのエリートを選抜し、その彼らによって運営されることになります。しかも、一国レベルの高度な運営に見合った専門性が

ソ連共産党第27回大会（1986年）　巨大な中央集権的官僚国家を象徴する光景。この整然とした会議の中にも、ソ連邦崩壊への芽は、すでに胚胎していた。（モンゴルで出版された『青少年百科事典』第２巻、ウランバートルより）

要求されます。様々な専門領域の科学者・技術者出身の政治家、高級官僚、技術官僚がますます必要になってきます。こうして、テクノクラートによる巨大な中央集権的官僚機構が育ってゆきます。権力は、ますますピラミッドの底辺から頂点にむかって集中されてゆくことが避けられなくなります。と同時に、ピラミッドの底部では、家族小経営的基盤を失った人間の画一化がますます進行し、そのことがかえって、上からの指令に一層従順な土壌をつくることになります。これは、互いに助け合うという本来の協同の精神を失った、さらさらとした砂地の単粒《たんりゅう》構造（次章で詳しく述べる）の土壌のようなものです。この巨大ピラミッドの上部と下部の両者の、こうしたたゆまぬ相互作用によって、中央集権化は、さらに促進されてゆくのです。

　こうして、生産手段の社会的規模での共同所有によって、マルクス・エンゲルスをはじめ、一九世紀の先駆者たちが究極においてめざした、人間の全面的発達と人格の全面的な開花の方向とは逆に、人間の画一化が進行し、めざした国家の死滅に反して、国家の強大化が進行するのです。これが、一九世紀後半に到達したいわゆる「共有化理論」を、二〇世紀に入って適用したソ連・東欧をはじめ、モンゴルその他の社会主義体制諸国が陥った現実でした。

　これは、偶然におこったこととは考えられません。あるいはまた、資本主義の発展水準が低位にあった段階で生産手段の共同所有化がすすめられたためにおこった現象であると、一面的に捉えることも、この問題の本質を正しく省察したことにはなりません。むしろ、それは、資本の論理によって抽出された、賃金労働者という人間の存在形態をどのように捉え、家族小経営を歴史的にどう位置づけ評価するのか、さらにはそれを未来社会にどう位置づけるのか、という問題と、おおいにかかわってくることなのです。

先にも指摘したように、社会的規模での共同所有に基づく社会的規模での共同運営は、人間にとっては、実に高度な難題です。何よりもまず、人間の人格の発達が高度な水準に達していることが、要求されます。未来を長い目で見るならば、人格の発達を保障するものが、ほかでもなく、家族小経営であるのです。端的に述べるならば、この家族小経営を軽視し、人間のいのちの再生産に最低限度必要な土地や生産用具、つまり生産手段を人間から切り離したまま、賃金労働者の大群を一国規模のピラミッドの土台の底部においた状態で、社会的規模での共同所有を重視するあまり、それを先行させること自体に、根本の誤りがあったと見るべきです。

ザスーリチ（1849〜1919）
ロシアの女性革命家。ナロードニキ運動「農村派」に参加し、後にマルクス主義に転じた。（前掲『伝記アルバム』より）

一八四八年の『共産党宣言』では、この共同所有を重視し、これを先行させていたことは明らかです。その後の一八六七年の『資本論』の段階でも、共同所有に基づく社会的規模での共同管理・共同運営によって、資本主義の矛盾を超克するという方向は、若干のニュアンスの違いは見られるものの、大枠において、基本的には変わっていません。

ただ、晩年のマルクス・エンゲルスにおいては、ロシア研究がすすむにつれて、ロシアの農民共同体がロシアの変革の基礎になりうる、というナロードニキの見解を次第に認めるようになってはいます。

一八八一年、プレハーノフたちとロシアからスイスに亡命していたザスーリチ宛てに、再三、出された有名な長文の手紙の中で、マルクスは、オリジナルな資料に材料をもとめて研究した結果、このロシア農民共同体が、ロシアにおける社会的再生の拠点であるということを確信するに至った、と述べています。

また、マルクスの死の前年の一八八二年の『共産党宣言』ロシア語版の序文でも、もしもロシア革命が西ヨーロッパのプロレタリア革命に対する合図となるなら、そして両者が互いに補いあうならば、ロシア農村に見られる土地共有制は、共産主義的発展の出発点となりうる、とも述べています。

これらのことから、一八四八年の『共産党宣言』の時点と比べれば、マルクスは、晩年のこの頃には、圧倒的多数の賃金労働者を実践主体に、生産手段の共同所有に基づく社会的共同運営を実現することによって、資本主義の矛盾を克服しつつ、社会主義に移行するという基本方向は変わらないものの、その移行は、前資本主義的諸形態のすぐれた遺制に依拠しながら、多様な道をとる可能性があるということについては、認めていたことが窺《うかが》えます。

しかし、重要な点は、マルクスのこの指摘は、ロシアにおいて生産手段が社会的規模で共同所有化されたあかつきに、その運営をどうするかが当面の課題になった時、ロシア農村での共有地と共同体の経験が生きてくる、ということを言及したにすぎず、農民の家族小経営とその意義を評価し、それを未来社会につなげ構想することではなかったということです。

こうして、社会主義への移行の多様な道についての考えをさらに深め、具体的な検討がなされることなく、マルクス・エンゲルスは、この世を去っています。

二〇世紀に入ってからおこる、理論の現実への適用・実践上の混乱や重大な誤りの原因も、結局は、人間の死という避けられない事情によって余儀なくされた、マルクス未来社会論の未完によるところが大きいといわなければなりません。それは、とりもなおさず、正確には、一九世紀、人類が到達した叡知の限界であったとも、言うべきなのかもしれません。

そして、一九世紀後半以来、百数十年がたった今、私たちが何よりも重大に受けとめなければならないことは、その後の時代の要請に応え得る、二一世紀の私たち自身の創造的で豊かな未来社会論を未だに展開し得ずにいるということです。この状況を克服することこそが、二一世紀、現代の私たちに残された最大の課題なのではないでしょうか。

第三章　菜園家族レボリューション
――高度自然社会への道――

二一世紀、人々は、
人類始原の、自由と平等と友愛の自然状態を夢見て、
壮大な回帰と止揚《アウフヘーベン》の道を歩みはじめるのです。

1　資本主義を超克する「B型発展の道」

生産手段の「再結合」

前章で見てきたように、一九世紀末までに人類が理論的成果として到達した、生産手段の社会的規模での共同所有、これを基礎にした、社会的規模での共同管理・共同運営という社会実現の道を、ここでは仮に、資本主義超克の「A型発展の道」とします。

これに対して、二〇世紀における、この「A型発展の道」の理論の、現実社会への適用とその実践の総括を踏まえて、新たに二一世紀の今日の時点で、現代の課題関心から導き出されるところの、もうひとつの社会発展の道を、資本主義超克の「B型発展の道」とするならば、それは以下のようなものになります。

すなわち、それは、社会的生産手段の共同所有を先行させる「A型発展の道」ではなく、生産手段（直接生産者が自己の生命の再生産に必要とする最低限の土地や生産用具）と、直接生産者である「現代賃金労働者」との「再結合」を何よりも重視し、これを優先させる社会発展の道であるのです。

つまり、それは、生産手段と人間が有機的に結合していた人類始原の自然状態から、私的所有の発生を契機に、次第に生産手段と直接生産者との分離がはじまり、やがて資本主義を経て、両者が完全に分離してゆく、まさにその過程で新たに生じてくる社会の根本矛盾を、生産手段と、直接生産者である「現代賃金労働者」の両者を「再結合」させることによって、克服する道であるのです。そして、生産手段と「現代賃金労働者」との「再結合」によるこの「B型発展の道」によって、家族小経営の基盤を甦らせ、人間発達の諸条件をも回復させ、人間の全面的発達を促す方向に導くことであるのです。

この「B型発展の道」は、もちろん、さきの『宣言』で述べられている労働者階級の主導権による「民主主義的政府」の樹立が前提になります。この政府は、『宣言』の中では、まず何よりも社会的規模での共同所有を実現するために、そのための一〇項目の方策を打ち出すとされていたのですが、この「B型発展の道」では当然のことながら、それにかわって、直接生産者である「現代賃金労働者」と生産手段との「再結合」を、何よりも優先させ実現させるための独自の諸方策が打ち出されることになります。

夕暮れ　画・前田秀信

生産手段の共同所有化よりも、生産手段と直接生産者である「現代賃金労働者」との「再結合」を優先させるということは、当然のことながら、社会的規模での生産手段の共有化は遅れ、工業・サービス・流通などの第二次・第三次産業の資本主義的私有形態はそのまま残る、ということを意味しています。換言すれば、第一章でも述べたように、資本主義セクターC（Capitalism）と、直接生産者である「現代賃金労働者」と生産手段との「再結合」によって生まれる家族小経営セクターF（Family）と、公共的セクター、これは、今日の資本主義社会の中においても、すでに様々な分野に様々な形で存在し機能しているのですが、これを公共的セクターP（Public）とすれば、この「民主主義的政府」のもとで新たに形成される社会構造は、CFP複合社会ということになります。

　それでは、直接生産者と生産手段との「再結合」によって生まれてくるこの家族小経営の実態とは、一体、どのようなものなのか、ということが問題になってきます。もちろん、直接生産者と生産手段との「再結合」によって、おびただしい数の私的生産手段が新たに発生することになるのですが、新しく樹立された「民主主義的政府」のもとで、当然、これらの生産手段の私的所有は、家族が生きていくために必要な限度内に制限されることになります。こうした一定の枠がなければ、生産手段の小さな私的所有が契機となって、再び階級分化が進展し、やがては資本主義へ逆戻りすることにもなりかねません。そのまま放置しておけば、理論上、歴史は繰り返されることになるでしょう。しかし、新しい社会への明確な目標を堅持している「民主主義的政府」であれば、当然、それを制限する力とその方策をもっているはずです。

　この生産手段の「再結合」で想定される生産手段とは、もちろん大工業の機械設備や工場などではなく、個々の人間にとって生きるために何よりもまず必要な、衣食住、中でも食料を必要最小限度生み出すに必要な、一定限度の

田植え　画・前田秀信

「菜園」と生産用具を指しています。

本書でこれまでにしばしば述べてきた「菜園家族」とは、実は、このようにして生まれてくる家族小経営のことであったのです。

そして、この「菜園家族」の家族構成は、祖父母、夫婦、子供たちといった三世代が、基本的で典型的な「菜園家族」として想定されています。

しかしながら、この「菜園家族」構想においては、三世代「菜園家族」と象徴的に表現はしているものの、その内実は、三世代同居、あるいは三世代近居の居住形態が、おそらくは主流になりながらも、個々人の多様な個性の存在、あるいは本人の個人的意志を越えて、歴史的、社会的、経済的、身体的、健康上の要因等によってつくり出されてきた、人間や家族の様々な「個性」を前提にするならば、当然のことながら、それ以外の様々な組み合わせによる家族構成があらわれたり、あるいは血縁とは無関係に、個人の自由な意志にもとづいて結ばれる様々な形態の「擬似家族」も、想定されるのです。

ところで、第一章でも述べたのですが、家族小経営の基盤は、菜園に限られたわけではありません。第二次・第三次産業である手工業や流通・サービス部門の業種を基盤にした家族小経営も、もちろん含まれています。それにしても、圧倒的多数を占めるのは、やはり菜園を基盤に成立する家族小経営であることにはまちがいありません。第二次・第三次産業の業種を基盤に成立する家族小経営をも含めて、ことわりがない限り「菜園家族」と象徴的に表現することにすると、さきのCFP複合社会は、「菜園家族」を基調とするCFP複合社会ということになります。

さて、この「菜園家族」を基調とするCFP複合社会の形成過程は、高度に発達した資本主義社会の生産力の発展と、生産関係との基本的矛盾による不可避的な衝突——これは、周期的な不況や恐慌となって現象するのですが——これを契機に、その克服過程としてもあらわれてくるものです。当然のことながら、その出発には、生産力が高度に発達した資本主義社会が前提になります。

すでに見てきたように、資本主義の発展によって、社会の一方の極には、人口の圧倒的多数が生活の基盤を失い、根なし草同然の賃金労働者となって累積し、そこへ周期的に過剰生産・過剰雇用、そして不況・恐慌がおそうことになります。リストラの恐怖におびえつつ残業漬けの毎日をおくりながら、ますます低くなってゆく夫の収入。それを補おうと、女性までパートや派遣や請負の不安定労働へと駆り出されてゆきます。そのために、子供は託児所に、老人は介護施設にあずけなければなりません。するとまたその分、お金が必要になり、劣悪な条件のパートなどを渡り歩いてでも働きつづけなければならない、という悪循環に陥ります。自立の基盤を失った家族の不安定性は、いっそうあらわになり、家族本来の機能は空洞化し、家族は崩壊の危機に晒《さら》されます。

仔牛たち　　画・前田秀信

子供の育つ場は失われ、児童の成育に重大な支障をきたすようになります。特に、今日のように生産力が歪められた形で発展した高度情報化社会にあっては、子供たちは自然から隔離され、人工的な環境の中で、バーチャルな世界にますます追いやられてゆきます。大人社会の競争原理が子供たちの世界にも持ち込まれ、教育投資・競争が異常なまでに過熱し、小さな心を苦しめます。子供たちの精神は荒《すさ》み、異常な状態にまで追いつめられ、少年・少女の犯罪は急増します。

人類史上、どの時代にも見られなかった家族の危機的状況が、現代資本主義のこの時代に、はじめてむごい様相を呈してあらわになってきたのです。生産力が高度に発展し、商品化された生産物が溢《あふ》れんばかりに社会をおおいながら、家族生活の危機と人間精神の荒廃は、容赦なく進行してゆきます。

こうした状況の中から、不可避的に合法則的に導き出されてくるものは、生産手段（小土地・生産用具・家屋など）と直接生産者である「現代賃金労働者」との「再結合」による家族小経営の再生であり、それはとりもなおさず、「菜園」を基盤とする「菜園家族」の構築ということであるのです。

もちろんそれは、資本主義以前の段階にあらわれた家族小経営に、そっくりそのまま戻るということではありません。到達した資本主義の生産力水準を維持しつつ、その生産力水準の土台の上に、家族小経営をも発展させるという、第一章でも述べた週休五日制による「菜園家族」構想が、まさにそれに当たるものなのです。

週のうち二日は、資本主義セクターC、あるいは公共セクターPに賃金労働者として勤め、残りの五日は、「菜園」で家族とともに「菜園」の仕事をしつつ、家族とともに暮らすのです。そのため、科学技術の成果が、弱肉強食の悪夢のような馬鹿げた際限のない市場競争に費やされることもなく、「菜園家族」のために必要なインフラなどに振りむけられてゆくことになります。そして、やがて遠い将来には、賃金労働者として働く日数は、さらに減ってゆくこともありえます。

一人の人間が賃金労働者としても働き、「菜園」でも仕事をする。つまり、農夫であり賃金労働者でもあるという、この二重化された人格によって、分業のために分割され、矮小化《わいしょう》された狭小な世界からも解放され、人間の多面的な発達が保障されることになります。家族成員にとっても、様々な世代の人間が、週の大部分の日数をともに暮らし、ともに仕事をするという、人間形成の素晴らしい基盤が築かれることになります。「菜園家族」という自給自足度の高い小経営の単位が社会の中に埋め込まれることによって、結果として、資本主義セクターCでの市場競争原理が抑制され、緩和されることにもつながってゆくのです。

こうして導き出されてきた、直接生産者である「現代賃金労働者」と生産手段との「再結合」による、資本主義超克の「B型発展の道」とは、ほかでもなく、「菜園家族」を基調とするCFP複合社会を経てすすむ道ということであるのです。

「家族」と「地域」の場の統一理論

さて、「菜園家族」と「地域」の関係について、若干、述べたいと思います。

物理学では、空間（field）の各点ごとに、ある物理量Aが与えられている時、Aの場が存在するといい、Aを場の量といいます。力の場、速度の場、電磁場、重力場の類です。物体が有する固有の量を質量といいますが、例えば、万有引力の法則から、二物体間に働く引力は、各々の質量の積に比例すると定義され、二物体間には、重力場が質量と不可分一体のものとして存在しています。

つまり、自然界は、広大な宇宙においても、物質の極小の世界においても、この「物理量」と「場」の統一によって成立しているということが言えます。

そして、自然界のみならず、人間社会においても、「物理量」と「場」の統一の理論は、「家族」（＝「物理量」）と「地域」（＝「場」）の統一理論として生きているように思えてなりません。「家族」と「地域」の不可分一体性、つまり「物理量」と「場」の統一性は、自然界と人間界を貫く摂理であるのかもしれません。

ここでいう「地域」とは、「くみ」とか「むら」とか「惣《そう》」とか「郷《ごう》」とかいった、前近代的な共同体的結合体の積極的な共同性を継承発展させたものを想定しているのですが、いずれにせよ、「菜園家族」は、農的性格の濃いひとつの家族形態であるので、こうした前近代の農業社会において長い年月を重ねて培われてきた共同性を十分に組み込んだ新たな「地域」の中に、しっかりと位置づけ、それと不可分一体のものとして発展させてゆくということが、必要不可欠の条件になります。つまり、「菜園家族」と「地域」は、不可分一体のものとして統一的に捉えられなければならないのです。

一九五〇年代半ばからはじまった高度経済成長によって、日本の国土は、農山村の超過疎化と都市の超過密化が急激に進行し、今や過剰設備、過剰雇用による絶対的過剰供給の、戦後はじめての大不況に陥り、打開策を見失っています。このような状況の中で、「地域」をどう捉えるかということは、極めて大切な問題になってきています。「菜園家族」によって小「地域」をどのように構築し、そしてこれを基盤に、その上位の「地域」、そしてさらに上位の「地域圏《エリア》」をいかに設定し構築してゆくかという問題が、極めて重要になってきているのです。

「菜園家族」構想は、この農山村の超過疎と大都市部の超過密を視野に入れて、のちに詳しく述べることになりますが、〝森と海を結ぶ流域循環型地域圏《エリア》〟を設定し、この流域地域圏《エリア》と「菜園家族」とを不可分一体のものとして捉え、発展させてゆくことを想定しています。

この〝森と海を結ぶ流域地域圏《エリア》〟には、平野部の農村や中小都市、それに中・上流域の農山村部の町村が含まれます。この流域地域圏を基盤に「菜園家族」構想が実現されるには、それをめざす民主主義的な流域地域圏《エリア》自治体の成

画・志村里士

立が、決定的に重要になってきます。流域地域圏《エリア》自治体は、流域の上流の過疎山村にも、平野部の農村にも、「菜園家族」が生まれ育つようにするために、まず、流域地域圏《エリア》内の産業配置を、週休五日制によるワークシェアリングが可能になるように計画し、それを実行に移さなければなりません。

今日、日本の国土では、臨海平野部の大都市に、大工場をはじめ、その他の巨大産業が集中しています。このような産業配置をそのままにしておいて、地方の流域地域圏《エリア》内だけで、週休五日制による「菜園家族」構想を実現するには、おのずと限界があります。

ですから、資本主義超克の「B型発展の道」をめざす「民主主義的政府」は、前にも述べたように、まず生産手段と直接生産者である「現代賃金労働者」との「再結合」を最優先し、「菜園家族」にとって基本的な生産手段である「菜園」、すなわち農地の確保を保障するとともに、大都市部に集中している大工業をはじめとする巨大産業経営体の、長期年次計画にもとづく地方への分割・分散を実行し、地方のそれぞれの流域地域圏《エリア》内に均衡のとれた産業配置を計画し、週休五日制によるワークシェアリングが実施できる条件を整えてゆかなければなりません。こうすることによって、流域地域圏《エリア》内の「菜園家族」は、近隣に通勤可能な週二日分の賃金労働を次第に保障されることになるのです。

　こうして、全国津々浦々に、「菜園家族」と中小工業およびその他の中小産業とのバランスのとれたネットワークが、モザイク状に形成されてゆくことになるでしょう。近隣に週二日の賃金労働を安定的に得られる体制が不動のものとなり、〝森と海を結ぶ流域地域圏《エリア》〟は、やがて、「菜園家族」をベースに、安定的で円熟したそれこそ本物の循環型地域共生社会へと移行してゆくことになるのです。

　「B型発展の道」の何よりも優れた点は、生産手段と「現代賃金労働者」との「再結合」によって、「菜園家族」という家族小経営が確立され、自らが自らの責任において家族小経営を営むということにあります。そこでは、人間にとって大切な創造性がいかんなく発揮され、しかも賃金労働者という性格が加味されていることによって、前近代の農民とは比べようもなく多彩で豊かな人格形成への契機が、当初から自己の内部に内包されることになるのです。

　「菜園家族」は、家族小経営の経営主体として必要不可欠な農的立地条件を維持するためにも、自ずと「地域」の問題に自発的にかかわらずにはいられないようになります。そこから、「地域」での相互扶助や、共通課題の解決のために協同して行動することが、上からの強制によってではなく、自主的にごく当たり前のこととして習得されてゆくのです。こうした日常性の中から、流域地域圏《エリア》自治体への民主的参加が必然的なものとなるでしょう。流域地域圏《エリア》自治体の民主主義は、生きるために共に働き、共に暮らすことが幸せである、という日常性の中から育まれてくるものなのです。

　こうしたごく身近な「地域」や流域地域圏《エリア》自治体への日常的な民主的参加の積み重ねを待ってはじめて、人間は政治的にも鍛錬され、国政への民主的参加においても、形式的ではなく実質的に、その能力と資質をかちとってゆくことが可能になります。民主主義とは、長いプロセスであるのです。このプロセスをぬきにしたものは、それがどんなに素晴らしい理念にもとづく制度であっても、必ず崩れてゆくにちがいありません。

「B型発展の揺籃《ようらん》期」

　資本主義超克の「B型発展の道」の特性について、もうしばらく述べたいと思います。

　「A型発展の道」においては、生産手段の社会的規模での共有化が、社会変革の第一義的な槓杆《こうかん》として位置づけられ、しかもそれは、「A型発展の道」をめざす「民主主義的政府」の樹立によってはじめて、実現の可能性が生まれ

薪割り　　画・前田秀信

てきます。

それに対して、「B型発展の道」の場合は、この発展を目標に掲げる政府の樹立以前においても、個々の直接生産者である「現代賃金労働者」が、実践の意志とある程度の条件さえあれば、部分的ではあっても生産手段（生活に必要な最小限度の農地や生産用具）を獲得し、「菜園家族」をはじめることは不可能ではありません。

例えば、定年退職した年金生活者であるとか、画家や手工芸家や職人などのように特別な技能を持っていて、ある程度の現金収入が安定的に得られる場合とか、あるいは、現在は都会生活者であるけれども、生まれ故郷の農山村に年老いた親がいて、家屋や田畑や山林があり、かつ、その近隣でなにがしかの現金収入が得られる職場さえあれば、「菜園家族」をはじめようと思えば、多少の困難がともなっても、不可能なことではありません。

また、今日の段階でも、すでにはじまっていることなのですが、都会生活よりも自然の中で暮らした方が、人間らしい生活ができ、子供の教育にもよいと考えて、田舎暮らしを実践している人も年々増えてきています。市場競争至上主義のアメリカ型「拡大経済」がますます家族の空洞化をおしすすめ、家族が危機に晒《さら》されている時、人々の志向は、都会から農村へと大きく変わりつつあります。こうした状況下で、「菜園家族」構想への人々の期待も高まり、やがて個々人の努力によって、それが全体からすれば、まだまだ小さな動きではあっても、「菜園家族」的生活の実践が実を結び、その優れた面が周囲の人々に具体的な形で示される時、「地域」の世論は、大きく変わってゆくにちがいありません。

こうした長期にわたる人々の地道な実践の積み重ねによって、地域の人々の意識が変わり、そうした人々の自発的な意識が地方自治体を変え、国政をも変えてゆくことにつながってゆきます。こうして、日常の長期にわたる地道な努力と実践の蓄積によって、地域住民が地方自治体への民主的参加を実質的に実現した時にはじめて、地方自治体は、広範な住民の支持のもとに、「菜園家族」構想を自己の基本政策の最重要課題に据えて、その目標にむかって着実に実践してゆく、本格的段階に移行してゆくことが可能になるのです。

また、資本主義超克の「B型発展の道」の優れた点は、「A型発展の道」のように、権力の奪取によって政治的権力を上から行使し、生産手段を社会的に共有化する道をとるのではなく、社会の圧倒的大多数を占める「現代賃金労働者」と生産手段（土地と生産用具・家屋など）との「再結合」によって、農夫と賃金労働者という二重化された人格によって構成される、新しいタイプの家族、すなわち週休五日制による「菜園家族」を創出し、地域社会の土台から改造をすすめ、何よりも人間再生を優先させることにあるのです。それはまた、はじめは個々人のレベルに限定されたものではあっても、人間と生産手段が渾然《こんぜん》一体となっていた、人類始原の自由と平等と友愛の自然状態に回帰したいという、人類の長年の悲願の達成をめざすものでもあるのです。

れんげ畑　画・前田秀信

「B型発展」のこの過程は、おそらく長い道のりになるにちがいありません。しかし、こうした日常の地道で長い実践の過程をぬきにしては、人間は変革されることもないし、人間の変革なくして、政治が変わるはずもありません。「B型発展の道」は、一見遅々として進まぬようでいて、実は変革主体の力量が目に見えないところで確実に蓄積され、力強く前進してゆく過程でもあるといえるのです。

たしかに、「A型発展」の場合、生産手段の社会的規模での共同所有は、形式論理的には、その生産手段は社会構成員みんなのものであるから、その社会に属する個々の人のものでもある、と言えるかもしれません。しかし、生産と暮らしの現実世界に生きている人間にとっては、生産手段が社会構成員みんなのものであると言われても、実感としても現実的にも、決してそれが自己のもとに確保された

画・前田秀信

ことにはなりません。生産手段が家族小経営の基盤にしっかりと組み込まれたときにはじめて、その生産手段は、ひとりひとりの人間にとって現実的な意味をもってくるのです。「A型発展の道」の重大な欠陥のひとつは、共同所有を極めて形式論的に捉え、家族小経営のもつ人間形成の優れた側面を過小評価した点にあります。

資本主義超克の「A型発展の道」は、先を急ぐあまり、人間変革の長いプロセスを軽視し、それを欠落させたものであるといわなければなりません。その結果、人間発達の可能性を極度に阻害し、やがては専制支配に道をあける土壌をつくりだしてゆくことにもなったのです。一九世紀後半から二〇世紀にかけての「A型発展の道」の考案者たちは、人間社会を「自然史的過程」として科学的に捉えようと努力したにもかかわらず、なぜか変革主体の成長過程と、その変革主体の力量の評価と見通しについては、一九世紀前半のあの先駆的な思想家や実践家たちが犯した「空想的」現実認識の誤りを、ここでもまた繰り返したというべきなのかもしれません。

「B型発展の道」では、何よりも、社会の未来をめざす人々の、長期にわたる生産と暮らしの日常の実践を通じた自己変革と、国民的意識の高まりの中で、B型発展の「民主主義的政府」が樹立され、この政府の成立をまってはじめて、「菜園家族」を基調とするＣＦＰ複合社会の「本格形成期」がはじまることになります。

この「本格形成期」以前の段階にあっては、「B型発展」をめざす地方自治体は、おそらく全国的にいってもごく少数であり、例外であるにすぎません。その上、「B型発展」をめざす政府はまだ存在していない段階であるので、個々人による「B型発展」をめざす実践は、自治体や政府からの支援は得られるべくもなく、孤立無援の状態で個々人の条件や能力にゆだねられざるをえません。したがって、それは、極めて至難な条件下での実践ではあるのですが、この時期は、「B型発展の本格形成期」を準備する、なくてはならない大切な前段階にあたる、いわば「B型発展の揺籃期」とでもいうべき時期であるのです。

今日、市場競争至上主義のアメリカ型「拡大経済」のもとで、家族の基盤は揺らぎ、家族の空洞化が進行し、家族は崩壊の危機に絶えず晒《さら》されています。商業主義に煽《あお》られた科学技術は、人間の暮らしを極度に人工化し、精神の荒廃は、その極に達しています。このことは、最近の少年・少女犯罪の異常さやその急増傾向を見るだけでも、誰しもが頷《うなず》けることです。にもかかわらず、なされるがままに放置されているのが現状です。こうした状況下で、自らの暮らしと自らの家族を守るまさに自衛の手段として、まだまだ数は少ないけれども、「菜園家族」の道、すなわち「現代賃金労働者」と生産手段との「再結合」による「B型発展の道」への模索と実践が、個々人の努力によってねばり強くはじめられようとしているのです。二一世紀は、こうした傾向が、ますます強まってゆくにちがいありません。こうした状況を見る時、二一世紀の今日の時点で、資本主義超克の「B型発展の揺籃期」は、すでにはじまっていると言ってもいいのです。

森と平野の集落の交流会　集落の子供たちに田植え体験をさせる大人たち。（滋賀県犬上川流域の集落、大君《おじ》ケ《が》畑《はた》と北落《きたおち》）

この「揺籃期」は、資本主義超克の「B型発展の道」の全過程の中でも、最も困難で長期にわたる時代であるのかもしれません。困難ではあるけれども、こうした孤立無援の個々人の実践によって、「菜園家族」の道は開かれ、その芽は寒風に晒されながらも、確かに健《すこ》やかに成長してゆくのです。このような全国各地に散在する数々の「菜園家族」的実践を通じて、人間は鍛えられ成長し、その中から、新たな優れた思想と理論が育《はぐく》まれてくるにちがいありません。

この「B型発展の揺籃期」は、変革主体の形成にとって不可欠の大切な時代です。やがて、実践に立ちむかうこれら個々人が、お互いに助け合う、自主的で自由な相互扶助の小グループを地域内に形成し、二一世紀にふさわしい新しいタイプの「菜園家族」的「営農集落」を形成してゆく可能性は、十分に予測できます。

画・前田秀信

この「揺籃期」は、個々人の実践による自己変革の大切な時代であると同時に、「地域」の中に「B型発展」の「営農集落」が築かれ、「B型発展」の「営農集落」が、「B型発展」の「地域」へ、そしてやがて「B型発展」をめざす「地域」自治体の樹立から、「流域地域圏《エリア》」自治体の樹立へと発展し、さらに「流域地域圏《エリア》」自治体から県自治体の形成へ、そして「中央政府」の樹立へと展開してゆく、いわば一国レベルでの「B型発展」の「中央政府」樹立への準備過程でもあるのです。「中央政府」樹立をもって「B型発展の本格形成期」のはじまりとし、それ以前を準備過程として位置づけ、これを「B型発展の揺籃期」とするのは、そのためです。

この「揺籃期」において、人々を「B型発展の道」の実践的行動に駆り立てるものは、一体、何なのでしょうか。

それは、生産手段と直接生産者である「現代賃金労働者」との「再結合」によって、人類始原の自然状態への回帰と止揚《アウフヘーベン》を成し遂げ、そのことによって再び家族小経営の基盤を取り戻し、家族本来の姿に戻りたいという欲求であるのです。そして、人間と自然との物質代謝の回路を家族の基盤に回復し、人間をもとの姿に甦らせたいという強い願いによるものでもあるのです。

本来、資本主義は、自己の発展法則からして、あらゆる前資本主義的諸形態を解体することによって、自己運動を貫徹してきました。そして、現代資本主義は、市場競争至上主義のアメリカ型「拡大経済」を実現するに至って、もはや前資本主義的諸形態の最後の最小の砦《とりで》である「家族」をも解体しなければ生きのびられない事態にまで、至ったのです。

このような時代に直面して、問題を解決し、矛盾をのり越えるには、かけがえのない〝いのち〟をしっかりと考えの基軸に据えなおし、そこからの発想で、これからの社会のあり方をもう一度、根本的に構想しなおさなければなりません。とすれば、結局、〝いのち〟を育む「家族」を再生することからはじめるよりほかに道はないのです。そこに、直接生産者である「現代賃金労働者」と生産手段との「再結合」による家族小経営の再構築の現代的意義があるのです。と同時に、資本主義超克の「B型発展の道」における、「菜園家族」を基調とするCFP複合社会の必然性も、そこにあるのです。

春の小川　　画・前田秀信

ですから、この「B型発展の揺籃期」は、長い困難な道のりではあるけれども、必ずや人々の自己変革を通じて、身近なところから徐々に民主的政治参加を達成しながら、「地域」から「流域地域圏《エリア》」へ、さらに県へ、そしてやがては一国レベルの中央政府の樹立へと、一歩一歩、着実に力強く歩を進めてゆく可能性が開かれているのです。

生産手段の社会的規模での共同所有化を先行させた「A型発展の道」の誤りは、この人間的自己変革の長いプロセスを欠落させ、資本主義の超克を性急にすすめようとした点にあります。その結果は、旧ソ連社会主義の崩壊で実証されたように、本来、希求し実現すべきはずだった民主主義を、中央集権的専制支配にかえて人民を抑圧し、その結果もたらされた人間形成の基盤と主体性の喪失によって、同時に経済発展をも阻害し、ついには体制全体が崩壊の道を辿った姿です。

「B型発展の揺籃期」は、たしかに苦難にみちた長い道のりであるかもしれません。しかし、考えようによっては、これほど一人一人の人間にとって、生き甲斐のある素晴らしい時代も、他にはないのかもしれません。何よりもまず、個々人に許される条件と可能性を最大限に生かしながら、人類の悲願である生産手段と人間との「再結合」を自らの手で一歩一歩実践し、人間性を回復してゆくのです。これこそが、人間本来の創造の世界の回復であり、人間の労働過程を芸術に転化させるプロセスであり、喜びの世界を取り戻す過程でもあるのです。

こうした個々人の実践が、人と人との相互扶助の精神を育み、人間の輪を、家族の輪を、そして「地域」の輪を多重的に豊かに広げてゆくことになります。人間は、こうした中ではじめて、人間自身をも変革することが可能なのです。

「B型発展の揺籃期」においては、こうした全人格的活動の総和によって、合法則的、必然的に、その水準にふさわしい「地域」自治体、「流域地域圏《エリア》」自治体、県自治体、さらには一国規模のレベルでの政府をも育むことができるのです。

「B型発展の本格形成期」

こうした一国規模レベルの中央政府の誕生によって、「B型発展の本格形成期」ははじまるのですが、ここでは、この「本格形成期」の国家の性格や、政策、そのもとでの社会や経済の基本的仕組みがどうなるかについて、触れたいと思います。

前にも述べたように、「B型発展の揺籃期」では、個々人の努力によって、「現代賃金労働者」と生産手段との「再結合」実現への努力がなされ、「菜園家族」的要素が、地域社会の中に、部分的にではあっても広がりを見せます。こうした中で、住民の圧倒的多数は、次第に「菜園家族」的発展、つまり「B型発展の道」に理解を示し、支持するようになってゆきます。その結果、「本格形成期」をむかえ、住民の大多数によって支持され樹立されるこの政府の下では、これまでに部分的、自然発生的に進展してきた、直接生産者である「現代賃金労働者」と生産手段との「再結合」は、本格的に全面的に展開されることになります。

この場合、政府は、社会的規模での生産手段の共有化ではなく、何よりも優先して、直接生産者である「現代賃金労働者」と生産手段との「再結合」を推進する政策を打ち出し、実行してゆくことになるのですから、資本主義セクターCは、初期の段階では、基本的には、そのまま従来通り存続することになります。そして、「現代賃金労働者」と生産手段との「再結合」が進展するにつれて、週休五日制による「菜園家族」セクター、つまり家族小経営セクターFが漸次、増大してゆくことになります。それにともなって、資本主義セクターCの性格・内実も徐々に変質を遂げ、公共セクターPも、ゆっくりと充実してゆくことになるでしょう。

したがって、資本主義超克の「B型発展の本格形成期」

の社会構造は、「菜園家族」を基調とするＣＦＰ複合社会と規定することができます。このＣＦＰ複合社会の前代にあたる資本主義社会では、賃金労働者が人口の圧倒的多数を占めているのですが、この賃金労働者が、この「Ｂ型発展の本格形成期」において、生産手段との「再結合」によって、「菜園家族」に改造されてゆくことになります。

本来、科学技術は、一貫して発展してゆくものです。したがって、特に工業や商業・サービス部門などの第二次・第三次産業では、将来にむかって社会的必要労働力は、漸次減少してゆくはずです。その結果生ずる第二次・第三次産業の余剰労働力は、週休五日制の「菜園家族」によって吸収されてゆくことになります。市場原理のみが全面的に支配している資本主義社会では、こうした労働力の調整は不可能です。この面でも「Ｂ型発展」の地方自治体や政府の機能は、いかんなく発揮されることになるでしょう。

この「Ｂ型発展の本格形成期」において、国や地方自治体の最も重要な中心的課題は、週休五日制というワークシェアリングを、いかに地域全域に具体的に実現してゆくかということですが、それは、地域住民と企業と行政の三者協定によって、地域内の企業に週休五日制をいかに徹底させるかにかかっています。企業とのねばり強い協議を重ねることによって、結局は、地域の「菜園家族」が発展すれば企業もよくなるのだ、ということが次第に理解されるようになるはずです。

また、この時期のもう一つの中心的課題として挙げなければならない施策は、国や地方自治体の責任において、公共の〝土地バンク〟を設立し、「菜園家族」に農地や宅地を円滑に供給したり、調整したりすることです。同時に、税制の抜本的改革によって、地方自治体の財政自治権を確立し、国や地方自治体の「菜園家族」的インフラへの的確な公共投資を推しすすめ、「菜園家族」を積極的に育成する政策を、計画的に実行してゆく必要があります。

ここで大切なことは、市場競争至上主義経済下における統合による大型化指向を逆転させた原理に基づいて、新たな体制のもとで、〝スモール・イズ・ビューティフル〟の理念を貫徹させることです。つまり、農・林・漁業をはじめ、商業・サービス産業部門において、家族小経営を基盤に据えた産業体制に転換し、地域産業・地場産業を育成・発展させる政策が重要になってきます。

同時に、「Ｂ型発展の本格形成期」のはじめの段階から、国や地方自治体の政策として大切なことは、今日、国土に偏在している巨大企業を分割・分散させ、全国にバランスよく再配置して、「菜園家族」が週二日、自宅から通勤できるような産業体系に再編することです。これは、長期にわたる「菜園家族総合国土発展計画」に基づくものであるべきです。

このように考えてくる時、政府や地方自治体は、CFP複合社会をより豊かに発展させるために、資本主義セクターCを、民主主義的な原則に基づいて規制し、調整することが重要になってきます。

次に、資源の再配分を的確におこなうためには、どうしても金融部門の公共化が必要です。金融部門の国有化や、地域ブロックによる地域融資・地域投資の新しい形態としてのコミュニティバンクなど、公有化の多様な方法も工夫され、検討されるにちがいありません。

大企業のコマーシャル広告料に全面的に依存している、今日の野放図なテレビ・ラジオ・新聞などのマスメディアのあり方は、抜本的に改善されなければなりません。こうした商業主義による精神の退廃ぶりは、少年・少女犯罪の急増が象徴しているように、文化・教育・政治・経済の根底をゆるがし、人々の心を傷つけ悩ましています。マスメディアの本来的公共性とその影響力の大きさを考える時、その公共性と私的所有との矛盾は、今日、暴発の臨界点に達しています。

どんな部門を、どんな規模で、どのような形態で公共セクターPに組み込んでゆくかは、CFP複合社会の発展水準によって、慎重に決められてゆくべき性格のものです。性急であってはなりません。おそらく、この「B型発展の本格形成期」の社会の円熟度や、住民の民主的社会参加の進展によって培われる住民の自治能力によって、この公共セクターPのあり方は決まってくるものでしょう。こうした本格的な公有化は、極めて長期にわたる過程で成されるものであると見るべきです。

さて、資本主義超克の「B型発展の道」における、「菜園家族」を基調とするCFP複合社会の「本格形成期」の際だった特色は、今みてきたことからも自ずと導き出されるように、国内の地域編成としては、徹底した地方分権的なものにならざるを得ないということです。

後にも触れることになりますが、それはおそらく、近世における農的循環型社会の伝統的村落共同体や、その上位の地域編成の特質を、何らかの形で継承したものにならざるを得ないと思います。なぜならばそれは、「B型発展の道」そのものが、農的循環型社会への回帰の側面を、本質的にもっているにほかならないからです。

ＣＦＰ複合社会の本格的形成期においては、土地と生産用具を含む生産手段との「再結合」によって成立する、自立した家族小経営である「菜園家族」（第一次元）を最小の基礎単位にして、その上位のいくつかの次元に、生産手段の共有化ではなく、家事や生産やその他の仕事など、さまざまななりわいでの協同、相互扶助の多種多様な組織が重層的にあらわれてきます。

こうした様々なレベルの協同の組織・団体ひとつひとつを「なりわいとも」と呼ぶならば、まず第二次元にあらわれる数家族からなる相互扶助の協同組織を、さしずめ「くみなりわいとも」と呼ぶことができます。これを簡略して、「くみ」とします。この「くみ」は、数戸の「菜園家族」からなる隣保共同体とでもいうべきもので、日々の家事や育児・介護など日常の細々とした事柄から、農作業あるいは交換・流通、さらには自然災害への備えや救出時の協力に至るまで、常にお互いに助け合う関係にあるものです。

この「くみ」の上位の次元に、「くみ」がいくつか集まって、さらに「村《むら》なりわいとも」（第三次元）があらわれます。現行の行政区画の大字《おおあざ》にあたる集落を基盤に、形成されるものです。この大字は、近世の〝村《むら》〟を基盤にしたものので、形としては、三〇からせいぜい多くて一〇〇家族ぐらいの集落を成しています。今ではもちろん共同体としての内実は大きく変質してしまいましたが、それでも何とか今日に至っています。「村なりわいとも」は、近世の〝村〟の要素を色濃く継承しつつ、新しい時代に止揚《アウフヘーベン》されるものです。

さらにその上位に、五〇から一〇〇個の「村なりわいとも」が集まって、「郡《ぐん》なりわいとも」（第四次元）が形成されます。これは、伝統的な「郡」の地理的範囲に相当し、それはまた、基本的には、〝森と海を結ぶ流域循環型地域圏《エリア》〟である場合が多いのです。

ここでは、極めておおざっぱに説明しましたが、「Ｂ型発展の道」の地域編成、および一次元から四次元に至る「なりわいとも」は、森と野と海を結ぶ水系など、様々な農的立地条件に基づく伝統的な村落形成のあり方をおおいに継承しつつ、形成されることになるはずです。

いずれにせよ、地域社会の基盤に週休五日制による「菜園家族」をおく限り、「なりわいとも」を特質とする相互扶助的共同のネットワークは、〝森と海を結ぶ流域地域圏《エリア》〟社会の基底部から上位まで、「菜園家族」を最小の基礎単位にして、一次元から四次元に至る、土壌学でいうところの「団粒構造《だんりゅうこうぞう》」を形づくりながら、地域の社会的土壌を

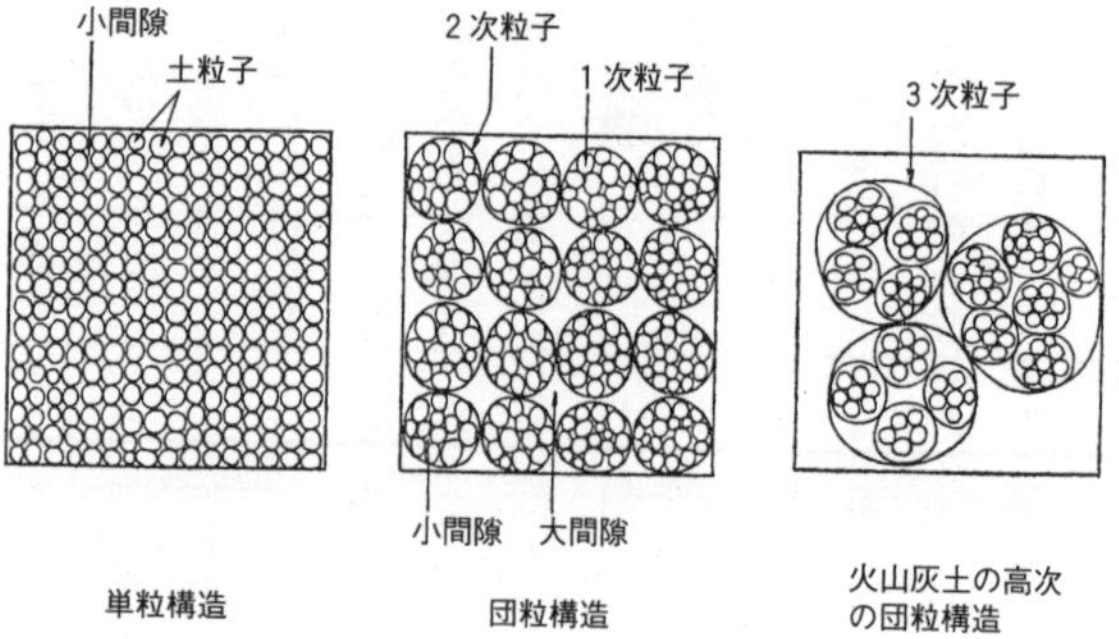

土壌の単粒構造と団粒構造（岩田進午『土のはなし』大月書店より）

豊かに育んでゆくことになります。こうした弾力性のある、通気性のよいふかふかとした畑の土のように、滋養分豊かな団粒構造に仕上げられた地域社会に暮らすことができてはじめて、人間は、自由闊達《かったつ》にのびのびと個性をのばし、心豊かに生きてゆくことができるのです。

さらに、四次元にあらわれる〝森と海を結ぶ流域地域圏《エリア》〟を地理的範囲に形成される「郡なりわいとも」が、その上位の次元でいくつか集まると、くに（古代の風土記にあるような歴史的地域のひとつである、信濃のくに、近江のくになど）の地理的範囲（多くの場合、今日の県の範囲に一致する）に、「くになりわいとも」（第五次元）があらわれます。そして、三次元、四次元、五次元に、任意で自主的な共同の組織としてあらわれるこれら相互扶助的協同組織、つまり「村なりわいとも」、「郡なりわいとも」、「くになりわいとも」のそれぞれの地理的範囲に照応して、公的な地方自治体としては、むら自治体、郡自治体（「流域地域《エリ》圏《ア》」自治体）、くに（県）自治体（広域地域圏自治体）が、それぞれ成立することになります。

各次元にあらわれる任意の協同組織である「なりわいとも」にしても、公的な地方行政としての自治体にしても、いずれも、今日の中央集権的体制下の下部組織や地方自治体とは大きな違いがあります。それらは、それぞれの次元において、それぞれの規模や自然的・地理的条件にふさわしい機能を果たしつつ、独自の政策に基づいて活動する、自由で、極めて自立性の旺盛な任意の協同組織であり、地方行政自治体であるのです。前代にはみられなかったこの優位性は、まさに、「B型発展の道」において、「現代賃金労働者」と生産手段との「再結合」によって成立する、賃金労働者と農夫という二つの性格を兼ね備えた「菜園家族」を基礎単位に、団粒構造につくりあげられる地域社会の、その優れた特質に起因するものであるのです。

「菜園家族」、くみ、むら、郡、くにの各次元にあらわれるこれらの団粒では、いずれもそれぞれの次元において、大なり小なり、大地との自然循環による生活過程が成立しています。それは、最初の一次元にあらわれる基礎団粒である「菜園家族」が、土地と生産用具を含む生産手段との「再結合」を果たし、その結果、農夫と賃金労働者の両義性を獲得し、家族小経営の自立性と安定性を維持しつつ、自然と人間とのあいだの物質代謝過程を復活させているからなのです。

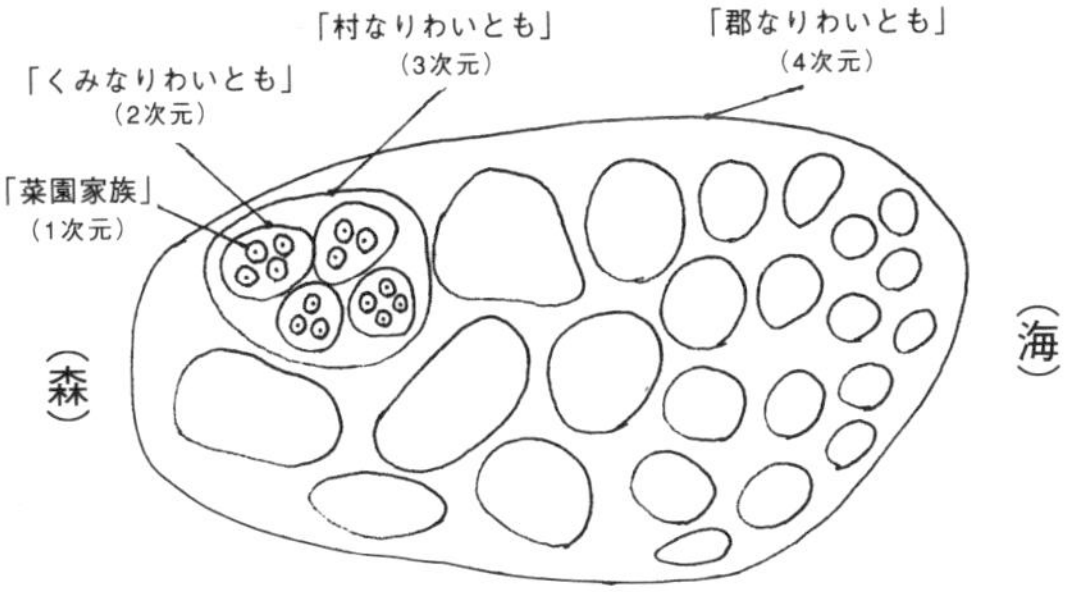

森と海を結ぶ流域地域圏《エリア》の団粒構造

　このようにして、自然と人間との物質代謝を根幹に据えて、「村」なり、「郡」（「流域地域圏《エリア》」）なり、「くに」（「広域地域圏」）が、持続可能な地域社会として存続してゆくためには、それぞれの次元の「村」や「流域地域圏《ぐん》」や「広域地域圏《くに（県）》」が、可能な限り自己完結度の高い経済体をめざすことが極めて大切になってきます。「B型発展の本格形成期」における地方自治体や一国規模での中央政府の役割は、地域団粒構造の各次元の「村」や「流域地域圏《ぐん》」や「広域地域圏《くに（県）》」のそれぞれを、そして究極においては一国を、いかにして自己完結度の高い経済体として、さらには生活体として、成熟させてゆくかにあると言っても過言ではないのです。

　このことは、今日、世界を風靡《ふうび》しているアメリカ一国主義のグローバリゼーションとは、まったく正反対の対極にある原理に基づくものです。一国内の地域地域は、自己完結度の高い自立循環型の、様々な色彩に彩られた個性豊かな地域であるべきです。効率至上主義や偏狭な成果主義から導き出される画一化は、一時期、量的拡大を実現したかに見えても、結局はそれは、薄っぺらで薄汚く、ついには消え失せる貧困化の現象にすぎないのです。

　自己完結度の高い、自立循環共生型の地域づくりから国づくりへと、ゆっくりと熟成させながら積み上げてゆくのが、資本主義超克の「B型発展の道」なのです。この国づくりの道に、今日のグローバリゼーションは、最大の阻害要因として立ちはだかってくることでしょう。ですから、この道をめざす中央政府のもうひとつの主要な役割は、この阻害要因をいかに賢明に克服し緩和するかにあります。

今でも容赦なくおそいかかる貿易自由化の要求に対して、将来、どう対処すべきなのか。工業製品を外国に売りつけ、その貿易黒字によって農林水産物を輸入し、日本の農山漁村を犠牲にするという従来の形は、もう限界に達しています。莫大な貿易黒字のおこぼれを発展途上国にばらまく式の今日の対外政策も、破綻しつつあります。

わが国にない資源については必要最小限に輸入し、そのために必要な限度内で工業製品を輸出するという、賢明なる調整貿易に転換しなければなりません。こうして、未来の地球環境と諸民族との対等・共存共栄を視野に入れた日本の国是《こくぜ》を確立し、世界にその理解をもとめ、範を示すならば、必ずや世界の大多数の人々から、支持と賞賛を得ることになるにちがいありません。これこそが、二一世紀世界のあるべき先進国の姿なのです。

何をどの程度輸出し、何をどの程度輸入するかは、現実にはたいへん難しい問題です。しかし、結局それは、自己完結度の高い自立循環共生型の団粒構造が地域に熟成し、住民によって真に民主的政治参加がかち得られた時、その政府のもとで賢明に判断されることになるでしょう。高度に発達した日本の科学技術力は、こうした賢明な調整型の貿易において、いかんなくその資質が発揮されることになるでしょう。

日本は、日本国憲法のもとに永遠に戦争を放棄した自立循環共生型の平和な国として、発展途上国とも先進国とも、大国とも小国とも、平等互恵の国際関係を深めてゆくことになります。この政府は、こうした国際環境を整えながら、長期にわたって培われた広範な国民的力量を土台にして、資本主義超克の「B型発展の道」をめざし、「菜園家族」を基調とするCFP複合社会を発展させてゆくことになるのです。

「CFP複合社会」の展開過程

「B型発展の本格形成期」の時代を、C・F・P三つのセクター間の相互作用に注目しつつ、もう少し考察したいと思います。

まず、Fセクター、つまり家族小経営（「菜園家族」）セクターは、時間の経過とともに増大の一途を辿る一方、Cセクター、つまり資本主義セクターは、当初からFセクターに連動する形で、「現代賃金労働者」を生産手段（土地と生産用具）と「再結合」させることによって、「菜園家族」の増加・育成をはかるのですから、それにともなって、Cセクターにおける純粋な意味での賃金労働者は、漸次、減少してゆきます。

　国土に遍在している巨大企業が分割・分散され、全国各地にバランスよく配置されることによって、賃金労働者と農夫の性格を二重に持つ「菜園家族」は、全国の隅々にまで広がるように促《うなが》されることになります。こうした自給自足度の高い家族が地域に隈《くま》無く広がることと相俟《あいま》って、巨大企業の分割配置による企業の規模適正化がすすみ、市場競争は、おおいに緩和の方向へとむかってゆくことになるでしょう。

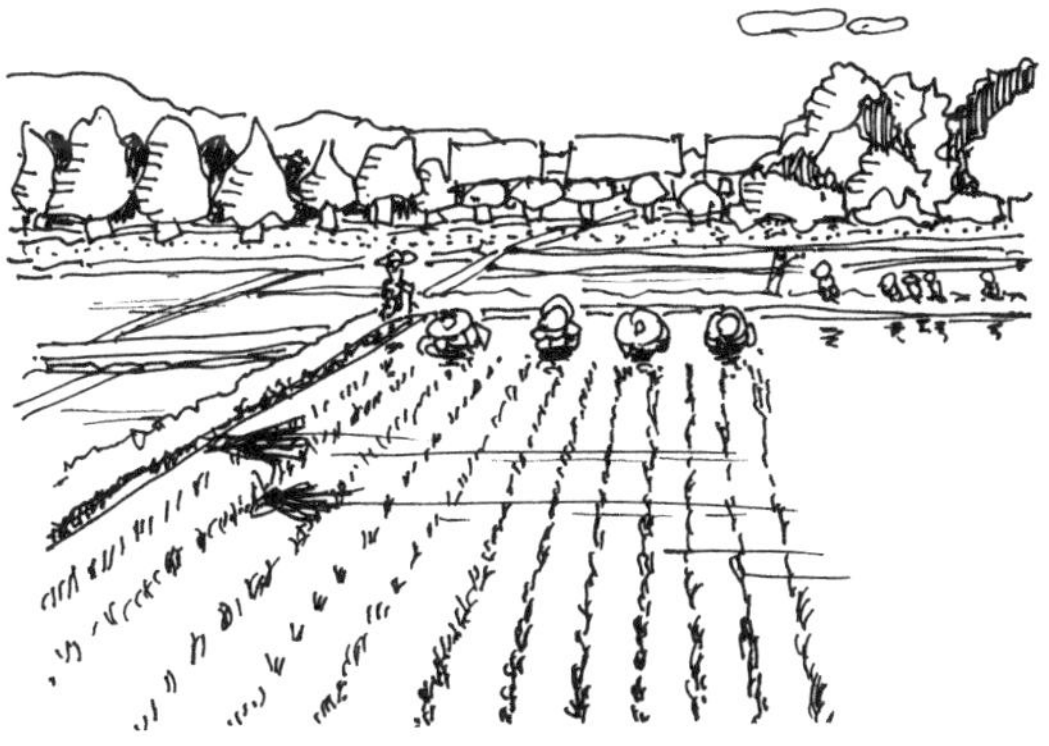
画・志村里士

　こうして資本主義セクターCは、循環型共生社会にふさわしいものに変質する過程を辿ることになります。毎日休みなく、しかも残業が果てしなくつづく現在の〝お勧め〟にかわって、週に二日であれば、職場に向かい同僚に会うのも、また楽しみの一つになります。仕事の取り組み方にしても、自分を含む「菜園家族」の支えとなるよう、広く社会のための仕事を、と改めて再認識するようになり、仕事の内容や質も自ずと変わってゆくことになるのです。
　家族小経営セクターFでは、「菜園家族」の基盤が整備されるにつれて、人間と自然との間の直接的な物質代謝過程が回復し、自然循環共生型のおおらかな生活がはじまります。労働に喜びが甦り、人間の自己鍛錬の過程が深まってゆきます。新しい循環の思想と倫理に裏打ちされた、新しい人間形成がはじまります。「菜園家族」独自の多様な労働を通じて、人々に和の精神が芽ばえ、相互扶助の精神によって、人々の輪が広がってゆきます。身近な「地域《むら》」や「流域地域圏《ぐん》」や「広域地域圏《くに》（県）」で、よりよく生きてゆくために、人々は、矛盾するさまざまな課題を対話によって克服しつつ、社会に積極的に参加し、自立した市民としての力量を培《つちか》ってゆきます。
　こうした本当の意味での人間鍛錬と同時に、自立した一市民としての政治的力量の涵養《かんよう》の過程は、人類史上、資本主義超克の「B型発展の道」のこの「本格形成期」の時代をむかえてはじめて、いよいよ本番の段階に入るのです。

「B型発展の揺籃期」を経て、民主的政府の樹立をもってはじまるこの「B型発展の本格形成期」の時代は、おそらく、十年二十年といった短い歳月ではなく、五十年、あるいはそれ以上の長い一時代を経過することになるのかもしれません。

この長きにわたる時代の中で、家族小経営セクターFは、ますます力をつけて発展し、資本主義セクターC内の個々の企業や経営体は、漸次、公共セクターPに移行しつつ、変質してゆくことになるでしょう。そして、この時代の最終段階では、資本主義セクターCは、ついに自然消滅し、家族小経営（「菜園家族」）セクターFと公共セクターPの二大セクターから成る社会が誕生することになります。この時はじめて、資本主義は超克されるのです。

この段階に至っても、「菜園家族」を基調とする家族小経営セクターFが、依然としてこの社会の土台に据えられていることにはかわりありません。そして、工業をはじめ流通・商業・サービス産業などの第二次・第三次産業の基幹部門は、依然として、「菜園家族」から拠出される週休五日制のワークシェアリングによる労働力によって成り立っている点でも、変わりないのです。また、この第二次・第三次産業の基幹部門における巨大な生産手段は、循環型共生社会にふさわしい適正な規模に次第に改造され、その内実も変化を遂げながら、社会的に共有化され、その共有化の基礎の上に、明確な公共の理念によって、民主主義的に共同運営される公共セクターPに組み込まれてゆくことになるのです。この時、公共セクターPでは、国有、あるいは自治体による公有、さらには、NGOやNPOなどの市民団体、コミュニティビジネス等々による所有など、様々な所有形態が、地域住民によって自主的に考案され実現されてゆくことでしょう。こうして、「菜園家族」小経営セクターFと、新たな発展段階に到達した公共セクターPの、二大セクターによって構成される社会が形成されることになるのです。

このように、CFP複合社会の長期にわたる発展過程を経て、最終的に資本主義を超克して成立したこの社会を、私たちは、ここで、「自然循環社会」（「菜園家族」を基調とするFP複合社会）と呼ぶことにします。この「自然循環社会」においても、今述べたように、週休五日制のワークシェアリングによって、「菜園家族」が自らの労働力の週二日分を拠出することで、公共セクターPが成り立っているのですから、あくまでも、「菜園家族」としての家族小経営が、この社会の土台を形成していることには、変わりな

葱坊主　画・前田秀信

いのです。

また、「地域《むら》」や「流域地域圏《ぐん》」や「広域地域圏《くに（県）》」などといった、さきの地域団粒構造のそれぞれの次元において、「なりわいとも」の様々な形態の、住民の自主的な協同組織や団体が無数にあらわれ、全体としては、極めて重層的かつ分権的な、多種多彩な個性から成る地域団粒構造が形成され、それが、この地域社会の豊かさの源泉になっている点でも、前代のＣＦＰ複合社会と、基本的には同じなのです。

そして、その上位に成立する国家の性格と機能は、この自然循環社会（ＦＰ複合社会）が円熟するにつれて、次第に権力的要素は減退し、調整機能に特化された機関に変質してゆきます。生産力がさらに発展し、生活手段の取得が、「必要に応じて必要なだけとる」という水準に達し、周辺諸国も同質の社会に変貌し、国際環境が好転した時にはじめて、国家は消滅し、完全な意味での調整機関に転化してゆきます。この時、「自然循環社会」は、「高度に発達した自然社会」に止揚《アウフヘーベン》されるのです。この「高度に発達した自然社会」の成立は、はるか遠い未来に到達すべき人類の究極の目標であり、夢でもあるのです。

「高度に発達した自然社会」については、ここではこのぐらいにして、まずはその前の発展段階である「自然循環社会」について、もう少し触れたいと思います。

資本主義セクターＣが変質を遂げ、ついには自然消滅し、「菜園家族」小経営セクターＦと公共セクターＰの二大セクターから成る「自然循環社会」になっても、工業部門は公共セクターＰに組み込まれ機能しているのですから、たとえ緩慢ではあっても、今までには見られなかった、「菜園家族」にふさわしい自然循環共生型の新しい科学技術の展開過程がはじまるはずです。それは、市場競争至上主義「拡大経済」下でおこなわれた、あの異常なまでの非人間的な利益本意の巨大技術開発ではない、等身大の人間にふさわしい、自然循環共生型の新しい技術開発になるはずです。その意味において、生産力がたゆみなく改善されてゆくことには、変わりありません。

しかし、この「自然循環社会」の特質は、この時代においても依然として、「菜園家族」がいわば人体における細胞のように、地域社会の最小の基礎単位であり続ける点です。ですから、この社会の最小の基礎単位である「菜園家族」が、土地と生産用具を含む生産手段との有機的な結合を果たしていることによって、個々人にとっても、自然と人間とのあいだの物質代謝過程が恒久的に確保され、この過程に投入される人間の労働を通じて、人間は、自然を変革すると同時に、何よりも人間そのものの自然をも変革する可能性を持ち続けている点に、注目すべきです。このことは、CFP複合社会から「高度に発達した自然社会」に至る全過程を貫く法則でもあるのです。

したがって、この社会の細胞である最小の基礎単位が「菜園家族」である限り、この社会は、人間の発達と人間形成を基軸に据えたシステムであり続けるのです。そして、このシステムのもとに、何よりも人間そのものの変革によって、人間のたゆまぬ発達と、人間の諸能力の全面的開花が促《うなが》されてゆくことになるでしょう。人間の幸福は、もはやものやお金ではなく、自らが自らの人間的自然を絶えず変革する過程の中にあるという自覚と、その確かな手応えを日常的に実感することに変わってゆくのです。

人間が自然に働きかける労働過程では、生産手段が自己の家族小経営の基盤にしっかりと組み込まれていることによってはじめて、労働過程の指揮系統が自己のものになります。「菜園家族」は、これを獲得し、このことを保障しています。

労働の過程を指揮する営みを精神労働とし、それに従って神経や筋肉を動かす行動を肉体労働とするならば、もともと精神労働と肉体労働とは、一人の人間の中に統合されていたものです。その両者の分離は、労働する人間から生産手段（土地や生産用具）を奪った時からはじまるのですが、この精神労働と肉体労働の両者の分離こそが、労働から創造の喜びを奪い、労働を忌み嫌う傾向を生みだしたのです。

本来の芸術は、まさに精神労働と肉体労働の両者が統一されたものであり、そこに創造の喜びの源泉があるのです。「菜園家族」は、まさに、資本主義が生み出した賃金労働者と生産手段（土地と生産用具を含む）の分離を、「再結合」することによって、労働過程に指揮する営み、つまり精神労働を取り戻し、両者の統一を実現し、労働を芸術に変えるのです。労働が芸術に転化した時はじめて、人間は、創造の喜びを等しく享受することになるでしょう。その時、人間は、市場競争至上主義「拡大経済」下で、物欲や金欲の充足のみに矮小《わいしょう》化されていた価値観から次第に解放され、多元的な価値に基づく、多様で豊かな幸福観を形成し、前時代にはみられなかった新しい倫理と思想を育んでゆくのです。

「自然循環社会」がどんな高い発展水準に達したとしても、この社会から家族小経営としての「菜園家族」が消えることはありません。この「菜園家族」が、この社会の最小の基礎単位であり続けなければならない理由は、まさに人間の労働に本来の喜びを永遠に取り戻すために必要不可欠のものであり、人間の変革過程を永遠に保障するものであるからなのです。人間の変革過程が静止した時、人間は人間ではなくなるのです。

（黒崎彰『木版画』日本放送出版協会より）

2　「人間」と「家族」の視点から

ここでもう一度、一九世紀後半に主としてマルクスとエンゲルスによって確立された、生産手段の「共有化」を先行させる資本主義超克の「A型発展の道」と、私たちが二一世紀の今日の状況下で提起している、「現代賃金労働者」と生産手段との「再結合」による「B型発展の道」について、「人間」と「家族」の視点から、あらためて検討してみたいと思います。

すでに述べてきたように、「A型発展」の目標は、生産手段を失った圧倒的多数の賃金労働者の主導権によって樹立される「民主主義的政府」のもとで、社会的規模での生産手段の共有化を先行させ、社会的規模での共同管理・共同運営を実現し、このことによって経済的無政府状態を克服し、資本主義の根本矛盾の表現である周期的不況と恐慌を回避しつつ、経済を計画的に運営する新しい制度をうち立て、資本主義そのものを超克することにありました。

昭和初期の都市サラリーマン家族　画・水野泰子

しかし、これには、大きな落とし穴がありました。一国規模での共同管理・共同運営といっても、国民の圧倒的多数を占める、生産手段を失い自立の基盤を奪われた幾百万、幾千万の賃金労働者を前にして、現実にはいかにこれを統括し、どのように具体的に共同管理・共同運営のシステムを築き実現してゆくのかという難題に、新しく生まれた政府は、当初からぶつかることになるのです。つまり、「共有化」を先行させるという、このシステムそのものの中に、はじめからすでに専制支配を許す因子が内包されていた、と見るべきなのです。

そこに「共有化」を先行させる「A型発展の道」ではない、「B型発展の道」を定立し、生産手段と「現代賃金労働者」との「再結合」を何よりも重視し、先行させなければならない理由があるのです。「A型発展の道」は、人間をあまりにも楽観的に捉え、その結果、人間の自己変革の過程を軽視し、家族小経営の果たす人間形成の側面と、家族小経営が社会の中で果たす役割について、極端にまで過小評価したと言わざるを得ません。

ところで、「家族」をどう評価するかについては、一九世紀前半のいわゆる空想的社会主義者たちの描いた未来像の中では、一概に、極めて低く否定的にしか扱われていませんでした。中には、中世の家父長的家族への回帰を指向するものもありましたが、いずれにしても、「家族」というものの考察と評価は、十分に深められていませんでした。

また、彼らの後継に位置するマルクス・エンゲルスも、「家族」の未来像については、それらに比べるとはるかに慎重であったとはいえ、「家族」を積極的に評価することはなかったのです。

さらに後になると、個々の家族の育児・炊事等々の家事労働を社会化すれば、何よりも婦人が解放されるとして、次第に家族廃止論にまで行き着く傾向すらあらわれてきました。当時としては、むしろ家族のもっているブルジョア的性格の除去と、婦人の負担軽減・地位向上に、最大の関心があったと言えます。当時の時代が要請する課題からすれば、それは当然のことであったと言うべきなのかもしれません。

　こうした時代背景の中で、マルクス・エンゲルスの場合、未来社会における「家族」の位置づけとその役割について、ほとんど具体的に触れることはなかったし、いわんや、それを未来社会の中に積極的に位置づけて論ずるということは、ありませんでした。

　エンゲルスは晩年、モルガンの『古代社会』に依拠して執筆した古典的名著『家族・私有財産および国家の起源』（一八八四年）において、わざわざモルガンの言葉を引用して、家族の未来について、次のように言っています。「将来において、単婚家族が社会の要求を満たすことができなくなったばあい、そのつぎにあらわれるものがどんな性質のものであるかを、予言することは不可能である」。

　そこで、二一世紀の今日、「人間」とは、「家族」とは、一体何なのかという、この古くて新しい問題に、現代社会が提起している人間発達・人間の自己変革という新しい側面から光を当て、あらためて考え見直すことによって、「B型発展の道」をもう一度、掘り下げて考えてみたいと思います。

個体発生と「家族」

　ところで、この「人間」と「家族」の関連を掘り下げて考察するために、ここでいったん、人間の個体発生と系統発生の問題を考えることから、はじめたいと思います。

　人間の生涯は、たかだか六〇年とか七〇年、長くても八〇年とか九〇年に限られた短いものです。この人間の生涯は、卵子と精子の受精によってはじまります。

　周知のように、受精卵は、子宮《しきゅう》壁に着床すると、子宮内で胎児として発育し続け、十月十日《とつきとおか》の後に産まれます。胎《たい》児《じ》が母体外に産まれ出ると、胎児と胎盤《たいばん》を結んでいたへその緒《お》は、切断されます。ですから、新生児は、出生と同時に、呼吸・排泄《はいせつ》・摂食などを自分の力でやらなければならなくなります。しかし、母胎から外に生まれ出た新生児は、まだ自分の力だけで生きてゆく能力はなく、何よりもまず、母の授乳を受け、家族という厚い庇護《ひご》のいわば胞膜《ほうまく》の中で成長します。やがて、ことばを覚え、一般の哺乳《ほにゅう》動物のように四つ足で這《は》うことからはじめ、二足直立歩行へと発達を遂げ、成人に達します。

　この人間の受精卵から成人までの発達過程（個体発生）に注目すると、生物進化の道すじ（系統発生）を推測する

ヘッケル（1834～1919）
（東京都立中央図書館所蔵）

ことができるといわれています。これに関連して、ドイツの動物学者ヘッケル（一八三四～一九一九）は、「個体発生は、系統発生を繰り返す」という有名なテーゼを残しています。つまり、母体内で胎児として発育を続け、やがて産み出され成人になるまでの、わずか十数年の個体発生の過程には、三十数億年前といわれる生命の発生の始原から、魚類、両生類、爬虫《はちゅう》類、哺乳類を経て人類の出現に至る進化の過程が凝縮されている、というのです。

生命のふるさとは、三十数億年前の海の中でした。植物と動物が菌類を仲介として向かい合う今日の生態環の基礎が、すでにその時、太古の海を舞台にできあがっていたのです。そして四億八〇〇〇万年前の海に、最初の脊椎《せきつい》動物（魚類）が姿をあらわします。

その後、鰓《えら》呼吸と肺呼吸を使い分ける両生類があらわれ、やがて生命発生以来、三〇億年間の水の生活に別れを告げて、陸の生活に踏み切った脊椎動物が出現します。それが、地質時代区分でいえば、今から三億年前のデボン紀から石灰紀にかけての時代に、古生代緑地に上陸の第一歩を印した最古の両生類イクチオステガだったのです。この地球の古生代の物語は、「脊椎動物の上陸」と呼びならわされています。

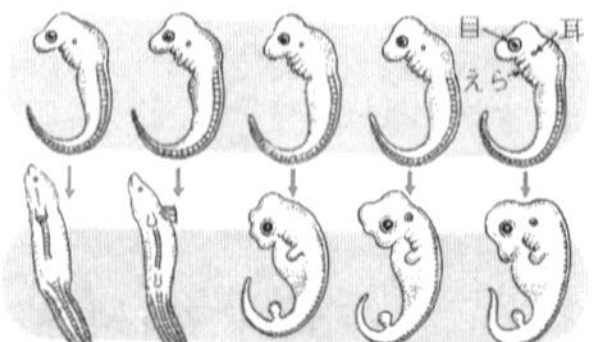

セキツイ動物の個体発生の比較
（鈴木恕・毛利秀雄『生物ⅠB・Ⅱ』文英堂より）

そして、脊椎動物である魚類は、その後、両生類から爬虫類へ、さらに鳥類・哺乳類へと分岐しつつ、人類へと進化していったのです。

この三十数億年という生物進化の壮大なドラマが、現代のこの私たち人間のわずか十数年の個体発生の過程の中に、今でも繰り返されているとは、驚くべきことです。人間のいのちの不可思議さと同時に、生命の「深層」の深さと重みをずっしりと感ぜずにはおられません。

人間の胎児は、母の子宮内の羊膜《ようまく》の中にたたえられた羊《よう》水《すい》にまもられて、十月十日《とつきとおか》間、ここで成育します。羊水の組成は、古生代海水のそれと酷似しているといわれています。「脊椎動物の上陸」が、〝海水をともなって〟おこなわれたことの、紛《まぎ》れもない証拠でもあります。胎児の尿膜《にょうまく》の血管は、へその緒を通って胎盤に到達し、母胎の血流と交わります。ここでガス交換と併行して、栄養物の吸収と老廃物の排泄がおこなわれています。したがって、栄養物を蓄える卵黄膜の袋も排泄を助ける尿膜の袋も、本格的に働くことなく、ただ遠い太古の卵生時代の名残りをとどめるだけになっています。これに対して、羊膜の袋は、満々と羊水をたたえているのです。

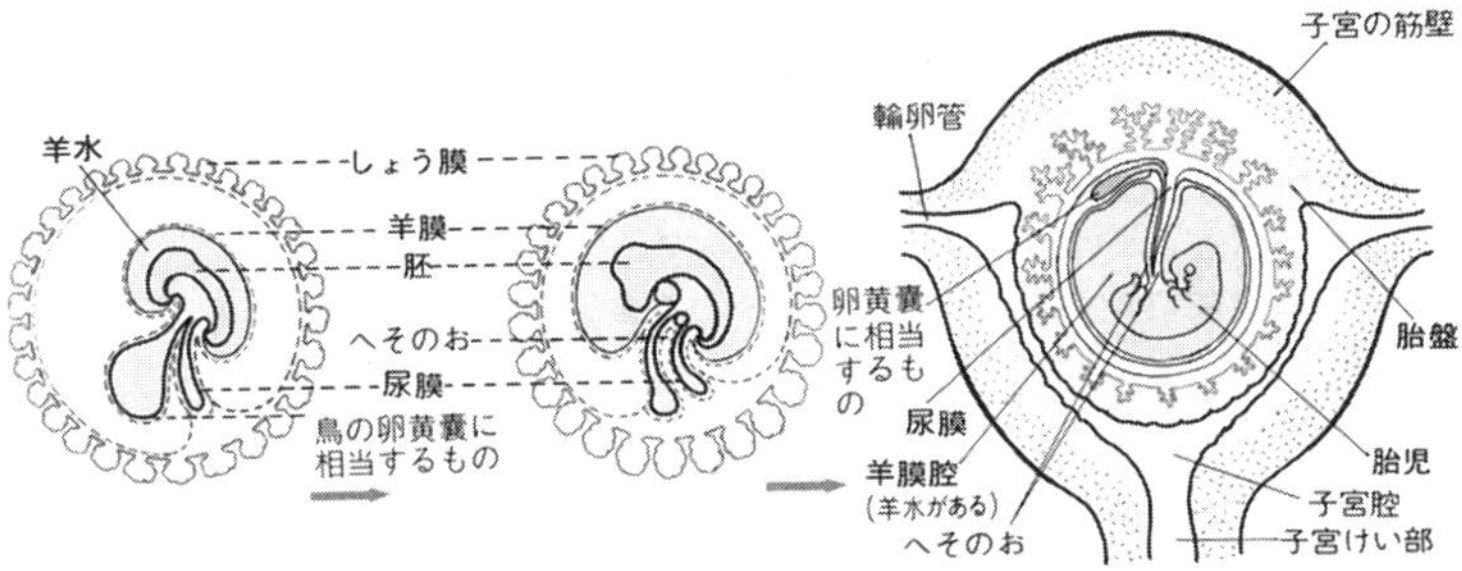

ホ乳類の胎盤形成の過程（模式図）（前掲『生物ＩＢ・Ⅱ』より）

つまりこれは、進化の道すじである系統発生の原初の生命から、魚類、両生類といった段階の、海の中での最も繊細な進化過程の再現を庇護するかのように、母胎の中にわざわざ「太古の海」を用意していると、見ることができるのです。そして、出産、つまり胎児が母胎から外に生まれ出て陸地にはじめて「上陸」する時に備えて、胎児と胎盤を結ぶいわば「海中パイプライン」とでもいうべきへその緒を連結することによって、栄養物と老廃物の新陳代謝がおこなわれるようにし、胎児が子宮の中の「太古の海」にいながら、陸上の進化である爬虫類から哺乳類までの発達が遂げられるように保障しているのです。こうすることによって、胎児が母胎の「海」から陸上に出た時、陸上生活にふさわしい哺乳類として、人体のすべての器官が完備されるまでに発達するように配慮されています。生命の誕生のために母胎の中に「太古の海」を用意し、人間へのさらなる進化のために「海中パイプライン」まで用意する。神の摂理としかいいようのない、絶妙な自然が、そこにはつくりだされているのです。

胎児は、十月十日《とつきとおか》、母なる「太古の海」、つまり羊水に浸かって過ごします。胎児は、親指の先ほどの大きさになると、まるで魚のような姿をして、目や耳、それに鰓《えら》までみとめられます。舌の輪郭《りんかく》が定まり、神経もできてきて、感覚も運動も可能になるはずです。羊水は、胎児の食道から胃袋までを隈なく浸《ひた》し、さらに肺の袋にも達しています。へその緒を介して血液のガス交換が営まれるので、ここではどんな呼吸も必要ありません。胎児のこの「羊水呼吸」は、その後、半年にわたって続けられます。この間、心臓の発生は、一心房一心室（魚類型）から、二心房一心室（両生類・爬虫類型）へ、さらに二心房二心室（哺乳類型）へと発達を遂げていきます。

母胎の中で羊水に浸かった胎児が、その小さな肺で「羊水呼吸」をおこなっている姿は、「太古の海」での鰓《えら》呼吸を思わせるものがあります。そして、約十ヵ月後に、いよいよ誕生の時をむかえると、狭い産道を通過する間に、肺の中の羊水がしぼり出され、産声《うぶごえ》とともに外界に出たその瞬間に、「羊水呼吸」にかわって、空気による肺呼吸がはじまるのです。まさにこの「羊水呼吸」は、肺を空気呼吸の機能を備えた器官にまで発達させるためのプロセスであり、トレーニングの過程でもあったのです。

こうして母胎から外に出た胎児は、二度目の「上陸」を敢行《かんこう》したことになります。一度目は、胎内の「太古の海」での、系統発生史上の両生類から陸上爬虫類への転身であり、二度目は、胎児にとってはじめての、母胎の「海」から現実の陸上への進出です。しかも、二度目のこの「上陸」は、哺乳動物としては、二足歩行以前の発達段階での敢行であるのです。

薄暗い「太古の海」に別れを告げ、母胎から離れて大地に「上陸」したこの人間の新生児は、高度に発達を遂げた哺乳動物の乳児として、これまでとはまったくちがった想像を絶する世界で、成育することになります。

人間が母胎から外に出た誕生時の状態は、哺乳動物の中のさらに霊長《れいちょう》類のうちでも、例外的な地位を占めています。それは、一種の「生理的」、つまり「常態化してしまった早産」だといわれています。このことは、人間の胎児が、高度に発達を遂げた哺乳動物の子供の段階まで母親の子宮の中で育ちきってしまうのではなく、それよりもはるかに早い時期に、未成熟な段階ですでに母の胎内を離れて世に出される、ということを意味しています。

一方、人間以外の高等な哺乳類の子は、たいへん発達した筋肉組織と感覚器官をもって生まれてきます。そして、その両者は、神経組織によって脳髄《のうずい》と十全に連動し、機能しています。それは、成育した親の姿をそのまま小さくした縮図であり、その運動や行動は、誕生時からほとんど親に似ています。有蹄《ゆうてい》類、アザラシやクジラやサルなどがそうで、例えば仔馬などが、生まれ落ちてから数分も経たないうちに自力で歩きはじめようとする情景を思い浮かべれば、よく分かると思います。

霊長類の子に限って見ても、誕生時から離巣性をもつものに分類されるべきものです。チンパンジーの子は、生後一ヵ月半も経てば、母親にしがみついて立つことができます。つまり、人間の新生児から見れば、いずれにしても、筋肉組織と感覚器官がはるかに発達を遂げ、この両者が神経組織によって脳髄と十全に連動してから生まれるのです。

こうしたことから、人間の生まれたての赤ん坊のあり方が、どんなに特別な、尋常《じんじょう》一様なものでないか、そして他の高等哺乳類にあてはまる法則からは、どんなにかけ離れた存在であるかが、納得できるはずです。

人間の胎児は、母胎内で「巣立つもの」の段階へと成育を続け、開かれた感覚器官と完成した筋肉組織を持つ、ある意味では仔馬の段階、つまり、あらゆる哺乳類に特徴的な完成された段階にまで達するのですが、胎内でこのような長い発達の段階を通りながら、生まれたばかりの新生児は、不思議なことに、恐ろしく未成熟でたよりなく、能なしであるのです。この矛盾は、人間の形成過程が、他の哺乳類や霊長類には見られない特別なもので、人間に特有なものであるということを示唆しています。

生まれたての人間の新生児の脳髄は、他の高等哺乳類や霊長類に比べて、著しく大きく複雑であり、それだけに、成熟に必要な時間が長くなります。とすると、脳髄が発達途上にあり、神経組織によって感覚器官・筋肉組織とも十全に

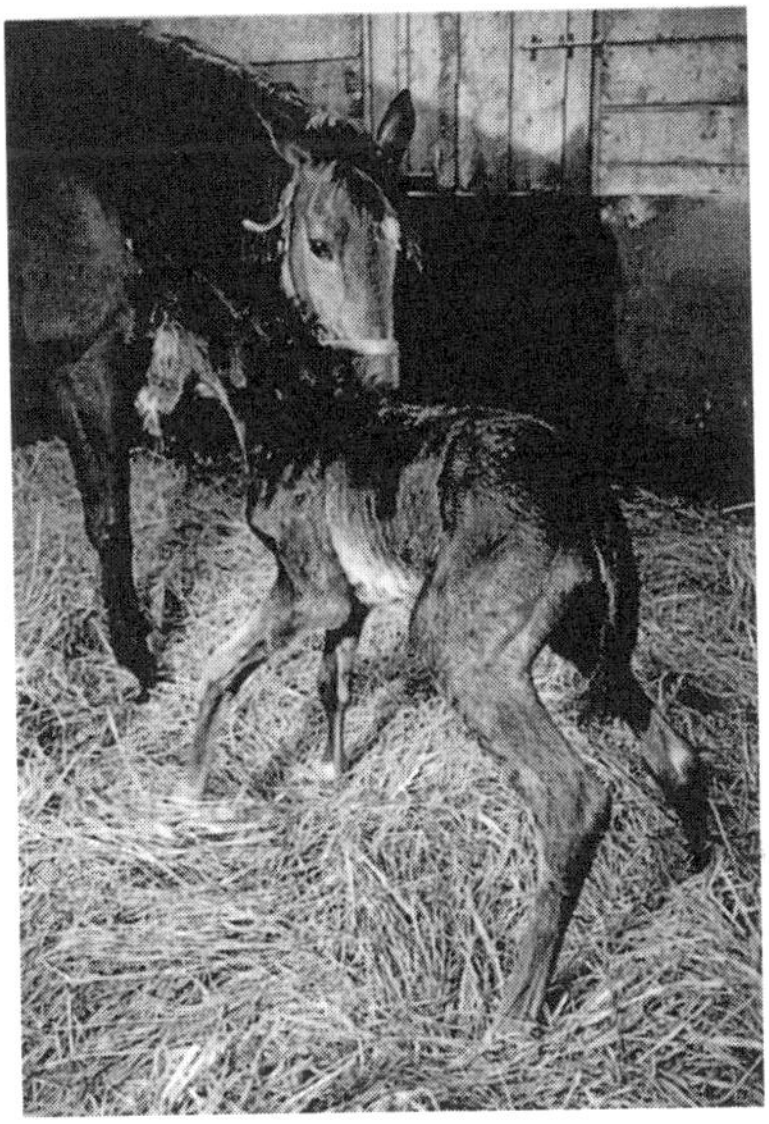

生まれたばかりの仔馬　（『こうまの四季』写真・川本武司、偕成社より）

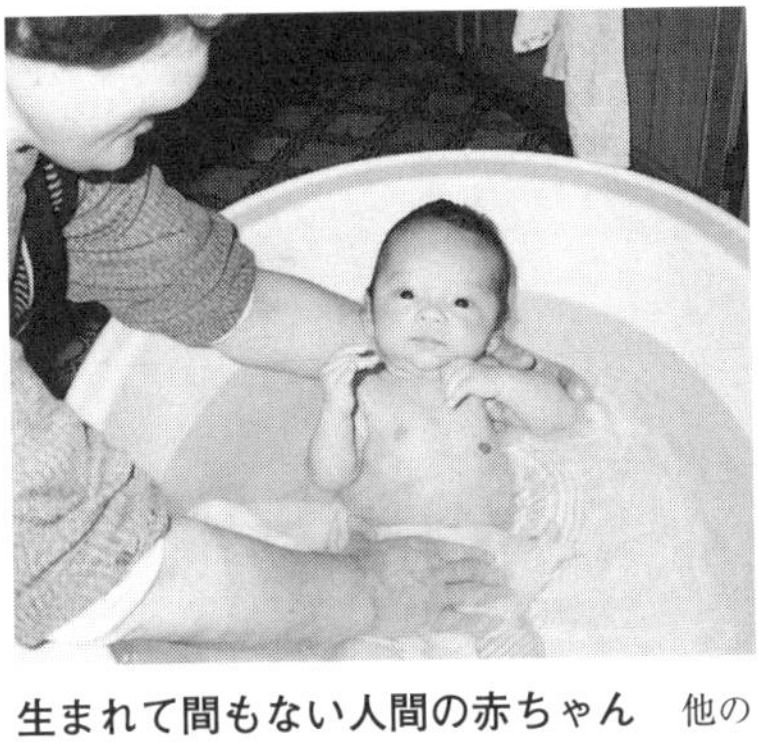

生まれて間もない人間の赤ちゃん　他の哺乳類に比べて、きわだって未成熟であるため、長期にわたる家族の養護が必要になる。

連動していない、この自律不能の期間を、どう解決するかが問題になってきます。高等哺乳類の段階ならば、それを母の胎内での胎生期間、つまり妊娠期間を長くすれば解決できます。しかし、さらに霊長類、その中でも類人猿と人間のあいだでは、脳髄の発達水準の高さの点で、もう一度かなり飛躍しているところに遭遇します。ですから、ここでもう一度、自活できない依存的な時期をどう乗り越えられるかが、問題になってきます。そこで、妊娠期間を再度さらに一ヵ年ほど、延長すればいいということにもなるのですが、ここでは、こうした予想される解決法からはほど遠い、まったく新しい方法がとられたのです。

つまり、妊娠期間の延長による解決ではなく、高等な鳥類の「巣ごもり」の道、すなわち、両親による誕生後の細心のねばり強い養護と注意によって解決する道が選ばれたのです。生まれたての人間は、器官など身体の基本構造から見れば、「巣立つもの」であるけれども、しかし、一種独特な両親への強い依存性を特色とする解決方法が採用された、ということになります。

ここに、他の哺乳類には見られない、人間に特有な「家族」誕生の契機があるのです。つまり、脳髄が高度で複雑であることに起因しておこる、人間に特有な「常態化された早産」が、霊長類の中でも例外的な「たよりない能なし」の新生児を胎外に送り出すこと、それゆえに、その子が自立できるまで、長期にわたる「養護」が必要であること、これが、人間に特有な「家族」の発生をもたらしたということなのです。この「家族」は、母を中核に据えた恒常的で緊密な、ごく小さな血縁的「人間集団」として形成されます。

「家族」にこのように特別な方法で依存するのは、哺乳類の中では、人間だけです。生まれたてのよく保護されている類人猿の子には、行動や態度や運動、あるいはコミュニケーションの手段において、本質的に新しいものが生じてくる可能性は、もはや与えられていません。

ところが一方、人間では、他の哺乳類であれば、まだ暗い母のおなかの中で、純粋に自然法則のもとで温和に発育を続けなければならないはずのこの時期に、この「子宮外的な時期」を与えられたことによって、社会的・歴史的法則のもとに立たされ、本質的に新しい特殊な発達の可能性がひらかれることになったのです。類人猿は、完全な完成形に近い、終局的なこぢんまりした状態に急速に成長するのに対して、一方、人間では、それまでとは比べようもなく多様で複雑で刺激的な子宮外の自然的環境のもとで、

人間の赤ちゃんの発達

（加古里子『人間』福音館書店より）

「巣ごもり」によって、ゆっくりと時間をかけて成長してゆきます。そして、このことが、人間に特有な「家族」、言語、直立二足歩行、そして道具の発生という、地球の生物進化史上、まったく予期せぬ重大な「出来事」をひきおこすことになったのです。

「家族」がもつ根源的な意義

人類に特有なこの「家族」、言語、直立二足歩行、道具の発生という四つの事象について、生後まもない新生児の発達を見ることによって、それらが相互にどのような関係にあるのか、もう少し掘り下げて考えてみましょう。

哺乳類のうちで、その種に特有な姿勢—人間の場合であれば二足直立歩行ですが—に、人間ほど積極的な努力と長い時間をかけて到達するようなものは、他に見あたりません。

人間は、神経組織・筋肉組織の点では、誕生時にすでに高度で複雑なものが用意されていて、誕生の一ヵ月あとには、最終的な形をとりはじめるといわれています。しかし、この神経組織・筋肉組織が脳と連動し機能するようになるに至るには、他の動物のように、遺伝的な素質に予定されているものの単なる反復によって成されるのではなく、人間の場合は、人間にだけ特有な努力、学習、そして模倣によって、しかも身体の発育が未熟にひきのばされている期間に、成されるのです。

直立姿勢が完全にとれるようになるまでの二、三の段階を、その時期の平均値で示すと、以下のようになります。生後二～三ヵ月で、頭の姿勢が自由にとれる。生後五～六ヵ月で、座る努力をして、座れるようになる。生後六～八ヵ月で、助けをかりて全身を直立させることができる。生後十一～十二ヵ月で、ひとり立ちとひとり歩きができる。生後十一～十三ヵ月で、腹這いから立ちあがることができる。

以上示した直立二足歩行の段階までのプロセスを念頭に

ミレー『第一歩』(1858年)

おきながら、言語の習得に着目してみたいと思います。人間の乳児には、生後三～四ヵ月で様々な運動の試みがおこってくるのですが、このような運動とともに、子供は生後五～六ヵ月で、特に声を出しはじめます。発声のありとあらゆるものを試みるのです。そして、生後九～十ヵ月になると、子供のおかれている主として「家族」や社会的環境で使われていることばを、模倣しはじめます。あることばは希望、確認ということを意味するし、発せられることばよりも、子供の心理過程は、はるかに豊かなものになります。言語習得というものは、すでに存在するひとつのまとまりある社会的文化を、後から来て引き継ぐことであるのです。そして、ことばの習得は、子供の社会生活に最も密接に有機的に絡《から》みあっていて、しかもそれは、長期にわたってねばり強く続けられる一つの過程でもあるのです。子供の発育過程の中での言語習得が、チンパンジーの子供と比較するとき、どんなに不思議な人間特有の出来事なのか、ということが、しばしば成される報告からも想像できます。

　直立することと、最初のことばの口まねの準備ができるのとちょうど同じ時期に、行動の面では、純粋に訓練的な模倣から、本当に洞察力ある行動への移行がはじまります。意味連関を洞察し了解することが、人間行動の典型的な要素になる段階には、生後ほぼ九～十ヵ月で到達します。この洞察ある行為は、道具の関係の理解、技術的な知能の発達とともにはじまります。それは、次にまもなくくる直立歩行・直立姿勢によって、両手の自由を獲得し、両手による道具の使用を準備するものとして、画期的な意義をもっています。

　新生児は、以上のような人間形成にとって決定的に大切な誕生以後のほぼ一年間を、母の暗いおなかの中で、自然法則のもとで発育するのではなくて、「常態化した早産」によって外界に生まれ出ることで、多くの刺激のみなもとをもつ大地と自然の中で、同時にはじめは「家族」の中で、そして社会環境の中で、まだどのようにでもなる可能性を秘めた素質に、様々な体験を通して刺激を与えながら過ごすことになるのです。

この生後第一年の乳児を思い浮かべると、脳髄がいかに指導的な役割を果たしているかに、すぐさま気づきます。それは、具体的には、動機体系の強さ、直立すること、話すこと、そして世界体験しようとする努力の強さなどに見られます。

まず、「養護の強化」のために自然にあらわれてくる、母親を中核にした父親・兄・姉・祖父母・おじ・おばなどとの緊密なコミュニケーションの中から、必然的に音声言語が発達し、このことによって、さらに脳髄の発達が促進されます。それがまた人間に特有な二足直立歩行を惹起《じゃっき》し、さらに両手の自由の獲得によって、道具の使用へとすすみます。ことば、二足直立歩行、道具の三者が緊密に内的に連動しつつ、二足直立歩行をはじめる十一〜十二ヵ月ごろになると、ことばの模倣が盛んになり、脳髄を一層刺激し、新たな発達段階へとすすむのです。

直立二足歩行、言語、道具の使用という人間的な特徴が、そもそもはじめからどんなに社会的特徴をもつ現象なのかということが、この状況をつぶさに想像するだけでも、明らかになってきます。周囲の人々の助けやそそのかし、励ましと、幼児の側の創造的な能動性と模倣への衝動、この二つの側面は分けがたく相互作用をたえまなく営みながら、その発達過程を特色づけています。とぼしい本能によって固定された行動様式しかもたない他の哺乳類とはちがって、練習しながら本当に人間的な可能性を成熟させせつつ発達する人間のためには、どんなに長い時間がそこには必要であるかが、分かってきます。と同時に、個体発生の様々な発達現象との密接な連関によって、一人の人間の発達がはじめて成立していることも、理解できるのです。

こう見てくると、人間に特有な「常態化された早産」に起因して派生した「長期にわたる養護」が、人間に特有な「家族」をもたらすこと、そしてその「家族」が、人間発達にとっていかに根源的な役割を果たしているのか、その重大さに気づきます。

しかも、人間の場合、どの哺乳動物よりも、どの霊長類よりも、その発達は緩慢《かんまん》であり、長期にわたっています。性的成熟の時期、つまり生殖可能な状態に到達する時期が、他の哺乳類のウシの場合であれば、誕生から一年半ないし二年、ウマが三〜四年、サルが四〜五年、チンパンジーでも八〜十年であるのに対して、人間は十三〜十五年といわ

帰り道　　画・前田秀信

れています。他の哺乳類や霊長類に比べて、人間の性はいかに成熟が遅く、したがって、世代交代までの期間がいかに長いかが分かるのです。

このように、人間の「家族」が、極めて長期にわたって安定的であることを考えあわせると、人間にとって、「家族」というものが、人間発達の不可欠の場として、他の動物の場合よりも、いかに大きな意義を有しているかが、一層はっきりしてきます。

以上のように考察してくると、「家族」、言語、直立二足歩行、道具という四つの人間の発達事象は、相互に深く密接に作用し合うものでありながらも、なかんずく「家族」は、他の三つの事象の根っこにあって、それらの発達を支える基盤を形成しつつ、それ自身の役割をも同時に果たしていることが分かってきます。つまり、「家族」は、四つの事象の中でも、人間が人間になるための最も基底的な役割を果たしてきたと推論できるのです。

しかも、受精卵から成人に達するまでの個体発生が、直立二足歩行が可能になり石器をも使用する最古の人類があらわれた、二百数十万年前から今日に至るまで、永続的に繰り返されていることを思う時、「家族」は、「常態化された早産」が発生したその時から今日まで、人間が人間であるために、必要不可欠の役割を演じてきたといわなければなりません。

「家族」が人間を人間にしたのです。そして、「家族」がなくなった時、人間は人間ではなくなるのです。

人間が人間であるために

ところで、「個体発生は、系統発生を繰り返す」というテーゼの今日的な意味を、ここでもう少し吟味しておきたいと思います。

生命の発生以来、三十数億年といわれる気の遠くなるような進化の道すじを、私たち人間は、子宮壁に着床した受精卵の発育から、胎外での成人に達するまでのわずか十数年間の過程の中に凝縮し、今日までそれを繰り返してきました。そして系統発生、つまり進化の道すじの中でも、決定的な局面、すなわち他のどんな哺乳類にも、どの霊長類にも見られない、人間特有の「常態化された早産」によってはじめてあらわれた人間特有の「家族」が、人間が人間であるための決定的な役割を果たし続けてきました。この事実を、まず、ここでもう一度、はっきりとおさえておきたいと思います。

今から10万年以上も昔の氷河時代、日本列島に最初に住んだと考えられる人たちの暮らし（西村繁男『絵で見る日本の歴史』福音館書店より）

受精卵の子宮壁への着床から成人に至る個体発生は、これまでも繰り返されてきたし、これからも永遠に繰り返されてゆくでしょう。だとすれば、「常態化された早産」によってあらわれる脳の未成熟な「たよりない能なし」の新生児も、今後も永遠に繰り返されて、母胎の外にあらわれてくるということです。

子宮内の変化の少ない温和な環境から、突然外界にあらわれた新生児の新たな環境は、母の胎内とは、まったくちがったものです。それは、「家族」という原初的な社会的環境と、それをとりまく大地という自然的環境、この二つの要素から成り立っています。人類が出現した時点から考えても、少なくとも二百数十万年もの間、人間の赤ちゃんは、子宮内の温和な環境から、突然、この二つから成る環境、すなわち社会的環境である「家族」と、大地という自然的環境に産み落とされつづけてきました。そして、どのようにでも変えうる可能性のあるその未熟な脳髄は、繰り返しこの「社会」と「自然」の環境から豊かな刺激を受けつつ変革され、人間特有の発達を遂げながら、他の動物とは際立った特徴をもつ人間につくりあげられてきたのです。

この人間変革と人間形成の過程は、少なくとも二百数十万年という長い歴史の大部分の間、ほとんど変化のない緩慢な流れの中で成され、時代は過ぎてゆきました。ただし、社会的環境である「家族」の方が、まず、ゆっくりではあるけれども、徐々に変化をはじめます。

すべての動物がそうであるように、人間も、自然と人間とのあいだの物質代謝過程の中で、はじめて生きてゆくことができるのですが、人間の場合であれば、この物質代謝過程を成立させているのが、労働です。この人間労働は、自然を変革すると同時に、人間自身をも変革し、人間特有の脳髄の発達を促し、それが機縁に「早産」が常態化して、人間に特有の「家族」が編み出されてきました。「家族」が発生し、この「家族」を基盤にことばが発達し、直立二足歩行へとすすみ、道具の使用によって、人間は他の動物にはない、特異な発達を遂げてきたのです。

こうした人間特有の事象の中でも、とりわけ道具は、人類史を大きく塗りかえてゆきます。ささやかな原始の石器から、現代の発達した巨大技術体系に至るまで、その変化を辿る時、生産力の爆発的ともいえる驚くべきすさまじい発展過程を、まざまざと見せつけられることになります。

その間、人類始原の自然状態から、古代奴隷制、中世封建制を経て、近代資本主義に至るまで、生産手段（土地と生産用具）の所有のあり方に注目するならば、直接生産者と生産手段との原初的結合状態から、次第に分離へとむかい、ついには資本主義の成立によってはじめて、両者は完全分離の状態に達します。一方の極には、社会的規模での莫大な生産手段が集積し、それを私的に所有する資本家層が形成され、他方の極には、生産手段をもたず、自らの労働を商品として売る以外に生きる術のない、圧倒的多数の大群が形成され、賃金労働者としてあらわれます。

ここで注意しなければならないことは、この生産手段と直接生産者である人間との完全分離は、少なくとも二百数十万年ともいわれる人類の長い発達史から見れば、たかだか近代資本主義の成立以後の、ごく短い二、三百年の間におこった現象にすぎないということです。つまり、人間は、人類史のほとんど大部分の間、生産手段を自己のもとに結合させ、何らかの形の「家族」を基盤に、これをすぐれた労働の組織として機能させながら、自然と人間のあいだの物質代謝を維持してきたのです。その意味でも「家族」は、自然に開かれた回路であり、自然と人間をつなぐ接点でありつづけてきたといえます。

　こう見てくると、「家族」は、人類発達史のほとんど全期間を通じて、さきにも述べたように、他の動物とはちがう、人間が人間として発達する重大な契機となった、ことばと二足直立歩行と道具を生み出し、かつ、それらの発達を促す母体ともいうべき大切な役割を果たし続けてきたばかりではなく、その「家族」の基盤に生産手段を直接的に確保維持することによって、人間と自然とのあいだの物質代謝過程を成立させる、人間労働の共同組織の最小の単位としても機能し、人間と自然の回路を結ぶ結節点としてもあり続けてきた、ということが分かるのです。

餅まるめ　　画・前田秀信

　最初にも述べたように、「個体発生は、系統発生を繰り返す」、というのであれば、脳髄の発達の未熟な「たよりない能なし」の新生児は、これから将来にわたっても、繰り返し誕生することになります。この未完の素質は、二百数十万年前と同じように、今日でも個体発生のすべての発達段階を繰り返し、成人に成長することになります。そして、昔と変わらず今日においても、この「未熟な新生児」を最初に受け入れ、「養護」する場は、さきにも述べたように、「家族」であり、それをとりまく大地である「自然」なのです。
　先にも述べたように、この「未熟な新生児」を受け入れる環境としての「家族」も「自然」も、人類の出現以来、二百数十万年のうちのほとんどの期間、基本的には、大きな変容を蒙ることもなく、時は過ぎていったのですが、「家族」の方は、労働過程における道具と人間の相互作用によって、道具の発達と同時に人間自身の変革が促進され、その結果、次第に変化の兆しを見せはじめます。しかしそれでも、「家族」が生産手段との結合を維持している間は、基本的には、本来の「家族」の機能は失われずに維持されてきました。
　この生産手段と「家族」の分離が決定的になったのは、近代資本主義の成立期であり、わが国であれば、戦後の一九五五年からおよそ二〇年間の高度経済成長期でのことで

画・志村里士

あったのです。人類発達史の二百数十万年の時間からすれば、「家族」の激変は、まさに一瞬のうちの出来事であったといわなければなりません。「未熟な新生児」を受け入れ、人間を人間たらしめ、さらには人間の発達を長期にわたって保障する「家族」は、生産手段からの完全な乖離《かいり》によって、その機能を急速に衰退させ、変質を遂げたのです。同時に、資本主義「拡大経済」は、人間の発達を保障するもうひとつの場、すなわち「自然」をも短期間のうちに急激に悪化させながら、人間のライフスタイルの人工化を、とどまることを知らぬ勢いですすめてきたのです。

　こうした「家族」の急激な変化と、「自然」の悪化の後にあらわれた「未熟な新生児」は、たまったものではありません。二つの大切な受け皿を失い、人間や自然との触れあいのないまま、一気に「世界最先端のＩＴ国家」に投げ出されるのです。この急激な「家族」と「自然」の変化によって、「未熟な新生児」は、人間になることを阻害され、人間の奇形化の進行を余儀なくされているといわざるをえません。

　「個体発生は、系統発生を繰り返す」というさきのテーゼのもつ意味を重く受けとめるならば、人間が人間であり続けるためには、「自然」に根ざした「家族」が、これからも規定的な役割を果たし続けなければならないはずです。「自然」に根ざした「家族」がなくなった時、おそらく、人間は人間ではなくなっているのです。このことは、今日、市場競争至上主義のアメリカ型「拡大経済」が荒れ狂う中で、自然との回路も断たれた「家族」が、本来の機能を失い、空洞化し、崩壊の危機に晒されているまさにその時に、子供の世界に今までには想像もできなかった異変が次々に発生し、深刻な社会問題を引き起こしていることから見ても、十分に頷《うなず》けるのです。幼い〝いのち〟のあまりにも大がかりな犠牲による、あってはならないこのような「社会的実験」によってでしか、「家族」のもつ本源的な役割と意義が立証されないとするならば、それは、あまりにも恐るべき残酷な仕打ちであるというほかありません。

それにしても、今や私たちは、「自然」が、そして「家族」が、これまで人間にとって根源的であったし、これからも未来永劫《えいごう》にわたって、人間が人間であるためには、「家族」と「自然」が根源的であり続けなければならないということを、理論的にも、また今日の世界の現実からも、ようやく明らかにすることができるようになったのです。

3　自然状態への回帰と止揚《アウフヘーベン》

生産手段「再結合」の意義

これまでに見てきたように、生産手段の「共有化」を先行させ、社会的規模での共同管理・共同運営を実現し、資本主義の矛盾を克服するという、いわゆる資本主義超克の「A型発展の道」は、一九世紀後半に到達した人類の理論的成果ともいうべきものであったのですが、それは、その理論を現実社会へ適用しようとしたソ連「社会主義」の二〇世紀末における崩壊という結果に終わりました。この「A型発展」の理論と実践の先駆的役割を果たした、一九世紀前半におけるロバート・オウエンのアメリカ・ニューハーモニー共同体の実験も、ある意味では、このロシアにおける「社会主義」の失敗を先取りしたものであったともいえます。

歴史をこのように総括し、今、考察してきた「人間」と「家族」の関係に着目して考える時、生産手段の「共有化」による資本主義超克の「A型発展」の理論には、重大な限界と欠陥があったことに、あらためて気づかされるのです。

賃金労働者の「家族」は、近代以前の「家族」とは、根本的にちがったものに変質してしまいました。「家族」のもとに土地や生産用具がないということは、それは、とりもなおさず、「家族」という場で、「家族」成員が力を合わせ、お互いに助け合いながら労働するということもなくなった、ということを意味しています。つまり、それは、「家族」が労働の最小の基礎単位として成り立つこともなく、そのもとにおこなわれる労働過程が、「家族」の場から消えたということであるのです。その結果、それまで「家族」が自然と人間とのあいだの物質代謝過程で果たしてきた、接点としての極めて重要な役割も失われてしまったのです。これは、人間の自然からの決定的な乖離です。人間の発達史上、人間が人間であるために「家族」が長いあいだ果たしてきた、極めて大切なこの根源的ともいえる機能の喪失を、いとも簡単に許してしまったのです。

こうして人間は、労働の本来あるべき姿を失い、自己鍛錬の道を閉ざし、その結果、家族小経営によって培われるべき自立の精神のたくましさや、協同の精神をも失ってゆきます。そして、中央集権的専制支配を許す土壌を、賃金労働者自らの内につくり出すことにもなったのです。「A型発展の道」が破綻した最大の要因は、まさにこのことにあったのです。

今日の市場競争至上主義のアメリカ型「拡大経済」のもとで、生産手段から乖離した「家族」が、根なし草同然の不安の中でさまよい、ついには疲弊し、人間存在そのものが否定されようとしている時、「現代賃金労働者」が、生きるために最小限必要な土地や生産用具を自らのもとにとり戻すことによって、生産手段との「再結合」を果たす。このことによって、家族小経営の基盤を再構築し、人間再生の条件を何よりもまず整え、人間の本来あるべき姿を回復しようとすること、このこと自体は、極めて自然な自衛のための行動でもあるのです。

これは、今までに見てきたように、人類進化の歴史に照らしても、まさに理にかなった至極当然のことであると言わなければなりません。人間の受精卵の子宮壁への着床から成人までの個体発生の過程が、三十数億年ともいわれる気も遠くなるような長い生物進化の道すじをすべて凝縮して、今なお、それが繰り返されていることを思う時、生産手段との「再結合」によって人間をとり戻そうとするこの動きには、何か自然の摂理にも似た大きな意志の力によって成される、人類始原の自然状態への壮大な回帰を彷彿《ほうふつ》とさせるものがあります。

しかしそれは、単に過ぎ去ったいにしえに戻るというロマンチシズムなどでは、決してありません。二〇世紀までの人類の過去の数々の苦い体験に学びつつ、人類が到達した一九世紀の思想と理論の体系を継承し、新たにそれを発展させることによってはじめて、実現可能な、しかも歴史法則にかなった社会発展の道として、導き出されたものであるのです。

これまでに週休五日制による三世代「菜園家族」構想として提起してきたものは、実は、直接生産者である「現代賃金労働者」と生産手段との「再結合」による、資本主義超克の「B型発展の道」であったのです。そして、それは、農夫と賃金労働者という二重の性格をもった「菜園家族」を、今日の世界の現実に最も適合的な、新しい家族小経営として人類史上に再び甦らせ、それを不動のものとして確立しようとするものであるのです。

「菜園家族」を基調とするCFP複合社会において、その根幹であり、土台になっているのが、家族小経営セクターFです。このセクターF内では、「現代賃金労働者」と生産手段との「再結合」によって、個々の家族は、必要最小限の農地と生産用具を直接的に保有し、週二日、資本主義セクターCあるいは公共セクターPに自己の労働を拠出する以外は、残り五日全部を自己の自由な時間としてとり戻し、「菜園」で季節季節の野菜や穀類やニワトリ・ヤギ・ミツバチ等々、多品目少量生産にいそしみ、収穫物の加工や工芸など、「菜園」を基盤にした〝創造の世界〟を家族とともに築き、自由な時間を楽しむことになります。近くの山や野や川や海など自然の幸を、季節の移ろいの中で最大限に活用することも、可能になってきます。

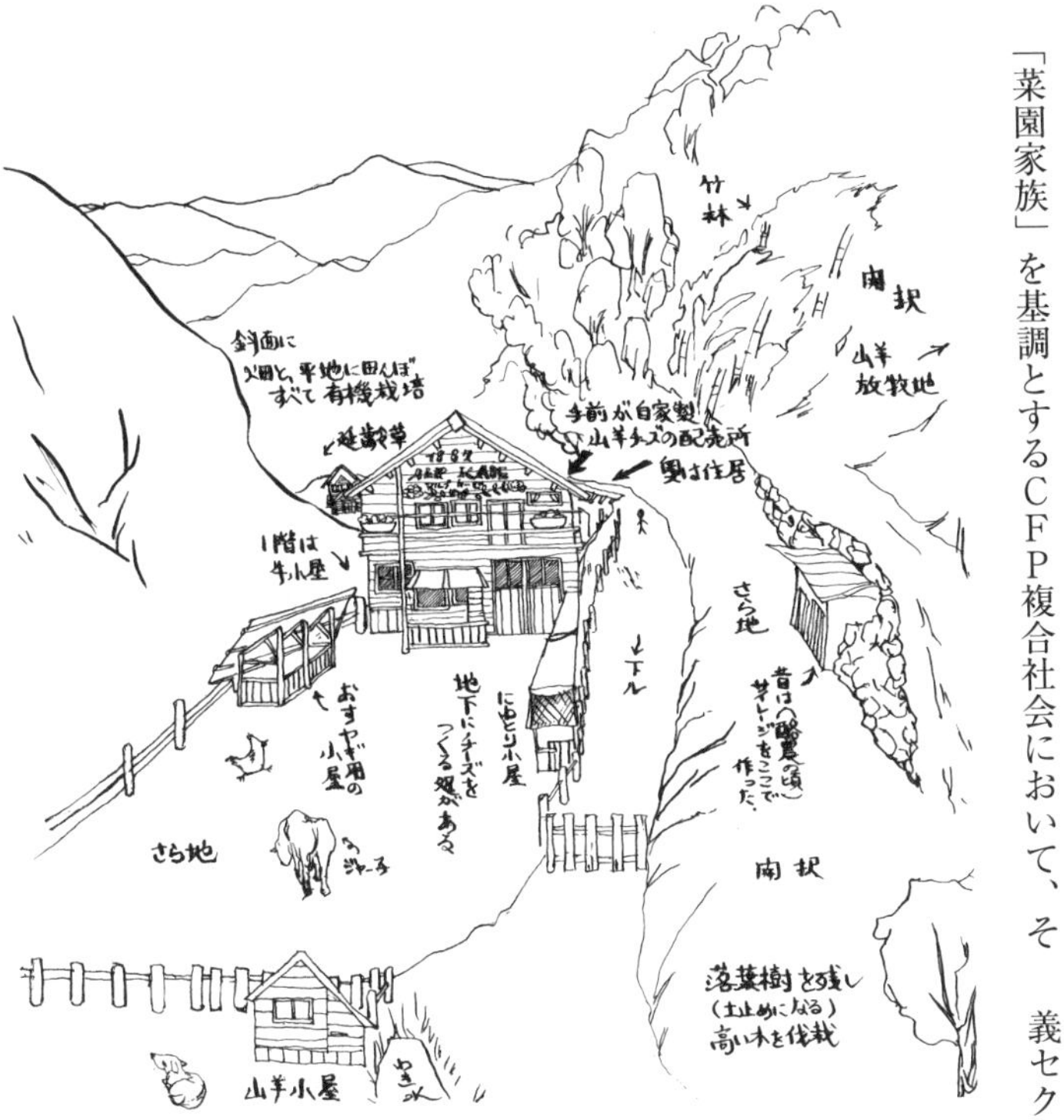

菜園家族的暮らしの一例　長野県大鹿村の小林敏夫さんの家族は、標高1,000メートルの南アルプス山中で、田畑、乳牛4頭・ヤギ6頭・ニワトリ10数羽の飼育、チーズ加工販売、農業体験宿泊施設などを組み合わせ、多品目小量生産の多角的家族小経営を営んでいる。図画：角　尚子

　生産手段を自己の家族の基盤にしっかりとり戻すことによって、家族小経営を自己のものにし、「経営」という精神労働をも自己のもとに統合することが可能になります。そして、家族成

員である人間は、家族とともに、脳を働かせ、神経・筋肉系統を指揮し、自然に対して、自主的に自己の労働を働きかけてゆくことになります。つまり、精神労働と肉体労働を統合することによって、人間にとって本源的であるべき労働過程を、本来の姿にとり戻すのです。こうしてはじめて、労働に創造の喜びを甦らせ、労働を芸術にまで高めることができるのです。そして、人間と自然のあいだの直接的な物質代謝過程が保障され、家族と自然とのあいだの回路が、有効に機能することになるのです。

それだけにとどまりません。家族のもとに土地や生産用具などの生産手段が戻ることによってはじめて、子供や夫婦や祖父母によって構成される三世代「菜園家族」が家族小経営として確立し、この「菜園家族」が労働組織の基礎単位としても甦り、そのことによって、お互いが協力し合い助け合う、協同の強靭《きょうじん》な場が形成されることになるのです。この場こそが、人間が他の哺乳類には見られない人間特有の存在たり得た契機、つまり、人間特有の「常態化された早産」によってあらわれた「家族」と、これをとり囲む「自然」であるのです。

これからも個体発生が繰り返される限り、未来永劫、人間が人間であり続けるためには、この「家族」と「自然」は、人間の発達にとって決定的に重要な意義を持ち続けることになるにちがいありません。市場競争至上主義のアメリカ型「拡大経済」が荒れ狂う私たちのこの時代に、この「家族」と「自然」を甦らせ、しかもそれを持続可能なものにするためには、社会の圧倒的多数を占めるサラリーマン、すなわち「現代賃金労働者」を生産手段と「再結合」させることによって新しく創造される、今日にもっとも適合的な、しかも、人間発達史の中から合法則的に導き出されてきた、家族小経営の新たな形態としての「菜園家族」が、CFP複合社会の土台の最重要部門である家族小経営セクターFの中に、しっかりと組み込まれていなければならないのです。

「自然社会」への究極の論理

次章でも詳しく説明することになりますが、〝森と海を結ぶ流域地域圏《エリア》社会〟とは、「菜園家族」を基調とする「CFP複合社会」の中にあって、この流域地域圏《エリア》の上流域にあたる奥山の広大な森林地帯や、中流域の里山や中山間地帯、そして下流域の平野部、これら三つの地理的要素からなる、もっとも基本的で典型的な、しかも一つのまとまりある地域圏《エリア》社会として位置づけられるものです。

ところで、CFP複合社会の中のこうした任意の〝森と海を結ぶ流域地域圏《エリア》社会〟を、今、生物個体としての人体に喩《たと》えるならば、「菜園家族」は、さしずめこの人体の構造上・機能上の基礎単位である細胞にあたるものです。そして、「菜園家族」という名のこの細胞は、CFP複合社会の〝流域地域圏《エリア》社会〟といういわば人体の基礎単位として、人体（＝流域地域圏《エリア》社会）のあらゆる組織や器官の総合的なメカニズムの中にありながらも、相対的に自立した自己完結度の高い生命体としても、機能しています。

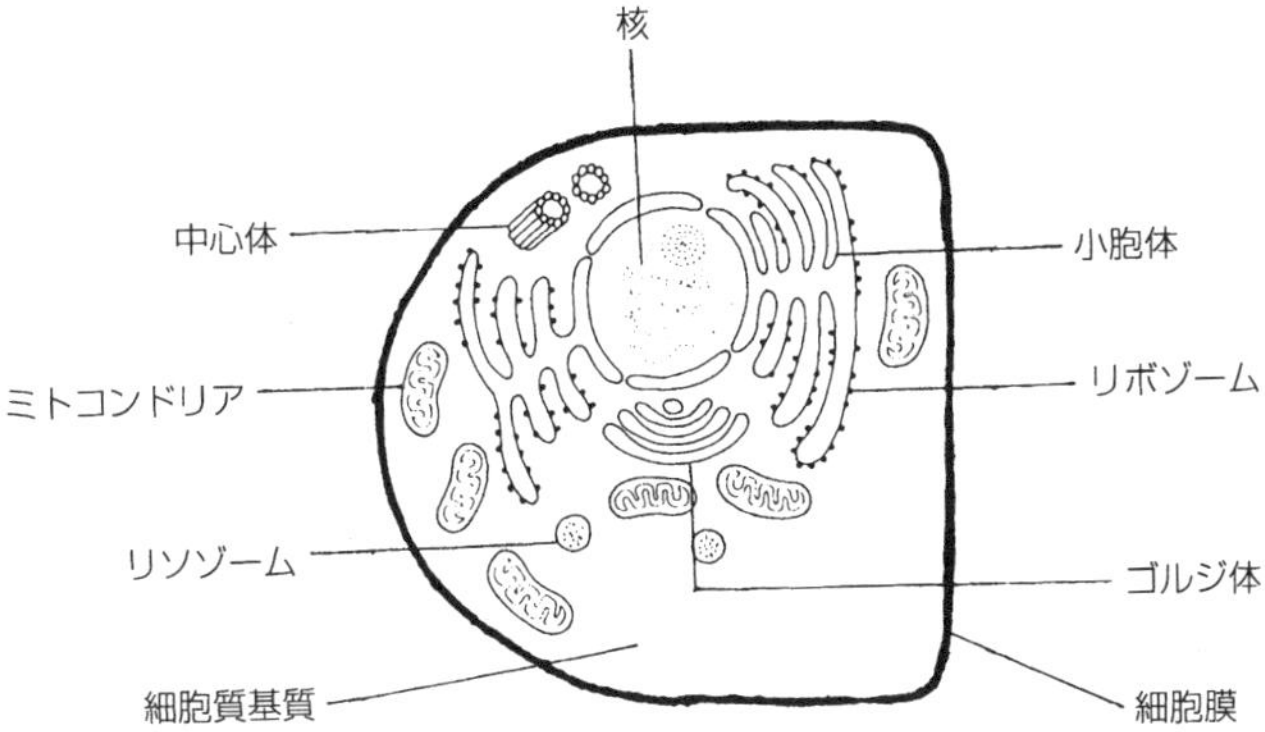

動物細胞の模式図
核…細胞活動をコントロール。染色体のDNAは遺伝子の本体。
細胞膜…必要な物質を選択的に透過。エネルギーを使った能動輸送。
細胞質基質…代謝・エネルギー代謝の場。中心体…細胞分裂に関与。
ミトコンドリア…好気呼吸とATP生産の場。
リボゾーム…タンパク質合成の場。
リソゾーム…消化酵素の存在。
ゴルジ体…分泌に関与。小胞体…物質輸送の通路。

　周知のように、生物学上の細胞の内部では、生命活動がおこなわれており、細胞膜内部にある生きている部分を、総称して原形質といっています。この原形質は、核と細胞質に大別されています。

　人間社会における「家族人間集団」（夫婦や子供や祖父母から成る）にもなぞらえられるべき細胞の核は、さらに核膜・仁・染色糸・核液から成り立っています。染色糸は遺伝子（DNA）の存在の場であり、細胞の生命活動・増殖・遺伝などの働きの中心であり、細胞全体の働きを調節する、いわばコントロールセンターの働きをしています。

　これに対して細胞質は、水・糖・アミノ酸・有機酸などの組成からなるコロイド状の細胞質基質と、さまざまな働きをもつ細胞小器官とから成り立っています。細胞質基質は、発酵・腐敗・解糖の場として機能する、いわば「自然」や「農地」に喩えられるものです。一方、細胞小器官の中には、生物界の「エネルギーの共通通貨」ともいわれる物質ATPの生産工場でもあるミトコンドリアや、タンパク質を合成する手工業の場ともいうべきリボゾーム、物質の分泌に関係するゴルジ体などがあります。

生物個体としての人体の細胞が、細胞核と、ミトコンドリアなど各種の細胞小器官や顆粒《かりゅう》を含む細胞質と、これらを包む細胞膜から組成されているように、「菜園家族」という名の細胞も、生命活動・増殖・遺伝や調整機能センターの役を担う「家族人間集団」をいわば細胞核に、「自然」や農地や生産用具や各種生活手段などを細胞質に見立てて、自己の内部にとり込んでいます。つまり、「菜園家族」という名の細胞は、有機的、統一的な生命体としての「小宇宙」を形づくっているのです。

この「菜園家族」という細胞小宇宙を覗《のぞ》き込むと、いろいろなことが分かってきます。細胞核という「家族人間集団」は、生物個体としての人体の細胞質に似せて、自己の近傍に「自然や農地や生産用具等」をとり込むことによってはじめて、「家族人間集団」（＝細胞核）と、「自然・農地・生産用具等」（＝細胞質）とのあいだの物質代謝を、直接的に成立させることができます。

「菜園家族」という名の細胞内での物質代謝過程を成り立たせているものは、細胞核を構成する「家族人間集団」の「労働」です。この「労働」を通じて、「家族人間集団」（＝細胞核）をいっそう活性化させ、核の個々の構成要素である「人間」の発達をも促しています。その結果、この「家族人間集団」という名の細胞核そのものにいのちが吹き込まれ、同時に細胞質をも豊かにするのです。こうして、CFP複合社会の〝森と海を結ぶ流域地域圏《エリア》社会〟（＝生物個体としての人体）の基礎単位である「菜園家族」（＝細胞）の生命は、生き生きと甦るのです。

これとは対照的に、資本主義社会における賃金労働者の「家族」の場合は、自然と農地と生産用具等を喪失した結果、細胞質はますます貧弱になり、細胞核と細胞膜だけから成る、いわば干《ひ》からびた細胞になってゆくほかかかりません。細胞は死へとむかい、やがて人体全身（＝〝森と海を結ぶ流域地域圏《エリア》社会〟）は、衰退してゆきます。

このように見てくると、生産手段の「共有化」による「A型発展の道」と、生産手段との「再結合」による「B型発展の道」との決定的なちがいは、実は、社会を人間体になぞらえるならば、人体の構造上・機能上の基礎単位であるこの細胞をどのように捉え、それをどのようにしようとしているのか、という問題に絞られてくるのです。

生産手段と「現代賃金労働者」との「再結合」による「菜園家族」を基調とする、CFP複合社会をめざす「B

型発展の道」とは、結局、突き詰めていうならば、市場競争至上主義のアメリカ型「拡大経済」のもとで、「自然と農地と生産用具」といういわば細胞質を奪われ、ついには細胞膜と核だけの干からびた細胞になって、破滅に追い込まれた「現代賃金労働者」の家族に、この奪われた細胞質、つまり自然と農地と生産用具をとり戻し、生き生きとした細胞、つまり「菜園家族」に甦らせることによって、社会の再生をはかろうとする道であるのです。

　ところで、生物個体である人間の細胞で、呼吸によって取り出されるエネルギーは、細胞質内のミトコンドリアで製造される「エネルギーの共通通貨」といわれる物質ＡＴＰとして、人体の諸器官や組織に血管を通じて拠出されます。そして、このＡＴＰは、拠出された先で、体物質の合成や能動輸送・筋伸縮・発光・発電・発熱などのエネルギーに転換され、脳をはじめとする神経系器官や、胃・腸・肝臓などの消化系器官、心臓などの循環系器官、手足・筋肉・骨格などの運動系器官等々を十全に機能させ、人体全体の生命活動を保障しています。そして、各細胞から拠出されるこのＡＴＰの見返りとして、人体のすべての細胞に、血管を通じて様々な養分が供給され、また老廃物の搬出がおこなわれています。

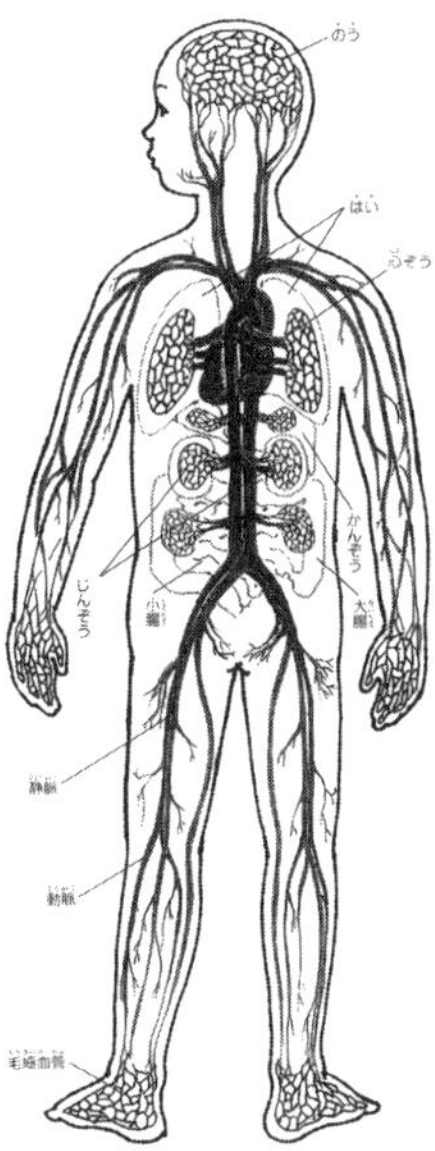

ヒトのからだのしくみの模式図（血液の循環を中心に）　（藤森弘文、浅野りじ絵『いきをするのはなぜだろう』偕成社より）“森と海を結ぶ流域地域圏《エリア》社会”は、いわば生物個体としての人体になぞらえることができる。

　一方、「菜園家族」を基調とするＣＦＰ複合社会の場合も、よく考えてみると、ちょうどこれと同じように、〝森と海を結ぶ流域地域圏《エリア》社会〟の基礎単位である「菜園家族」と、〝森と海を結ぶ流域地域圏《エリア》社会〟（＝生物個体としての人体）とのあいだで、「エネルギーの共通通貨」であるＡＴＰに媒介されるような、エネルギー転換・拠出の原理が機能していることに気づきます。

　ＣＦＰ複合社会の〝森と海を結ぶ流域地域圏《エリア》社会〟の基礎単位であり、生物個体の細胞にあたる「菜園家族」は、自然界の一部から自然や農地や生産用具を自己の内部に「細胞質」としてとり込むことによって、それらと、細胞核にあたる「家族人間集団」とのあいだに物質代謝過程を成立させています。そして、週休五日制に則《のっと》り、まず週に五日は、細胞質にあたる「菜園」で働き、残りの二日は、細胞外の諸器官や組織にあたる、いわば資本主義セクターC、あるいは公共セクターPの職場に勤務します。週二日分の労働力、つまり「エネルギーの共通通貨」といわれるＡＴＰにあたるものを拠出することによって、生物個体としての人体にあたる〝森と海を結ぶ流域地域圏《エリア》社会〟を十全に機能させ、その見返りとして、「様々な養分」にあたる、いわば給与を貨幣で支給されます。この貨幣によって、「菜園家族」内で自給できないものを購入し自己補完する、このような仕組みになっているのです。

こう見てくると、「菜園家族」を基調とするＣＦＰ複合社会の〝森と海を結ぶ流域地域圏《エリア》〟は、生物個体としての人体の機能メカニズムにきわめて類似した社会に甦ってゆくことになるといわなければなりません。

人類史上、人間社会の基礎単位である「家族」は、賃金労働者の家族があらわれる近代以前においては、基本的には、生物個体としての人体の基礎単位である細胞に似せて、細胞核＝「家族人間集団」、細胞質＝「自然・農地・生産用具等」といった、細胞核と細胞質から成る生物細胞の構造や機能に限りなく近づけてつくりあげられてきたものである、ということができます。生物個体としての人体が、生命の起源以来、自然界の摂理によって、三十数億年ともいわれる長い時間をかけてつくりあげられてきた、生命体の構造上・機能上の究極のかたちであることを思う時、人間社会の基礎単位「家族」が、生物個体としての人体の細胞に似せてつくりあげられてきたこと自体、自然の摂理にかなった、至極当然の帰結であったともいえるのです。

ところが、近代資本主義は、生産手段という細胞質を失って、干からびた細胞のようになった賃金労働者の家族を社会に充満させることによって、生命体としてのこの究極のかたちをいとも易々《やすやす》とこの人間社会から放逐《ほうちく》し、社会を内部から衰退へとむかわせたのです。

〝森と海を結ぶ流域地域圏《エリア》社会〟の特質
——団粒《だんりゅう》構造

ところで、生物個体である人体と、これに対比される〝森と海を結ぶ流域地域圏《エリア》社会〟が、それぞれの基礎単位である細胞や「菜園家族」によって、どのように構成されているかという点に着目すると、かなりの違いが認められるように思います。

〝流域地域圏《エリア》社会〟の場合であれば、基礎単位である「菜園家族」によって、土壌学でいうところの多重・重層的な団粒《だんりゅう》構造に築きあげられている点が、生物個体である人体には見られない大きな違いであり、特質であるといってもいい点です。

前にも触れたように、この地域団粒構造の一次元にあらわれるものは、生物個体の最小の基礎単位である細胞にあたる「菜園家族」です。そして、二次元には、数個の「菜園家族」が集まって、「くみなりわいとも」が形成され、この「くみなりわいとも」がさらに数個集まって、三次元に「村なりわいとも」が形成されます。さらにその上位の四次元、つまり〝森と海を結ぶ流域地域圏《エリア》〟には、地方によってまちまちですが、百個ぐらいの「村なりわいとも」が集まって、「郡なりわいとも」が形成されます。そして、さらに、五次元の県レベルでは、いくつかの「郡なりわいとも」が集まって、「くになりわいとも」が形成されるのです。このようにして、地域の実態や社会発展の水準等々に規定されながら、地域団粒構造は築かれてゆくのです（一八三頁の図を参照）。

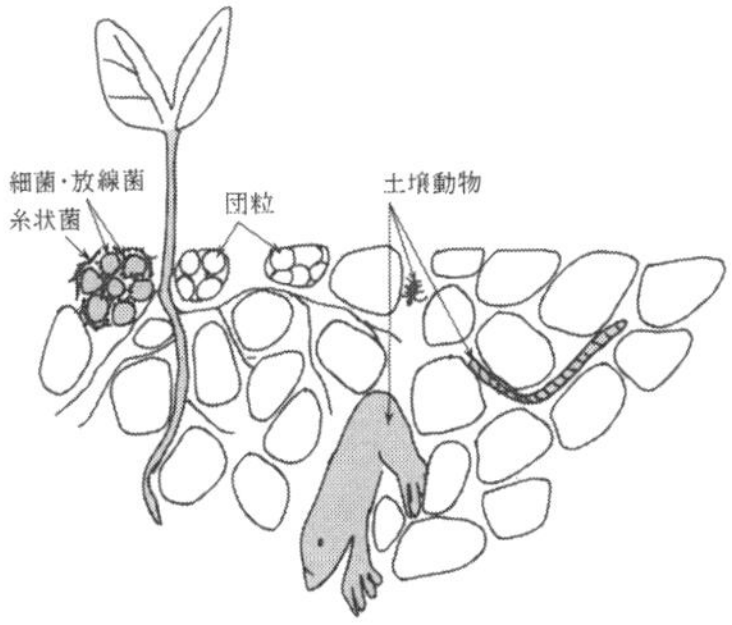

団粒構造の土　（『土の世界』朝倉書店より）

作物栽培には、ふかふかとした土づくりが大切であると、しばしば強調されるところですが、昔から篤農家《とくのうか》は、そのために並々ならぬ労力と時間をさいてきました。このふかふかとした土が、まさに土壌学でいうところの団粒構造なのです。

団粒構造の土は、隙間《すきま》が多く通気性に優れているといわれています。そのため、土の中の微生物がよく繁殖し、堆《たい》肥《ひ》などの有機物もよく分解されて、土が団粒構造に仕上ってゆきます。養分の面でも保水力の面でも、単粒《たんりゅう》構造の砂地やゲル状の粘土質の土とは比較にならないほど、優れています。そして、土中の湿度も一定に保たれ、酸素も多く含み、微生物の活動も活発なので、土はますます熟成されてゆくのです。団粒構造のふかふかとした土壌は、まさに人間の努力によって、長い歳月をかけてつくりあげられてきたものなのです。

こうしてできあがった団粒構造の土壌は、作物にとってだけではなく、土の中の微生物からミミズに至るまで、大小さまざまのあらゆる生き物にとって、実に快適ないのちの場となっています。ふかふかの土の中は、あらゆるいのちあるものが、相互に有機的に作用し合い、自己の個性にふさわしい生き方をすることによって、他者をも同時に助け、自己をも生かしている、そんな世界なのです。こうした団粒構造をつくりあげるには、もちろん時間がかかります。人間の〝森と海を結ぶ流域地域圏《エリア》社会〟も、優れた団粒構造に仕上がるには時間がかかることでは、まったく同じなのです。

この〝森と海を結ぶ流域地域圏《エリア》社会〟の地域団粒構造の構造上・機能上の基礎単位である細胞にあたるものが、「菜園家族」であるのです。この細胞には、すべての生物学的あるいは社会的な機能が、未成長な萌芽状態、あるいは未熟な原初形態のまま、ぎっしり詰まっています。したがって、原初的で萌芽的であるが故の未発達さや不十分さ、あるいは規模が小さいが故の機能の脆弱《ぜいじゃく》さや力量不足等々を補充し、補完するためにも、より上位の次元の団粒をさらにつくることによって、その解決をはかる必要があるのです。これは、生物個体には見られない、人間社会、特に「菜園家族」を基調とするＣＦＰ複合社会における〝流域地域圏《エリア》社会〟の大切な特質です。

この地域団粒構造全体の基底には、生物学的・社会的機能の原初的で萌芽的な形態を備えた細胞、すなわち「菜園家族」が、大地に根を張り、自然とのあいだに直接、物質代謝過程を成立させています。地域団粒構造の基底をあまねく占めるこれら無数の細胞、すなわち「菜園家族」によって、自然との直接的な不断の物質代謝が維持され、人間と自然との間の回路が開かれているのです。

歳月を経て、この細胞の核にあたる「家族人間集団」の世代交代がおこなわれる頃には、核分裂によってＤＮＡが継承され、細胞質にあたる「自然や農地や生産用具」は更新され、新たに若々しい細胞が甦ってきます。こうすることによって、「地域」には絶えず新しいいのちが吹き込まれ、活性化されてゆくのです。

また、「菜園家族」というこの細胞は、従来の農民家族についてよくいわれるように、決して狭隘《きょうあい》で閉鎖的なものではありません。週のうち五日は、細胞（＝「菜園家族」）で働き、残りの二日は、人体の諸器官や組織、つまり資本主義セクターＣの工場や企業や、公共セクターＰの役所や学校、病院、福祉・文化施設などの公共的機関に労働力を、人体の細胞になぞらえれば「エネルギーの共通通貨」ATPの形で搬送するのですが、ここでは通勤して労働力を拠出することになります。繰り返しになりますが、したがって、「菜園家族」は、いわば農夫と賃金労働者の二重化された性格をもつことになります。そのため、日常の活動範囲は、狭い「菜園」に限定されることなく、より広い世界で多様な活動をおこなうことになります。また、地域団粒構造の各次元にあらわれる「なりわいとも」の活動やNGO、NPO等々、新たに生まれてくる多彩な市民活動にも、積極的に参加してゆくことになります。

自然界を貫く普遍的原理

話は戻りますが、四十数億年前に地球が誕生して以後、気も遠くなるような長い時間をかけて、地球が変化してきた過程でおこる緩慢な化学合成によって、生命をもつ原始生物は出現したと考えられています。それが、今からおよそ三十数億年前、太古の海にあらわれた最初の生命であり、単細胞で、はっきりとした核のない原核細胞生物であったといわれています。

すべての生物の個体は、細胞から成り立っていますが、生物が誕生するためには、まず、前細胞段階のものが形成される必要があります。つまり、原始海洋にできた有機物が生命体になるためには、なんらかの外界との境界ができ、細胞のように一定の内部環境が形づくられなければなりません。やがて、酵素や遺伝子（DNA）などを含む前細胞段階のものが生まれ、これが長い歳月をかけて変化を遂げるうちに、成長や物質交代能力、分裂能力をもつようになり、原始生物へ進化したと考えられています。こうして誕生した最初の生命体である原核細胞生物の段階から、およそ三十数億年という歳月をかけて、生物は進化を遂げ、ついに大自然は、人間という驚くべき傑作をつくりあげたのです。

それだけに、人間の体の構造や機能の成り立ちを、細胞の核や細胞質の働きから、生物個体の組織や器官のひとつひとつの果たしている役割、そして、生物個体全体を有機的に統一している機能に至るまで垣間見る時、それらの驚くべき合理的な機能メカニズムの仕組みに、ただただ圧倒され驚嘆するほかありません。六〇兆ともいわれる無数の細胞から組み立てられた、この人間という生物個体の不思議に満ちた深遠な世界に引き込まれてゆくと同時に、それを数十億年という歳月をかけながら、ゆっくりと熟成させてきた、自然の偉大な力に感服するのです。

一方、これに比べて、直立二足歩行をし、石器も使用していた最古の人類があらわれたのは、たかだか三〇〇万年前のことであるといわれています。そしてやがて、遅かれ早かれ人類には、自然生的な共同体が最初の前提としてあらわれます。それは、家族や種族や種族連合体としてです。この原始的で本源的な共同社会は、やがて私的所有の発展によって、古代から中世へ、そして近代へと様々な形態に変形されてゆくのですが、古代以降においては、いずれにせよ人間社会は、社会の上層に一定の政治的権力が形成され、これによる「指揮・統制・支配」の原理によって、それに対応する何らかの下部組織がつくりあげられ、ひとつのまとまりある社会が形成され維持されてきました。近代になると、民主主義の一定の発展によって、国家機構は若干改良されたとはいえ、国家の本質が、「指揮・統制・支配」であることには変わりありません。

このように見てくると、人間社会が、構造上・機能上、極めて人為的な権力的「指揮・統制・支配」の原理によって、ひとつの社会的まとまりを保ち、そのもとに、それに見合ったさまざまなレベルの社会組織が形成され運営されてきたのに対して、人間という生物個体の場合は、生命の起源以来、大自然の恐るべき力によって、数十億年という長い歳月をかけて、自らの構造や機能を、極めて自然生的で、しかも現代科学技術の最先端をゆく水準よりも、はるかに精巧で高度な「適応・調整」の原理に基づく機能メカニズムに、完全なまでにつくりあげていることが分かります。ここでは、権力的な「指揮・統制・支配」の原理は、微塵《みじん》も見られません。まさに自然生的なこの「適応・調整」原理によってのみ、生命活動が営まれているのです。

私たちは、この偉大な大自然が数十億年という歳月を費やしてつくりあげてきた、自然界の最高傑作としかいいようのない、人間という生物個体のこの「適応・調整」原理に基づく機能メカニズムを、人間社会に組み込む必要に迫られています。私たち現代の人間社会は、極めて人為的な権力による「指揮・統制・支配」の原理に基づくメカニズムの中に、依然としてとどまり、いまだにそこから脱却できずにいます。人間という生物個体の自然生的な「適応・調整」原理に基づく機能メカニズムに、限りなく近づくことによって、この課題は解決されるはずです。

そのためには、何よりもまず、人間という生物個体の基礎単位である細胞の機能・構造上の原理を、現代資本主義社会の「地域」の基礎単位に甦らせることです。それはとりもなおさず、「菜園家族」をＣＦＰ複合社会の基本的な基礎単位に組み込むことであり、さらにそれを地域団粒構造にまで熟成させてゆくことなのです。

これが、真に民主的な手続きによって成立する地方自治体および「民主的政府」の究極の目標であり、最大の課題でもあるのです。そしてそれは、この政権を支持するすべての人々の日常不断の暮らしの中から出てくる、切実な願いでもあるのです。

さて、ここで、人間という生物個体は、自然生的な「適応・調整」の原理によって機能していると述べてきましたが、現代の自然科学の到達点を鑑《かんが》みながら、さらに深く思索をめぐらしてみると、この「適応・調整」の原理というものは、実は、宇宙における物質的世界と生命世界の生成・進化のあらゆる現象を貫く、もっと普遍的な原理であるように思えてくるのです。

細胞は、たくさんの異なった分子が、ともに働いている生命の統一体です。分子は、たくさんの原子の集まりであり、原子は素粒子の集まりです。そして、分子も細胞も生物個体も、惑星も太陽系も銀河系も、この宇宙のすべての存在は、きわめて微細なレベル、すなわち原子よりも小さい素粒子、さらには量子のレベルでつながっている〝場〟の中にあって、互いに強く繋がっています。

そして、最新の説では、この量子レベルのエネルギーの〝場〟は、エネルギーを運搬するだけでなく、情報も伝達している、といわれています。したがって、この宇宙観は、従来の宇宙観とは大きく違います。

宇宙は、記憶をもっているということなのです。一度生まれた情報は、その量子エネルギーの〝場〟に痕跡を残して、決して消え去りません。〝過去〟は、宇宙の量子エネルギー〝場〟に保存されていて、そこから情報を得て、新しい世界をたえず構築してゆくという

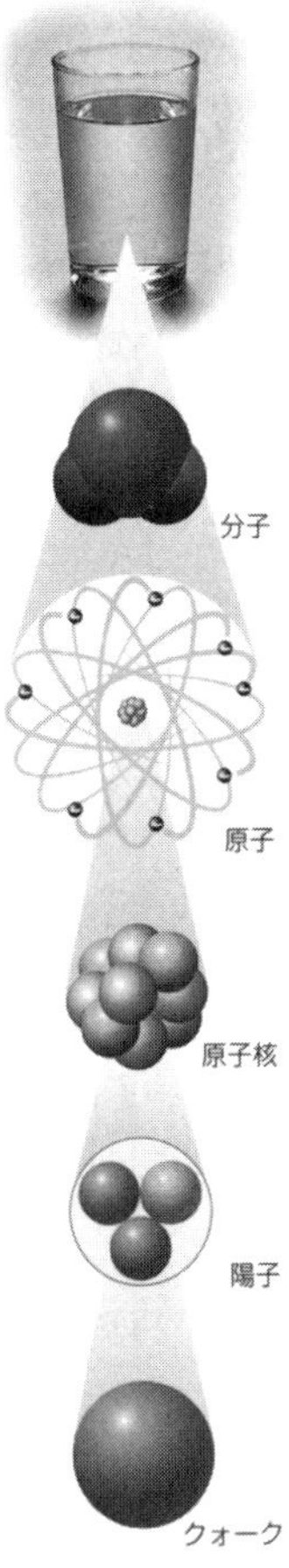

自然の階層性　物質を細かく分けていくと、段階的に、分子、原子、原子核といった構成単位が現れる。これを自然の階層性といい、その究極に位置する粒子を、素粒子という。現在では、それらの粒子は、ハドロン（陽子、中性子、π中間子など）と、レプトン（ニュートリノや電子、μ《ミュー》粒子など）と、ゲージ粒子（光子、ウイークボソンなど）に分類され、多くの粒子を統一して説明することが試みられている。（高校教科書『物理Ⅱ』数研出版より）

ことなのです。

こうした自然科学の成果や新しい宇宙観に立った時、次のような仮説が措定《そてい》されます。

物質あるいは生命のすべての存在は、それぞれが、分子や原子や、さらに小さい素粒子の「極小の世界」から、生命世界のＤＮＡや核や細胞や生物個体など一連の生命系、さらには惑星や太陽系や銀河系など宇宙の「極大の世界」に至る遠大な系の中の、いずれかのレベルの〝場〟に位置を占めています。そして、物質あるいは生命のすべての存在は、素粒子よりもさらに深遠な量子エネルギーのレベルで働いている共通の広大無窮《むきゅう》の〝場〟の中にあって、しかも、宇宙や自然界の多重・重層的な〝場〟の構造のそれぞれのレベルの〝場〟において、自己の外的環境の変化に対しては、自己を適応させようとして、自己を調整し、自己をも変革しようとします。つまり、この宇宙の量子エネルギーの広大無窮の〝場〟の中にあって、物質あるいは生命のすべての存在には、何らかの首尾一貫した統一的な〝力〟がたえず働き、貫かれていると考えられるのです。

自然の摂理ともいうべき、まさにこの統一的な〝力〟が、自然界の生成・進化のあらゆる現象の深奥にひそむ源であり、これが、宇宙や自然界のあらゆる現象を全一的に律する、「適応・調整」の普遍的な原理であるのです。

本書でこれまでに述べてきた「適応・調整」の原理とは、実は、このような考えにもとづくものであるのです。

ところで、これまで長い間、自然淘汰と突然変異が、生物界における進化と、生物における秩序の唯一の原動力であると信じられてきました。

しかし、淘汰によって選ばれた生物の形態が、もともと自然界を貫くより深遠な法則、すなわち「適応・調整」原理によって生み出されたものであるならば、自然淘汰は形態を生み出す唯一の原動力ではないことになり、生物も、より深遠なこの自然法則の現れだということになります。

したがって、われわれ人間も偶然の産物ではなく、生じるべくして生じたものだったということになります。

けれども、自然淘汰も、「適応・調整」原理のどちらも、単独では十分な働きをしません。つまり、自然淘汰は、より深遠な自然法則である「適応・調整」原理の、単なる下位の従属的な法則でしかないということになり、自然淘汰は、この「適応・調整」原理によって生じた秩序に対して働きかけをおこない、その秩序を念入りにつくりあげることになると考えられるのです。

さて、話を少しもどして、この自然界の「適応・調整」

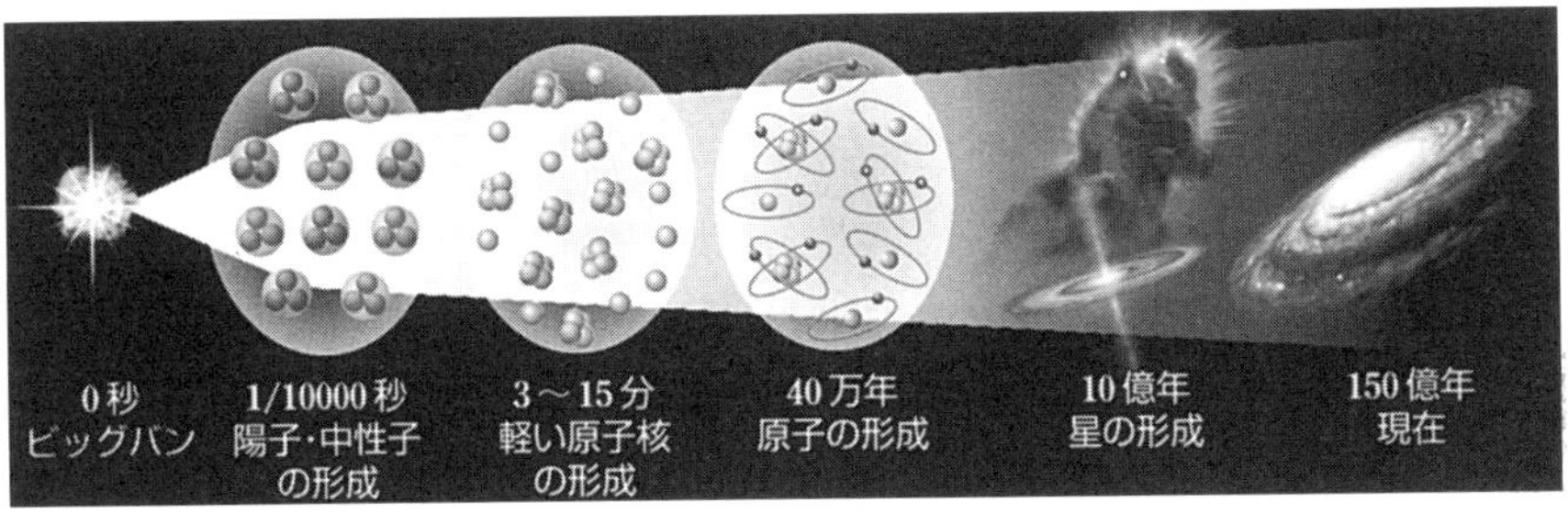

宇宙の歴史　今から百数十億年前、小さなエネルギーの塊が大爆発を起こし、宇宙ははじまった。その100万分の１秒後、物質の最小の構成粒子である素粒子の形成がはじまった。宇宙は膨張をつづけ、それとともに温度は低下していった。その過程で、原子や分子の誕生がつづいた。それらの原子・分子が重力で結合し、星が生まれた。私たちの地球は、星の終焉の１つである超新星爆発の破片から生まれた。このように、物質の究極の「極小の世界」を対象とする素粒子論と、「極大の世界」を扱う宇宙論は、互いに密接に結びついている。（高校教科書『物理Ⅱ』数研出版より）

原理を、これまでにも触れてきた「土壌の世界」にも敷衍《ふえん》して、若干、述べておきたいと思います。

土壌学でいうところの「団粒《だんりゅう》構造」も、実は、先にも述べた、まさに宇宙の〝場〟や、「極小の世界」の〝場〟に似せて、多重・重層的につくりあげられたものなのではないか、とも考えられるのです。つまり、土壌の団粒構造も、この自然界の摂理ともいうべき「適応・調整」の原理が、自然界の中での次元はかなり違ってはいるものの、「土壌の世界」においても働き、具現されたものなのではないか、ということです。

あるいはむしろ、団粒構造という構造そのものが、土壌に限らず、分子や原子や素粒子などの「極小の世界」から、惑星など宇宙の「極大の世界」に至るあらゆるレベルにおいて現れる、〝場〟の普遍的構造なのである、と言ってもいいのかもしれません。

ところで、最近になって知ったのですが、本書で言うところの仮説としてのこの「適応・調整」の原理が、生物複雑系科学の第一人者である、アメリカのスチュアート・カウフマンが唱えている「自己組織化」の原理（スチュアート・カウフマン著、米沢富美子監訳『自己組織化と進化の論理』、日本経済新聞社、一九九九年。原著“AT HOME IN THE

UNIVERSE:The Search for Laws of Self-Organization and Complexity”一九九五年）と、奇《く》しくも、本質的な部分で重なるところが多いことに驚き、この分野では門外漢である者としては、意を強くもし、その研究の今後の展開に期待しているところです。

これも、最近になって知ったことなのですが、原子の世界から人間社会、宇宙までを貫く原理とその構造を探求する「システム哲学」の研究で、数々の成果を上げているアーヴィン・ラズローも、著書『システム哲学入門』（紀伊國屋書店、一九八〇年）や、『創造する真空《コスモス》』（日本教文社、一九九九年）の中で、自然は共通の基本法則をアルゴリズムとして使い、そこから生まれる相互作用のダイナミックスによって、素粒子の水準から生き物の水準に至る世界の複雑さが形成されるとして、スチュアート・カウフマンが唱える「自己組織化」の原理とほぼ同様の結論に達しています。

そして、ラズローは、次のようにも述べています。

実験によって検証でき観測が可能な世界を相手にして、統一理論を構築しようとする現在の試みには、注目すべき洞察が含まれているようだが、まだ決定的な理論を提起するには至っていない。しかし、状況は、決して悲観的ではない。これを解決するには、重力、電磁気力、強い核力、弱い核力以外に、相互作用する〝場〟と〝力〟が存在するという認識をするべきである。自然界には、現在知られているこの四種類以外の〝場〟や〝力〟が存在する可能性がある。超微弱な作用をする「第五の場」を考えに入れれば、宇宙で進化するほとんどすべてのものを包括的に一貫した形で説明する鍵が、科学にもたらされる──これは、魅力的な予測である。

ラズローは、要約、このように述べて、締めくくっています。

アルバート・アインシュタインが、「われわれは、観測される諸事実のすべてを体系化できるもっとも単純な思考の枠組みを探しているのだ」と語っているように、人類は、科学の確立された世界観を求めてすすんできたし、これからもさらにすすんでゆくにちがいありません。

アインシュタイン（1879〜1955）
PPS通信社・提供

本書で提起し

た自然界を貫く「適応・調整」の普遍的原理は、こうした今日の科学の進展の中で、その仮説としての有効性が、いっそう明らかにされてゆくのではないか、と期待しているのです。

「高度に発達した自然社会」へ

さて、「菜園家族」を基調とするCFP複合社会をめざす、いわゆる「民主的政府」が樹立され、「CFP複合社会の本格形成期」をむかえた時、この政府のもとに形成される社会の新たな基本矛盾は何か、と問われれば、それはまぎれもなく、CFP複合社会の二つのセクター間の矛盾、すなわち資本主義セクターCと家族小経営（「菜園家族」）セクターFのあいだの矛盾である、といわなければなりません。逆説的な言い方をすれば、この「民主的政府」、すなわちこうした性格の政府であったとしても、国家が存在している限り、その存在自体が、この社会に依然として、基本的な対立・矛盾が存在していることを示しているのです。

したがって、この「民主的政府」に与えられた初期の段階での最大の課題は、このセクターCとセクターFとのあいだの基本矛盾を克服しつつ、家族小経営、すなわち「菜園家族」セクターFを絶え間なく発展させてゆくことにあります。そしてそれは、従来どおりの市場競争至上主義のアメリカ型「拡大経済」による自然環境の破壊と、家族の空洞化と、家族の破滅を許すのか、それともCFP複合の循環型共生社会の道を歩み、「菜園家族」を発展させることによって、疲弊しきった家族を甦らせるのか、という二者択一の選択のたたかいでもあるのです。

もちろん、資本主義セクターCの内部では、資本家層と労働者との対立矛盾は、依然として存在していますが、それは、CFP複合社会が円熟すればするほど、副次的な矛盾に転化せざるを得ない性格のものです。なぜならば、以前とはちがって、CFP複合社会にあっては、大多数の「現代賃金労働者」は、すでに「菜園家族」に止揚され、その結果、「現代賃金労働者」は、賃金労働者と農民の二重の性格をもった、資本からは相対的に自立した家族小経営として登場しているからです。そして、彼らは自らが選んだ自らの代表による「民主的政府」のもとにあるCFP複合社会の枠組みの中ですでに暮らしているのであり、したがって、家族小経営セクターFを強化し、自己の「地域」や国をCFP複合の循環型共生社会に発展させることが自己の最大の関心事であり、自己の最大の利益につながるからなのです。

地域自治体や政府は、こうした地域住民や広範な国民の強い要求と支持によって、さきの社会の基本矛盾を克服してゆくにちがいありません。その結果、家族小経営セクターFはいよいよ発展し、資本主義セクターCは、次第に公共セクターPに転化してゆくことになります。と同時に、工業部門や商業・サービス・流通などの第二次、第三次産業は、公共的セクターPの中にあって、やがて社会全体に定着してくる「循環の思想」によって、「拡大型」に代わって、「循環共生型」の科学・技術を新たに創造し、開発してゆくにちがいありません。

こうして、資本主義セクターCと家族小経営セクターFとのあいだの矛盾は、次第に解消してゆきます。そして、「菜園家族」を基調とするCFP複合社会は、すでに述べたように、家族小経営セクターFと公共的セクターPの二つのセクターから成る社会へと、完全に移行してゆくことになります。この時、この社会は、ここではじめて、一八世紀産業革命以来の資本主義を超克し、二〇世紀を、そして今なお二一世紀をも風靡している市場競争至上主義のアメリカ型「拡大経済」と訣別《けつべつ》し、「菜園家族」を基調とする「自然循環社会」（FP複合社会）に到達するのです。

「菜園家族」を基調とする「自然循環社会」に移行しても、しばらくのあいだは、「民主的政府」は、権力的「指揮・統制・支配」の原理に基づく機能の役割を、なおも担うことにならざるをえないでしょう。なぜならば、このFP複合の「自然循環社会」は、生物個体のように自然生的な「適応・調整」原理のみで機能し運営されるような段階には、未だ到達していないからです。そうした「適応・調整」原理だけでは社会が機能しない未完のあいだは、旧社会の母斑《ぼはん》ともいうべきへその緒《お》をひきずるほかに道がないからです。しかしながら、この「民主的政府」の権力的な「指揮・統制・支配」の原理に基づく機能メカニズムという、いわば旧社会の母斑は、この「自然循環社会」が成長し円熟するにつれて、その役割をおえ、やがて消えてゆく運命にあります。

私たちは、遠い未来において、この「自然循環社会」がいよいよ発展し、円熟し、この旧社会の母斑である「民主的政府」の政治的権力を必要としない段階に至った時にははじめて、国家の消滅を社会の発展法則に従って承認することになるでしょう。この時、この社会は、人類史上、私的所有の発展によって生じた、権力的な「指揮・統制・支配」の原理にかわって、自然界が数十億年という長い歳月をかけてつくりあげてきた、生物個体の驚くべき精巧で高度かつ自然生的な「適応・調整」機能メカニズムを、この人間社会に完全に組み込むことになるのです。私たちは、この社会を自然界と同一の原理に基づくものとして、「高度に発達した自然社会」と名づけることにしたいと思います。

さて、人間は、私的所有の発生以来、人間社会を自然界とはまったく異質の原理、すなわち権力的な「指揮・統制・支配」の原理によって統括し、築きあげてきました。その結果、人間は、それ以来、自然界の中に、人間社会という名の、あたかも悪性の癌《がん》細胞のような社会組織をつくり出し、増殖と転移を繰り返しながら、この地球の表面を蝕《むしば》み、人間自身をもおびやかしてきたのです。近年、地球環境の危機が叫ばれながらも、今なおこの「指揮・統制・支配」という異質の原理によって発生した癌細胞は、増殖と転移を繰り返しながら、とどまることを知りません。それどころか、市場競争至上主義のアメリカ型「拡大経済」を信奉する超大国は、「京都議定書」の批准《ひじゅん》をめぐる問題にも見られるように、世界の良心がその対症療法として設定しようとする最低限の枠組みすら認めようとはしません。

私たちは今こそ、生物進化の歴史と人類史を謙虚に総括することによって、自然生的な「適応・調整」原理に基づく生物個体の生命のメカニズムに比べて、人間社会の権力的な「指揮・統制・支配」原理に基づく機能メカニズムが、いかにおぞましく罪深いものであるかを自覚しなければなりません。

一九世紀以来の社会主義理論は、特に現実社会へのその理論の適用においては、重大な誤りをおかしたと見るべきです。資本主義超克の「A型発展の道」、すなわち生産手段の社会的規模での「共有化」を先行させ、社会的規模での共同管理・共同運営をおこなうというテーゼそのものの中に、人間発達の側面を軽視し、専制支配を許し助長する温床が、当初から準備されていたのです。このことについては、ソ連社会主義をはじめ東ヨーロッパ、モンゴルなど、世界のいくつかの冷厳な現実によってすでに実証されてきたことであり、今や周知の事実になっています。

今こそ生産力信仰からの訣別《けつべつ》を

ところで、資本主義が本質的にそうであるように、社会主義の理論の根底にも、生産力至上主義の思想が当初から根強くあったと見なければなりません。結局、それを理論上も、最後まで克服することができなかったということについて、ここで特に注意を喚起しておきたいと思います。

今日の地球環境の問題の深刻さを目の前にしてかえりみる時、この生産力至上主義の弊害は、ますます明確になってきています。生産力至上主義の思想からは、生物個体のもつ、極めて優れた自然生的な「適応・調整」原理に注目し、それを理論上、人間の未来社会の原理として組み込むことによって、自然生的な循環型共生社会へと至る道を導き出すということは、到底、思いも寄らぬことだったのかもしれません。

中世ヨーロッパでは、キリスト教の教えと調和し素朴な経験と一致する、地球中心の天動説が一般的に信じられていました。一七世紀になると、ガリレイが教会の迫害を受けながらも、望遠鏡による天体観測を通じて地動説を主張し、ケプラーも地動説を受け、ついで惑星の運行の法則を発見しました。また、ニュートンが万有引力の法則や微分積分の原理を発見するなど、一七世紀から一八世紀にかけては、自然科学におけるこのような一連のめざましい進展が見られました。

こうした自然科学の発展を背景に、一八世紀には産業技術の開発も進みます。ワットの蒸気機関の発明、製鉄法の開発、アークライトの水力紡績機、カートライトの力織機、さらに一九世紀に入ると、自動旋盤《せんばん》や精密工作機械の発明によって、機械による機械の大量生産体制が確立してゆきます。こうして、マンチェスター＝リバプール間鉄道が開通したのは、一八三〇年です。イギリスにおける産業革命の進展は、社会に負の遺産を残しつつも、その飛躍的な生産力の発展によって、中世以前のどの時代にも見られなかった速さで、人々の科学技術への信頼と期待を高めていったのです。

このような社会的風潮を背景に、科学技術と生産力の発展が、人間の幸福を約束し、社会の富を増大させ、良くも悪くも社会を変革する主導的な要因であると、一九世紀の多くの人々の目に映ったのも、無理もないことであったのでしょう。

一九世紀前半における社会改革の実践家であり、思想家でもあったロバート・オウエンをはじめ、一九世紀後半のマルクスやエンゲルスに代表される先進的な思想家や理論家たちも、生産力重視の考えに傾斜し、それを自己の理論の核心に据えたのも、この時代状況からすれば、極めて当然のことといわなければなりません。そして、生産手段の分散性と狭隘《きょうあい》性を特徴とする前近代的家族小経営をとるに足らぬものとして軽視し、その結果、未来社会への発展の重要な基盤を内包するものとしてそれを評価するなど、思いも寄らなかったことも、やはり同じ生産力重視のその時代の現実の反映であった、というほかありません。

こうした事情から、家族小経営を未来社会への重要な槓《こう》杆《かん》として位置づけることができなかったとすれば、当然のことながら、そこからは、「家族」という人間集団そのものの評価にも、おのずと限界が生じてきます。資本主義超克の道として、「生産手段の共有化」か、あるいは「生産手段の再結合」、つまり賃金労働者家族と生産手段との「再結合」による「菜園家族」の創出か、という二者択一の選択肢が提示されたとしても、おそらくは「再結合」への道の本質は、ほとんど考えもおよばぬことであったにちがいありません。

むしろ農民「家族」を、中世封建制に規定されるが故のその家父長的・保守的・閉鎖的性格など、否定的側面の方により注目して捉えていたのです。また勃興する資本主義の中で、ますます貧富の差が広がり、労働者「家族」が悲惨な暮らしに追い込まれ崩壊してゆく現実と、その対極にあるブルジョア「家族」もまた、私有財産制のもとで欺瞞《ぎまん》性を内包していることを目の当たりにして、社会正義の情熱からそれらを嫌悪すればするほど、一気に「生産手段の共有化」を先行させ、資本主義のもたらすそのような害悪を克服し、「家族」そのものをも性急に止揚すべきであると指向したのでした。そして、その結果として、「生産手段の再結合」の道は、閉ざされたまま今日にまで到ったのです。

ましてや、ここで述べてきたような、「家族」を生物個体の細胞になぞらえて、人間社会の基礎単位に甦らせ、「菜園家族」を基調とするCFP複合社会を構想し、さらに「自然循環社会」への発展から「高度に発達した自然社会」へと至る理論を導くことなどは、ほとんど思いもよらないことであったにちがいありません。資本主義を超克するために、生産手段の共同所有を先行させ、社会的規模での共同管理・共同運営をおこなうことを唯一の道として選択するほかなかったのは、一九世紀および二〇世紀の時代的限界であったと見なければなりません。二一世紀の今こそ、この時代的制約から解放されなければならないのです。

さて、再三述べてきたように、この生産手段の「再結合」による、「B型発展の道」の相次ぐ三つの発展段階、すなわち「CFP複合社会」、「自然循環社会」、そして最後にあらわれる「高度に発達した自然社会」のいずれの発展段階においても、それぞれの社会の基礎単位を成すものは、生物個体の細胞にあたる「菜園家族」であることにはかわりありません。生物界の個体がどのように進化したとしても、細胞が生物個体の基礎単位でありつづけていることと、それは符合しています。自然界の生物個体の細胞に似せて構成される「菜園家族」が、構造上も機能上もそのすぐれた特質を備えていることによって、人間社会も究極において、生物個体の自然生的な「適応・調整」原理による機能メカニズムに、限りなく近づくことが可能なのです。そして、それをより完全に近い形で可能にするのは、最後の発展段階にあらわれる「高度に発達した自然社会」であるのです。

　この「高度に発達した自然社会」が形成されてはじめて、自然界はそれ自身の中から、人間社会という異質の原理によって増殖する悪性の癌《がん》細胞を取り除き、自然界と人間社会が、同一の自然生的な「適応・調整」の普遍原理によって統一的に機能する、大自然界という新たな一つの生命体に融合してゆくのです。こうしてはじめて、自然は究極において甦るのです。この時、人間は、自然の一部となり、人間そのものが自然になって、人間は、「指揮・統制・支配」の原理から解放され、自然生的な「適応・調整」原理に基づき機能する「高度に発達した自然社会」の中で、自由と平等と友愛を自らのものにすることができるのです。

　結局、人間社会は、「現代賃金労働者」と生産手段との「再結合」による「B型発展の道」を選択することによって、大自然が生命の起源以来、数十億年という進化の全過程をかけて、この「適応・調整」という普遍原理に基づきつくり出してきた生物個体の最高傑作、すなわち人間という生物個体の驚くべき精巧で自然生的な機能メカニズムに、限りなく近づいてゆくことになるのです。

　自然に対して謙虚にならなければならないと、よくいわれてきました。けれども、うわべだけの謙虚さであってはならないはずです。「環境にやさしい商品」であるとか、「地球にやさしい暮らし」とか、「環境にやさしい県政」等々、自然にやさしいことばは、今や流行語のように世に氾濫《はんらん》するようになりました。しかし、それは本当にそうなっているのでしょうか。今や私たちの社会は、うわべのことばだけでは、どうにもならないところにまで来てしまったのです。

　私たちは、人間を、世界を、根源から問い直し、世界を根本から組み換えなければどうにもならないほど、大地から離れ、遠くにまできてしまいました。二一世紀の世界は今、多くの尊いいのちを犠牲にして、血で血を洗う残酷きわまりない現実を日常茶飯事のように見せつけながら、人間の悪業がどこからきたのかを真剣に考えるよう、私たちに迫っています。

イギリス産業革命以来、人類が追い求めてやまなかったその生産のあり方は、今日の世界に様々な問題を投げかけています。富裕と浪費のかげでうごめく飢餓と貧困。イラク戦争をはじめ、今日、世界各地に頻発する地域戦争。これらは、単なる自然の災害や、天から降ってくるどうしようも避けられない災難などでは、決してないのです。人間自身の側のあり方に深くかかわっている問題なのです。

人類の物質的生産力は絶え間なく発展し、生活水準は〝向上〟しつつあるかのように見えますが、人間の生存に必要不可欠な母なる大地は破壊され、いのちをつなぐために最も主要な財を生産する農業は、陽の当たらない営みへと追いやられ、農業の危機が叫ばれ、世界各地で食糧不足が発生しています。農業を犠牲にして、工業製品を大量に生産し、外国に売りつけ外貨を稼ぎ生きのびる経済の仕組み。そこでは、経済効率万能主義と競争至上主義が蔓延《まんえん》し、人間性は徹底的に抑圧されます。

こうした経済のあり方は、今や限界に達しています。出口の見えない深刻な経済不況、今、世界を覆っている、人間が人間を「合法的に」平然と殺す戦争の風潮。これらは、そのことを端的に物語っています。

今、私たちは、現代社会が追求してやまない価値自体をも批判的に検討し、その転換をはかることを迫られているのです。今日のようなうわべだけの生産力の発展がもたらしている現実は、生産力の発展を手放しで褒《ほ》めることができないことを示しています。そして、人々の多くは、このことに気づきはじめています。これまでの人間と自然、人間と人間との関係を反省し、人類の生存と、これからの文明のあり方に根本的な反省を加える必要があります。

人類による生産活動の効率は、労働の生産性だけで計ることができないことは、ますます明らかになっています。工業は、土地面積あたりの生産性をたしかに増大させましたが、その負の面は、自然の物質的循環の人工化、あるいは自然破壊の深刻化となってあらわれてきました。人類の生産活動の無制限の拡大は、自然破壊を極限にまで推し進めるにちがいありません。何らかの理性的な制限を課すことなく、人類の生産活動を次の世代まで拡張し続けることはできないのです。

自然は有限であり、最大の問題は、この有限性と人類の発展をいかに調和させるのかという点にあります。先進諸国においては、すでに生産力の絶対的不足は問題ではなく、生産力の浪費と、成果の不平等な分配が問題なのです。そして、資源の収奪、労働力の酷使などによる自国内の労働者やアジア・アフリカなど第三世界の人々との歪《ゆが》んだ関係が問題であるのです。

次代の生産体系の構想は、自然との調和を追求するものであるべきです。これは、現代の私たちにつきつけられた、緊急かつ重要な課題です。今日の不均等・不公正な世界経済体制の是正のためにも、今日の先進諸国は、むしろ生産縮小にすすむべきです。大量生産・大量浪費・大量廃棄システムの進展とそのグローバル化の波をおしとどめない限り、地域性に根ざした産業の発展の芽はことごとく摘みとられてしまいます。大都市集中指向、中央集権型の今日の先進国的体系に抗して重ねられている、地域のあらゆる潜在的能力を生かした家族小経営や、その多品目少量生産システムに基づく多彩な地域づくりの試行は、無残にも踏みにじられてしまうでしょう。

少なくとも、私たちが考察してきた二つの地域―モンゴルの遊牧地域と日本の農山漁村―は、それぞれのちがった立場から、自らの歴史と実践によって、このことを身をもって示してくれているのです。

私たち人類は、究極において「高度に発達した自然社会」に到達するのです。ここに提起された「現代賃金労働者」と生産手段との「再結合」による「B型発展の道」、すなわち「菜園家族」構想の道は、こうした混沌とした今日の世界的状況を克服し、この究極の目標にむかって、人類が自らの未来を切り拓く、唯一残された道であるのです。

第四章　森と海を結ぶ菜園家族

人間を大地から引き離し、虚構の世界へとますます追いやる市場競争至上主義のアメリカ型「拡大経済」に、果たして未来はあるのでしょうか。ここに提起する「森と海を結ぶ菜園家族」のこの道に、あらためて、〝大地に生きる〟人間復活の思いを込めたいと思います。

1　日本列島が辿った運命

森と海を結ぶ流域循環

日本列島を縦断する山脈。この山脈を分水嶺に、太平洋側と日本海側へと水を分けて走る数々の水系。かつては、この豊かな水系に沿って、森と海を結ぶ流域循環型の特色ある美しい地域圏《エリア》が、日本列島の各地に形成されていました。人々は、この流域循環の中で、とけ込むようにつつましく暮らしていたのです。

川上の森には、奥深くまで張りめぐらされた水系に沿って、集落が散在し、人々は畑や田や森を無駄なくきめ細やかに活用し、森を育て、自らのいのちをつないできました。広大な森の中に散在し、森によって涵養《かんよう》された無数の水源から、清冽《せいれつ》な水が高きから低きへととめどもなく流れるように、森の豊かな富は、山々から平野部へと人々によって運ばれ、また、それとは逆方向に、平野や海の幸は、森へと運ばれていきました。

こうして、森や平野や海は、互いに補完し合いながら、それぞれかけがえのない独自の資源を無駄なく活用する、特色ある森と海を結ぶ流域循環型の自立した流域地域圏《エリア》を、長い歴史をかけて築きあげてきたのです。山脈から海へ向かって走る数々の水系に沿って形成された、こうした森と海を結ぶ流域循環型の地域圏《エリア》が、南は沖縄から北は北海道に至るまで、土地土地の個性と特色を生かし、日本列島をモザイク状に覆《おお》っていたのです。

ところが、日本列島を覆っていた、森と海を結ぶこの流域循環型の地域圏《エリア》は、いとも簡単に崩されてしまいました。それも、戦後の高度成長がはじまる一九五〇年代半ばから七〇年代初頭までの、わずか二〇年足らずの間にです。日本列島に展開された、縄文以来一万数千年におよぶ森から平野への暮らしの場の移行。その長い歴史の流れからすれば、それは、まさにあっという間の出来事としか言いようのないものであったのです。

森から平野へ移行する暮らしの場

私たちのはるか遠い先祖は、よく言われているように、森の民として歩みはじめました。日本列島は、長かった氷河期が終わり、気候が温暖・湿潤化すると、これまであった亜寒帯・冷温帯の針葉樹に変わって、ナラやブナやドングリのなる温帯の落葉広葉樹が広がり、そうした中で、縄

文の独自の「森の文明」を高度に発展させました。そして、一万年以上にわたって、東アジアの果ての小さな列島の中

画・志村里士

で、世界のどの文明にも劣らぬ、高度で持続性のある循環型の文明を育《はぐく》んできたと言われています。

しかしやがて、一万年以上も続いたこの縄文の文明にも、崩れゆく運命がやってきます。それが弥生時代のはじまりです。

紀元前一千年ごろに、気候の寒冷化に伴って吹き荒れたユーラシア大陸の民族移動。この嵐に日本列島も呑《の》み込まれてゆきます。大陸からやって来た人たちが持ち込んだものは、灌漑《かんがい》を伴う水田稲作農耕でした。日本は、縄文時代から弥生時代へと大きく移行してゆくことになるのです。つまり、人々の生業《なりわい》が採取・狩猟・漁撈《ぎょろう》から農耕へと、そして暮らしの場が森から平野部へと、徐々にしかし大きく動き出すのです。

この森から平野部への暮らしの場の移行期において、人々の暮らしの形態は、土地土地の特性に応じて、森での採取・狩猟・漁撈と農耕の、それぞれのさまざまな比重の組み合わせによって、特色ある種々の変種《バリエーション》があらわれながらも、結局は、水田稲作農耕へと大きく収斂《しゅうれん》してゆきます。

こうした大きな流れの移行期にあって、里山は、水田の肥料に利用する落ち葉や森の下草の供給源として、また、

薪《まき》・炭といった燃料や、住居・木工のための木材源として、あるいは、秋に木の実を採取し、冬にはイノシシやシカ狩りをする場として、そして何よりも、水田を維持する水源涵養林として、資源を有効に無駄なく利用する「森と野」の農業において、重要な位置を占めるようになってゆきました。

その後、長い時間をかけて次第につくりあげられてきた日本独特の農業は、最終的には、農民家族経営としての「本百姓《ほんびゃくしょう》」が確立する江戸時代に完成を見、円熟してゆくことになります。各地の森と海を結ぶ流域循環型の地域圏も、こうした長い歴史過程の中で、同時並行的に確立されてきたものなのです。

そしてやがて、明治維新をむかえ、大正・昭和と、日本は近代資本主義の道を歩むことになるのですが、この近代化の時代においても、基本的には、この森と海を結ぶ循環型の流域地域圏《エリア》を根幹とする日本農業の基本は、崩れることなく、第二次世界大戦後もある一時期までは維持されてきたのです。

高度経済成長と流域循環

ところが、先にも触れたように、戦後一九五〇年代の半ばからはじまる高度経済成長は、わずか二〇年足らずの間に、列島を隈《くま》なく覆っていた森と海を結ぶこれら個性豊かな流域循環型の地域圏《エリア》をズタズタに分断し、森の超過疎と平野部の超過密を出現させました。農業や林業や漁業といった第一次産業を犠牲にして、工業を極端に優遇する政策によって、工業や流通・サービスなど第二次・第三次産業を法外に肥大化させてしまったのです。

その結果は、極限にまで人工化され、公害に悩む巨大都市の出現と、荒れ果てたまま放置された森林資源に象徴される国土の荒廃です。今、第二次・第三次産業は、絶対的な過剰雇用・過剰設備の極限に達し、わが国は、巨額の財政赤字と国債を抱えたまま、身動きできない状況に陥っています。

今ここで、この急激な変化をもたらし、今日に至った経緯について、その歴史を少し辿ってみたいと思います。

戦後日本資本主義は、一九五〇年の朝鮮戦争、つまり隣国の不幸によってもたらされた特需によって、戦後はじめての設備投資ブームをむかえ、その復興の契機をつかみました。そして、一九五〇年代の中ごろから七〇年代の初頭にかけて、およそ二〇年間、日本経済は一〇%という未曾有《みぞう》の経済成長を経験したのです。

一九六〇年安保闘争のさなかに退陣した岸首相の後を受けて成立した池田内閣は、「所得倍増計画」を打ち出し、経済成長を押しすすめます。衣料や蛍光灯などの小物からはじまった「生活革命」は、洗濯機・冷蔵庫・テレビなど、大型耐久消費財の登場によって本格化します。一九六〇年代の中ごろになると、それらが八割超の家庭に普及し、「生活革命」も鈍るかに見えたその矢先、今度は自動車・カラーテレビ・クーラーなど新たな耐久消費財が登場し、その後の「生活革命」を推進してゆきます。

拍車かかる「家庭電化」ブーム　電気器具店で洗濯機に見入る人々（1955年）。写真提供・読売新聞社

敗戦直後のどん底に喘《あえ》いでいた国民にとって、目の前に現れたアメリカのライフスタイルは、光り輝くあこがれの対象でした。日本より一足早く一九二〇年代に「高度成長」を経験し、モータリゼーションを完了したアメリカでは、すでに五〇年代の初頭には、「高度大衆消費社会」が実現していました。日本は、そのようなアメリカの姿を夢見ながら、その後を追いつづけることになるのです。

新しい技術の導入の必要性を意識しながらも、設備投資を実行に移せないできた日本の企業が、一九五〇年にはじまる朝鮮戦争のブームによって、そのきっかけをつかんだことは、先にも触れました。こうして、日本の企業は、一九五一年には、鉄鋼生産の近代化と大型化を目的とした技術革新をめざし、鉄鋼業の「第一次合理化計画」を開始します。技術革新は設備投資を促し、設備投資がなされると量産の利点が生かされ、製品のコストダウンと品質向上が促進されます。その上、鉄鋼のような素材産業で、盛んに設備投資がおこなわれ、新しい技術が導入されると、裾野の広い洗濯機やテレビなど耐久消費財の「下方産業」でも、コストダウンと品質向上が可能になり、価格さえ低下すれば、需要はいくらでも伸びたのです。

また、設備投資と技術革新は、労働生産性を高め、賃金・所得を上昇へとむかわせます。価格が下がり、所得が

新潟から集団就職で上京した「金の卵」たち（1962年）
あこがれの東京に出てきたものの、仕事の内容や労働条件、職場での人間関係に失望し、転職を繰り返す者も出てきた。写真提供・読売新聞社

向上するにつれて、耐久消費財は猛烈なスピードで普及しました。そして、こうした耐久消費財の普及は、金属やプラスチックなど素材に対する需要を新たに生み出すので、素材産業の設備投資がさらに促進されます。高度経済成長期には、経済成長を促すこのような「円環」が成立していたのです。

一方、都市工業部門で生産性が向上し、賃金が向上すると、人々が農村から都市へと移動します。その結果、高度成長期には「単身世帯」や「核家族」が急速に増えました。経済成長の結果、世帯数が増加したのですが、それはまた、「下方産業」の耐久消費財の需要を拡大することによって、さらなる高度成長を促す要因にもなったのです。

戦前の日本経済は、繊維産業を中心とした「輸出主導」の成長であり、「低賃金」が成長にとって一つのプラス要因であったのですが、戦後の高度成長は、戦前とは違い、国内需要主導の成長だったのです。

こうした国内需要主導の流れと併行して、技術革新と設備投資がすすむにつれて、製品の品質向上とコストダウンが達成されることになり、輸出力もつけてくることになります。そして、やがて国内の需要が満たされ、需要が鈍化すればするほど、それに伴って、海外の需要にますます依存せざるを得ない状況に陥ってゆくのです。輸出が増大すれば、海外からの輸入圧力が高まるのは、当然の成り行きでした。同時に新興工業国の発展に伴って、海外の市場にもかげりが見えはじめてきます。

このように、戦後日本の高度経済成長は、耐久消費財の普及、農村から都市への人口移動と世帯数の増加を基底に、盛んな設備投資によってもたらされたものです。したがって、農村から都市への人口移動と世帯増加が減速し、次々に登場してきた耐久消費財が普及し、その結果、需要が満たされ、さらなる需要の増加が見込めなくなれば、供給過剰に陥り、過剰設備・過剰雇用となって、高度成長を促す基底の要因が失われてゆくのは、当然の成りゆきです。

戦後日本の高度経済成長は、こうしてついに、一九七〇年代の初頭に終焉《しゅうえん》したのです。

「日本列島改造論」

先に触れた一九六〇年代初頭の池田内閣の「所得倍増計画」には、太平洋ベルト地帯以外からの格差是正を求める批判の声を考慮して、「後進性の強い地域の開発優遇ならびに、所得格差是正のため、速やかに国土総合開発計画を策定し、その資源開発につとめる」というただし書きが付いていました。これを具体化したのが、「都市の過大化の防止と地域格差の縮小」を目標とする全国総合開発計画（一全総、一九六二年閣議決定）です。さらに一九六九年には、新全国総合開発計画（二全総）が、過密と過疎の同時解決を目標にスタートし、地域開発の基礎単位として、「広域生活圏」という理念を打ち出しました。

『日本列島改造論』
（田中角栄著、1972年）

一九七二年、政権最長記録の佐藤栄作内閣を継いで、田中角栄が首相となり、『日本列島改造論』をひっさげて登場してきました。田中角栄のこの『日本列島改造論』は、基本的にはこれら一全総と二全総を下敷きにしているのですが、彼はこの中で、以下のような興味深いことを言っています。

「日本経済の高度成長は終わった」という論に対して、彼は、「民間設備投資の伸びが大きく期待できないとしても、我が国経済の成長を支えうる要因はまだ十分に存在している。その一は、社会資本の拡大であり、時代の変化に対応し、これまでの民間設備投資主導の経済運営を転換して、公共部門主導による路線を根幹に据え、その実現に努めるならば、日本経済はまだまだ高い成長を持続してゆくことが可能である。」と主張したのです。

そして、さらにこう述べているのです。

日本経済の高度成長によって、東京、大阪など太平

朝のラッシュアワーにもまれる人の波（1965年、東京）　翌年、日本の総人口は１億人を突破した。写真提供・読売新聞社

四日市工業地帯の大気汚染（1970年、三重県）　日本各地で起きる公害が社会問題化する中、1969年、政府は、公害白書を発表した。写真提供・読売新聞社

洋ベルト地帯へ産業、人口が過度集中し、わが国は世界に類例を見ない高密度社会を形成するに至った。巨大都市は過密のルツボで病み、あえぎ、いらだっている反面、農村は、若者が減って高齢化し、成長のエネルギーを失おうとしている。……都市集中のメリットは、いま明らかにデメリットへ変わった。国民がいまなによりも求めているのは、過密と過疎の弊害の同時解消であり、……そのために都市集中の奔流を大胆に転換して、民族の活力と日本経済のたくましい余力を日本列島の全域に向けて展開することである。工業の全国的な再配置と知識集約化、全国新幹線と高速自動車道の建設、情報通信網のネットワークの形成などをテコにして、都市と農村、表日本と裏日本の格差は必ずなくすことができる。

（田中角栄『日本列島改造論』、日刊工業新聞社、一九七二年より）

こうした展望のもとに、田中角栄は、まさに国内需要が枯渇《こかつ》し、民間の設備投資が不振に陥っているその時に、民間設備投資に代わって、国家財政を出動し、莫大な公共投資によって需要の拡大を図り、高度成長を持続させる時代の到来を狙《ねら》ったのです。

一九六〇年代の高度成長期においては、耐久消費財の需要と、技術革新による民間設備投資の「円環」を絶えずまわそうとしていました。そのことによって、「超過利潤」をめざす企業が群生的に現われる時が「好況」であり、それこそが経済成長の主要因であったのです。田中角栄は、

山陽新幹線・新大阪〜岡山間が開業　紙吹雪が舞う中を岡山駅からスタートする一番列車（1972年）。写真提供・読売新聞社

それを『列島改造論』で、「公共投資による需要の拡大」へと政策転換したのです。

財政赤字・累積《るいせき》国債による公共投資依存型経済運営の原型は、この時に完成されたといってもいいのです。今日の深刻な経済危機を招く発端も、ここに見ることができます。また、政治腐敗の温床も、こうした政策や政治手法と密接に関連していることに注目しなければなりません。そこには、容易には変えられない、歴史的に形成された根深いものがあるのです。

断ち切られた流域循環

しかし、上からの土木工事によっては、「高度成長」を生み出すことはできませんでした。高度成長を生み出す本来のメカニズムは、その時すでに終焉していたのです。

それどころか、意図する方向とはまったく違ったものになってゆきます。建設ラッシュは、激しい地価の上昇を生み出しました。一般物価のインフレですら七三年には十一％を超え、「狂乱物価」の時代を招いたのです。この『日本列島改造論』によって、日本の経済と政治、そして日本人のライフスタイルから精神に至るまで、大きく歪められ、深刻な社会問題を続発させてゆくことになるのです。

エネルギーを石炭から石油に転換し、重化学工業化路線を選択した戦後一九五〇年代後半以降から七〇年代初頭までの高度成長期とその後の歴史は、日本の国土と地域の暮

らしに、一体、何をもたらしたのでしょうか。

この時期に、工業製品輸出型経済の貿易黒字を頼りに、効率の悪い食糧生産や木材生産は、海外からの輸入品で代替させ、農業や林業などの第一次産業は犠牲にするというパターンが出来あがったのです。投資効率のよい平野部の大都市やその周辺部に資本を集中し、「効率性」を優先させた工業にのみ都合のよい、国土開発が追い求められてゆきます。

田中角栄の『日本列島改造論』は、先にも触れたように、国内の需要が頭打ちになり、不振に陥っているその時に、民間設備投資に代替する、莫大な公共投資と輸出市場の拡大とによって高度成長を維持しようとする、こうした動きの頂点に立つものであったのです。

ですから、その結果は、火を見るよりも明らかです。大都市への人口移動をかえって加速させ、長い歴史の中で培ってきた森と海を結ぶ流域循環系は、ズタズタに断ち切られ、大都市の極端なまでの過密化と、都市から遠隔の農村、とりわけ山村の過疎化と高齢化は一層すすみ、森と海を結ぶ流域循環型の地域圏《エリア》は衰退していったのです。

日本経済は、こうした過去のかけがえのない「地域」遺産をないがしろにしながら、ひたすら市場競争至上主義のアメリカ型「拡大経済」を模倣し、成長路線を強行してきました。今日の日本経済・社会の行き詰まりや閉塞状況は、こうした路線の当然の帰結であったというほかありません。

終末期をむかえた「拡大経済」

二一世紀をむかえるや間もなく、世界や国内の情勢は劇的に変化しました。それは量的な変化というよりも、質的な変化を遂げたと言っても過言ではありません。

二〇〇一年九月一一日のニューヨーク・マンハッタンの超高層ビルの崩落。茶の間に繰り返し流されてくるあの強烈、不気味な映像シーン。一瞬、何事が起こったのかと、目を疑う間もなく、それはやがて、経済・軍事大国を頂点に築かれた今日の世界支配のヒエラルキーが、一瞬にして脆くも崩れ去ってゆく姿に重なってゆきます。世界の行く先を暗示していると受けとめた人も、少なくなかったようです。二一世紀日本のあるべき姿が、根底からいよいよ待ったなしで問われているのです。にもかかわらず、あいも変わらずそれは不問に付されたまま、目先の対症療法のみに目を奪われ、根拠のない期待だけが、名ばかりの空虚な「改革」を唱えつづける名役者の一身に集められてゆくというのが現状です。

世界を震撼《しんかん》させたニューヨークのこの同時多発事件が、人々の心に恐怖と不安を深く植えつければ植えつけるほど、それだけ「テロ防止」のためなら何でもあり、の風潮が助長され、モラルは一気に衰退してゆきます。

あの事件後、ただちにはじまったアフガニスタンへの報復攻撃。血で血を洗うイスラエル・パレスチナの地域紛争。核戦争の危機すらはらむインド・パキスタンの反目。世界の世論に背をむけて強行されるアメリカのイラク攻撃。「復興支援」の美名のもとにおこなわれるイラクへの自衛隊の派兵。果てには、国民に対しては問答無用ともいえる、強引なまでの多国籍軍への自衛隊の参加。どれ一つとっても、こうした危惧《きぐ》を裏付けるものばかりです。

私たち自身の状況はといえば、いよいよ経済は行き詰まり、政治の腐敗は極みに達し、自浄能力さえ失って、混迷の度を深めてゆくばかりです。時々の景気の成り行きに一喜一憂し、ひたすら保身に汲々《きゅうきゅう》として、従来の路線の延長線上で何とか生き延びようとするのですが、こうした主観的願望はともかくとして、果してこの路線に未来は本当にあるのでしょうか。このことが今、問われているのだと思います。

ニューヨーク・世界貿易センタービルの崩壊
（2001年９月11日）写真提供・読売新聞社

「構造改革なくして、景気回復なし」を掲げた小泉政権の五年余。バブル崩壊から十年以上経っても、恒常化した財政赤字と巨額の累積国債のくびきから逃れられない状況は、基本的には少しも変わりませんでした。それどころか、雇用状況の悪化や中小企業の倒産、国民の暮らしに直結する年金や医療や介護、少子高齢化の問題等々、何一つ解決できずに、社会不安はつのるばかりです。

こうした中、政府は二〇〇四年六月、国民最大の要求でもあった年金制度の抜本的な改革に背をむけ、国民の切実な願いを裏切って、「年金改悪」法案を強行採決しました。果てには、国民の切実な要求には何一つ応えようとはせずに、二〇〇五年八月、郵政民営化法案が参議院で否決されると、選挙の争点を「郵政民営化」一本に絞って、それまでの悪政を不問に付したまま、強引に衆議院解散に打って出るという始末です。

これら一連のことは、市場競争至上主義のアメリカ型「拡大経済」の破綻と、それをおしすすめる政治のどうにもならない行き詰まりを如実に物語るものであり、「拡大経済」そのものを、今、根源的に問わなければならない時期にきているのだということを、私たちは深く心に銘記しなければなりません。

幻想と未練の果てに

いま私たちは、ここでもう一度、田中角栄の『日本列島改造論』とは、一体、何だったのか、そして二一世紀がはじまった今日のこの時点で、それを歴史的にどう評価すべきなのか、そしてそこから何を汲み取るべきなのかを、真剣に考えてみる必要があります。

先にも引用したように、『改造論』では、一九七〇年代の初頭の時点で、「日本経済の高度成長によって、東京、大阪など太平洋ベルト地帯へ産業、人口が過度集中し、……巨大都市は過密のルツボで痛み、あえぎ、いらだっている反面、農村は若者が減って高齢化し、成長のエネルギーを失おうとしている。……国民がいまなによりも求めているのは、過密と過疎の弊害の同時解消であり、……そのために都市集中の奔流を大胆に転換して、……工業の全国的な再配置と知識集約化、全国新幹線と高速自動車道の建設、情報通信網のネットワークの形成などをテコにして、都市と農村、表日本と裏日本の格差は必ずなくすことができる」と、述べられているのです。

後段の解決策の部分の是非は別として、これはまさに、今から三〇年も前の一九七〇年代初頭に、すでに、日本の現実を意外にも的確に把握していたといわざるをえません。

しかし、このような現状認識に立ちながら、なぜ、その後の日本は、田中角栄がめざした「過密・過疎の弊害の同時解消」とはまったく逆の方向へむかい、今日の経済・社会の破綻状況にまで至ることになったのか、このことを冷静に考えておく必要があるのではないでしょうか。

経済成長の主要因であった、耐久消費財の需要と技術革新による民間設備投資の「円環」を絶えずまわすメカニズムは、先にも述べたように、一九七〇年代の初頭の時点ですでに失われていました。この客観的事実を冷厳に見ようとはせずに、「高度成長」を維持したいという主観的願望によって、極めて強引な上からの財政出動による公共投資によって、日本経済を高い成長に維持しようとしたのです。その後の歴代政権も、その点では本質的にはまったく変わりなく、その延長線上で、今日まで同じことを三〇年間繰り返し続けてきたといってもいいのです。

小泉政権も、これを引き継ぐ政権も、従来型の公共投資については、莫大な財政赤字、巨額の累積国債という深刻な財政破綻から、やむなくその変更を余儀なくされてはいるものの、金融・財政再建を優先させれば、やがて「景気回復」は達成され、「拡大経済」を再生できると見ている点では、これらの歴代政権と本質的に何ら変わるものではありません。

戦後まもなく直輸入された市場競争至上主義のアメリカ型「拡大経済」は、すでに終末期をむかえているということ、そして、失われたこの三〇年に加えて、さらにこれ以上、「拡大経済」に幻想を抱きつづけるならば、とり返しのつかない壊滅的な打撃を受けるということは、紛《まぎ》れもないことなのです。今、社会の中に進行している事態が、何よりも雄弁にこのことを私たちに警告しているのです。

重なる二つの終末期

「菜園家族」構想は、以上述べてきたような現実認識から出発し、先にも触れた以下のような歴史意識のもとに提起されたものであることを、ここで再度確認しておきたいと思います。つまり、私たちが生きている今日のこの閉塞の時代を、大きく二つの文明史的流れの中に位置づけ、その二つの流れの連関で見ようとしているということです。

その二つの流れの一つとは、一八世紀イギリス産業革命以来、今日に至るまでのアメリカ型「拡大経済」の生成過程とその命運です。

今日のアメリカや日本をはじめ、西ヨーロッパ先進資本主義国、そして今日の中国や、旧ソ連邦に代わって新たに登場してきたロシア等々も、同一の系譜に属するものといってもいいのです。なかんずく、このアメリカ型「拡大経済」の代表格であるアメリカは、産業革命以来二百数十年の歴史の流れの中で、二一世紀をむかえた今日、九・一一マンハッタン超高層ビルの崩落と、その後の一連のアフガニスタン攻撃やイラク先制攻撃、さらにはイラク占領の泥沼化、二〇〇五年九月に、南部のルイジアナ州を襲った大

肥大化する超過密都市・東京
空からみた新宿副都心。写真提供・毎日新聞社

型ハリケーン「カトリーナ」によって、いみじくも露呈した自国内の極端なまでに大きな貧富の格差、人心の凄まじいまでの荒廃ぶり、これらのことが如実に象徴しているように、その歴史の大きな流れの終末期をむかえようとしています。しかも、この終末期の矛盾が今何よりも、アメリカや日本に集中的に顕在化しはじめている、ということに注目したいと思います。

二つの文明史のもう一つの流れとは、先にも触れた、縄文以来一万数千年にわたって連綿としてつづいてきた、人間の生活空間の〝森から平野への移行〟です。そしてこの歴史の流れは、二一世紀の今日、ついに行き着くところまで行き着き、森の過疎化と平野部の極端なまでの過密化を招き、人間社会をあらゆる分野で解決不能な事態に陥らせている、ということであるのです。つまり、この〝森から平野への移行〟の歴史の流れもまた同じように、その終末期をむかえようとしている、ということに注目しなければなりません。

そして、ここで特に注意を喚起しておきたいことは、イギリス産業革命以来の「拡大経済」と、人間の生活空間の〝森から平野への移行〟の、この二つの大きな歴史の流れのそれぞれの終末期が、奇しくも二一世紀のこの私たちの時代に、ちょうど重なって現出しているということです。

世界の各地で次々に噴出する地域紛争や地球環境問題、経済や社会のあらゆる分野での行き詰まり、そして何よりも憂慮すべき人間精神の荒廃、こうした諸々の事態が、今述べてきたこの二つの大きな歴史の流れの終末期の同時現出と、深くかかわっていることに、気づかなければなりません。

この大きな二つの流れの歴史過程は、ある時代以降からは、生活空間の〝森から平野への移行〟そのものが「拡大経済」の条件を整え、逆に「拡大経済」がさらに〝森から平野への移行〟を促すといった具合に、両者が相互に作用し合いながら進行してきました。そして二一世紀の今日に至って、この二つの歴史過程は、同時代・同時期に重なって終末期をむかえるという運命を辿ることになったのです。今、社会や経済、政治、そして教育・文化など、あらゆる分野が危機的状況に陥り、その解決が極めて困難になっているのは、このためです。この章で、「菜園家族」の概念を厳密に規定した上で、「菜園家族」と〝森と海を結ぶ流域地域圏《エリア》〟の両者を、不可分一体のものとして捉えようとしているのは、こうした歴史認識と問題意識が根底にあるからなのです。

私たちは、歴史を今一度遡《さかのぼ》り、人類の始原に回帰し、その地平から今日の事態を根源的に問いなおす必要に迫られています。それは、一八世紀産業革命前の前近代的世界への思想的回帰であり、同時に、一万数千年前の〝縄文の森〟への心の回帰でもあるのです。

だからといってそれは、前近代、さらには人類始原の自然状態へ、そっくりそのまま戻るということを意味しているものではありません。人類が長い歴史をかけ集積してきた、科学技術をはじめとする人間のあらゆる知恵は、人間の頭脳からかき消そうにもかき消せるものではありません。私たちは、人類が蓄積してきた科学技術の成果をはじめとする、すべての人類の叡知《えいち》の到達水準の上にしか、自らの未来を切り拓くことができないことは、言うまでもありません。誤解を避けるためにも、このことだけは強調しておきたいと思います。

しかし、〝経済〟が人間の欲望を肥大化させ、肥大化された人間の欲望がまた〝経済〟を成り立たせるという、こんな悪循環の仕組みの呪縛《じゅばく》から人間が解放されない限り、人類の未来はありえません。私たちは、産業革命以前の前近代と、さらには縄文の〝森の世界〟への壮大な思想の回帰《レボリューション》によって、人類が長い歴史を重ねて育んできた持続可能な〝再生と循環〟の思想を甦らせ、二一世紀にふさわしい新たな思想を獲得しなければならないのです。そして、その思想をゆっくりとわがものにしてゆく以外に、道はないでしょう。今日、世界に蔓延《まんえん》している市場競争至上主義のアメリカ型「拡大経済」の根底に流れる、プラグマティズムの浅薄な哲学思想から、一日も早く解き放たれ、人間尊厳の思想を育む新たな社会の枠組みを、今、真剣に模索する時がやってきたのです。

次節からは、「菜園家族」を〝森と海を結ぶ流域地域圏《エリア》〟の中にしっかりと位置づけながら、この両者を統一的に捉えることによって、「菜園家族」構想をより掘り下げて考えてゆくことにしたいと思います。

2　森と海を結ぶ「菜園家族」エリアの形成

私たちが生きている今日の時代が、産業革命以来、「拡大経済」の二百数十年の歴史の終末期にあたり、同時に日本の歴史において、〃縄文の森の世界〃から一万数千年におよぶ、人間の生活空間の森から平野への絶え間ない移行によって、行き着くところまで行き着き、その歴史の終末期を今むかえているという歴史認識に立つならば、私たちのなすべき課題と目標は、自ずと明確な形をとって、私たちの前に立ちあらわれてくるはずです。

その第一の課題と目標は、市場経済至上主義の「拡大経済」から、「循環型社会」、すなわち「持続可能な循環型共生社会」への大転換でなければなりません。

そして、「拡大経済」が森と海を結ぶ流域循環を分断し、平野部の都市の超過密と農山漁村の超過疎を生み出し、その結果、工業・流通・サービスなどの第二次・第三次産業が法外に肥大化し、絶対的過剰雇用・過剰設備の状態に達し、このことによって、今日の「経済」を再起不能に陥れているというのであれば、その逆の道を辿ればいいのです。

それ以外に、残された道はないはずです。つまり、人間の生活空間を、過密の平野部から過疎の農山漁村へと、これまでとは逆に移行させる道を辿ることによって、〃森と海を結ぶ流域循環型地域圏《エリア》〃の再生をはかることであるのです。これが第二の目標であり、課題です。

これまでの偏狭な経済効率主義とはきっぱりと訣別し、非効率といわれてきた農業や林業や漁業など、第一次産業をしっかりと基本に据えて、これを基盤に第二次・第三次産業をも包摂する新たな視野に立つことができるならば、きっと、人間本位の思想に貫かれた、新たな社会の枠組みを見出す可能性が開けてくるはずです。

まず、現存する大都市集中型の巨大企業は、「循環型共生社会」に見合ったものに縮小・改編され、地方への分割移転がはかられなければなりません。そうすることによって新しく生まれてくる地方の中小都市を核にして、「菜園家族」のネットワークを編み出してゆくのです。その結果、〃森と海を結ぶ流域地域圏《エリア》〃では、森や川や野や海など、地域地域の個性豊かな自然が最大限に生かされ、小さな技術や小さな地場産業が育まれてゆきます。やがて、森と海を結ぶ美しい流域循環型の地域圏《エリア》が甦り、それを土台に、二一世紀にふさわしい地域社会が築かれてゆくことになるでしょう。

前にも述べたように、「菜園家族」構想による週休五日制のワークシェアリングによって、地方の雇用数は、計算上、二・五倍に拡大されるはずですから、水系に沿って、平野部の過密都市から、中流域の農村、さらには上流の森の過疎山村にかけても、人口は無理なく還流してゆくはずです。こうして、〝森と海を結ぶ流域地域圏《エリア》〟全域に、週休五日制の「菜園家族」が、次第に定着してゆくことになるのです。

画・志村里士

今、ここで大筋述べてきたように、週休五日制の「菜園家族」は、〝森と海を結ぶ流域循環型地域圏《エリア》〟再生のまさに担い手であり、主体でもあります。同時に、この流域循環型地域圏《エリア》は、「菜園家族」の生成発展にとって不可欠の場でもあり、必要条件にもなっています。ですから、この両者は、不可分一体のものとして捉えられなければなりません。これが、〝森と海を結ぶ「菜園家族」エリアの形成〟を考える上で、忘れてはならない大切な核心部分です。

つまり、「菜園家族」という概念は、〝森と海を結ぶ流域地域圏《エリア》〟という具体的な場を設定することによってはじめて、いのちが吹き込まれるのです。そして、この概念を、現実世界から乖離した形で、一般的、抽象的に論ずるのではなく、地域の現実に則した形で考察することが可能になるのです。また、こうすることによって、同時に、〝森と海を結ぶ「菜園家族」エリアの形成〟も、より現実味のある、豊かなものに展開してゆくことが可能になるはずです。

以上のことをおさえた上で、話をすすめてゆきたいと思います。

森はなぜ衰退したのか

本論に入る前に、まずここでは、戦後どのようにして、

密植と手入れ放棄の結果起こった森林の土砂災害（徳島県上勝町）

国土の七割近くもある森林地帯が衰退に追い込まれていったのかを、もう少し具体的に見ておきたいと思います。

先にも触れた、一九五〇年代後半からはじまった高度経済成長の影響は、木材関連産業にもおよび、紙パルプ産業の技術革新と大規模な設備投資が促されます。その結果、木材需要が急増します。

一九五六年には、林野庁によって拡大造林政策への転換が図られ、拡大造林は、年間三〇万ヘクタールの規模に達する勢いでした。

この時期から、安価なパルプ原木の大量確保を前提に、下刈り労働の軽減をねらって、スギ・ヒノキなど特定樹種の単一密植一斉造林方式が、国の政策によって誘導されてゆきます。一ヘクタール当たり二〇〇〇本前後であった植栽本数を、三〇〇〇本から四〇〇〇本以上に増植する方式を採り入れ、この方式を造林補助金の支給要件として誘導していったのです。この密植方式は、樹木の育成のための間伐を一定の時期に実施することが前提とされる造林方式ですから、拡大造林の展開は、造林面積の増大とともに、将来、森林の保育と間伐の仕事がますます累積してゆくという大問題を抱えることになりました。

こうした植林・造林政策と併行して、一九六〇年頃、政府は、外国から木材を自由に輸入できるという、これとは相矛盾する政策をすすめます。商社などによる外材輸入は、国内の木材市場を外材主導型に大きく再編してゆきました。国産木材価格が下落低迷し、間伐材市場が急速にせばまる中、人工林の維持管理に欠かせない間伐や樹木の保育作業を、経済面から圧迫していったのです。その結果、造林地の保育・間伐作業は、外材輸入の拡大とともに放棄され、わが国の森林面積の四割強に当たる、一〇〇〇万ヘクタールにもおよぶ人工林資源の大規模な荒廃を招くことになったのです。

しかも、一九八〇年代後半以降のバブル景気の時代には、大企業によるリゾート開発など、森林を対象とする投機が列島規模でおこなわれ、大企業などへ森林が集中し、非林業的利用が進行しました。例えば、五〇〇ヘクタール以上の森林をすでに所有している会社や大規模所有層などが、一九八〇年から九〇年までの一〇年間に、新たに一七万ヘクタールもの森林を集中し、同じくこの間、二六万ヘクタールもの森林が、ゴルフ場などの非林業的利用に転用される事態となったのです。

日本の森林率は六六％、北欧のフィンランドは六九％と、ともに先進国の中では、一、二を競う水準にあります。ところが、ＦＡＯ（国連食糧農業機関）の資料によると、一九九七年現在で、世界全体の木材貿易量は、丸太換算で四億六四〇〇万立方メートルですが、わが国の輸入量はその一九％、数量にして八七〇〇万立方メートルで第一位です。これは、二位のアメリカ三八〇〇万立方メートル、イタリア二七〇〇万立方メートル、イギリス二〇〇〇万立方メートルの二倍から四倍を上回っており、日本は、世界最大の木材輸入国となっています。

名古屋港西部臨海工業地帯　マンモス貯木場にひしめく輸入木材。外材専用船が入港している（1969年）。写真提供・毎日新聞社

先に触れたわが国の木材の輸入自由化は、一九六一年に本格化します。その時すでに、アメリカ優遇の関税措置がとられ、アメリカ巨大木材企業は、日本市場への進出をはじめます。木材の輸入自由化が開始される前年の一九六〇年に、わずか五五万立方メートルにすぎなかった対日木材輸出量が、翌六一年には二二一万立方メートル、六五年には四二四万立方メートル、七〇年には一二五一万立方メートルと、わずか一〇年間に二十三倍に増大したのです。

その結果、わが国の木材輸入量に占めるアメリカ材のシェアは、六〇年の九％から、七〇年の二十三％にまで急増し、七〇年代初頭には、国別輸入量のトップに踊り出るまでになったのです。こうして、アメリカ巨大木材企業と日本の大手総合商社との連携によるアメリカ材輸入は、それ以降、わが国の木材輸入の基軸となって展開してゆきます。

煙のように舞い上がるスギ花粉 1987年1月28日、東京都で初めてスギ花粉予報が出された。花粉症がついに社会問題としてとらえられるほどに蔓延したことを象徴するできごとだった。写真提供・読売新聞社

わが国は、世界に誇る広大な森林資源を持ちながら、先進諸国ではあまり例を見ない外材主導型の木材需給構造になっています。木材自給率が二〇％と驚くほど低いだけでなく、木材輸入の形が、主として国内の林業と木材産業を直撃し、多大な影響を与える製品輸入の形態をとっているのが特徴です。最近では、大手住宅メーカーの北米などでの現地生産が増大すると同時に、大手総合商社による都市港湾部での外材製品の加工や流通基地の建設が進行し、疲弊しきった国内の木材産業に追い討ちをかける事態に至っています。

これでは、山村が衰退し、超過疎化現象の中で、集落が次々と廃村に追い込まれていったのも、無理もないことといわざるをえません。山村の衰退は、決して自然におこったものなどではなくて、人間が作り出した人災だったのです。つまり、政策の誤りであったのです。

それだけではありません。毎春繰り返し、多くの人々を苦しめているスギ花粉症も、一九六〇年代初頭から、政府によって本格的にすすめられた、スギ・ヒノキの単一密植一斉造林の結果、もたらされたものであるといってもよいのかもしれません。そのころ植林されたスギが、一九八〇年代に受粉適齢期になり、花粉が大量に飛散するようになったのです。スギ花粉症は、単なる自然災害などといったものではなく、政府の無謀な林業政策によって引き起こされた、まさに公害として受けとめなければならない問題であるのです。

また、このスギ・ヒノキの単一密植一斉造林による被害は、それだけにとどまりません。それは、サルやイノシシやシカやクマが出没して、畑の作物を荒らすという、近年とみに山村に広がっている「獣害」問題です。今では、日本の耕地全体の四〇％を占める中山間地帯にまでおよぶ勢いです。

この単一密植一斉造林によって、ドングリのなるナラやブナなどの落葉広葉樹など、多種多様な樹種を駆逐して、スギ一色の単調な針葉樹人工林に変えてしまったのです。こうしたことの根底にも、目先の利益だけを追う、経済効率至上主義の浅はかな思想があったのです。その結果、小動物たちは、食べ物を失い、生活の場を奪われ、人里近くにまであらわれては、畑の作物をあさる羽目に陥ったのです。

今、奥山の山村だけではなく、中山間地帯の農家も、この「獣害」対策に打つ手がなく、苦しんでいます。柵《さく》や、トタン・板塀や、網囲いや電線を張りめぐらすなど、その対策のための労力や費用はあなどれません。

獣害対策の柵や網（滋賀県・鈴鹿山中の過疎集落・大君ヶ畑《おじがはた》にて）　高齢者にとって管理・修繕は一苦労である。

また、この「獣害」は、高齢化した農家の耕作放棄に拍車をかけているのです。

全国の中山間地帯にもおよぶ、この「獣害」という名の公害による被害は、甚大で、計り知れないものがあります。一体、誰がこの賠償の責任を負わなければならないのでしょうか。高齢化した過疎山村で、後継者もなく不安の中でこの「獣害」に苦しんでいるお年寄りたちの自己責任だといって、この公害を放置しておいてよい性格のものでは、決してないはずです。

巨大企業や巨大銀行が倒産に陥ると、もっともらしい理由をつけて、莫大な公的資金が注入されるのに、圧倒的多数の庶民は、なぜ泣き寝入りしなければならないのか。こんな不公正が、許されていいのでしょうか。

今、日本の山は、荒れているといわれていますが、今まで見てきた林業とこの山村の問題は、戦後の農政の中でも、失政の最たるものです。これからの日本の農業を考える時、「獣害」に象徴されるこの林業・山村の問題が、重大な障害となって立ちはだかっていることを忘れてはなりません。

流域地域圏《エリア》構想と市町村合併問題

話は変わりますが、現在、市町村合併問題が、事実上、上から強行される形で進められています。しかし、どうも

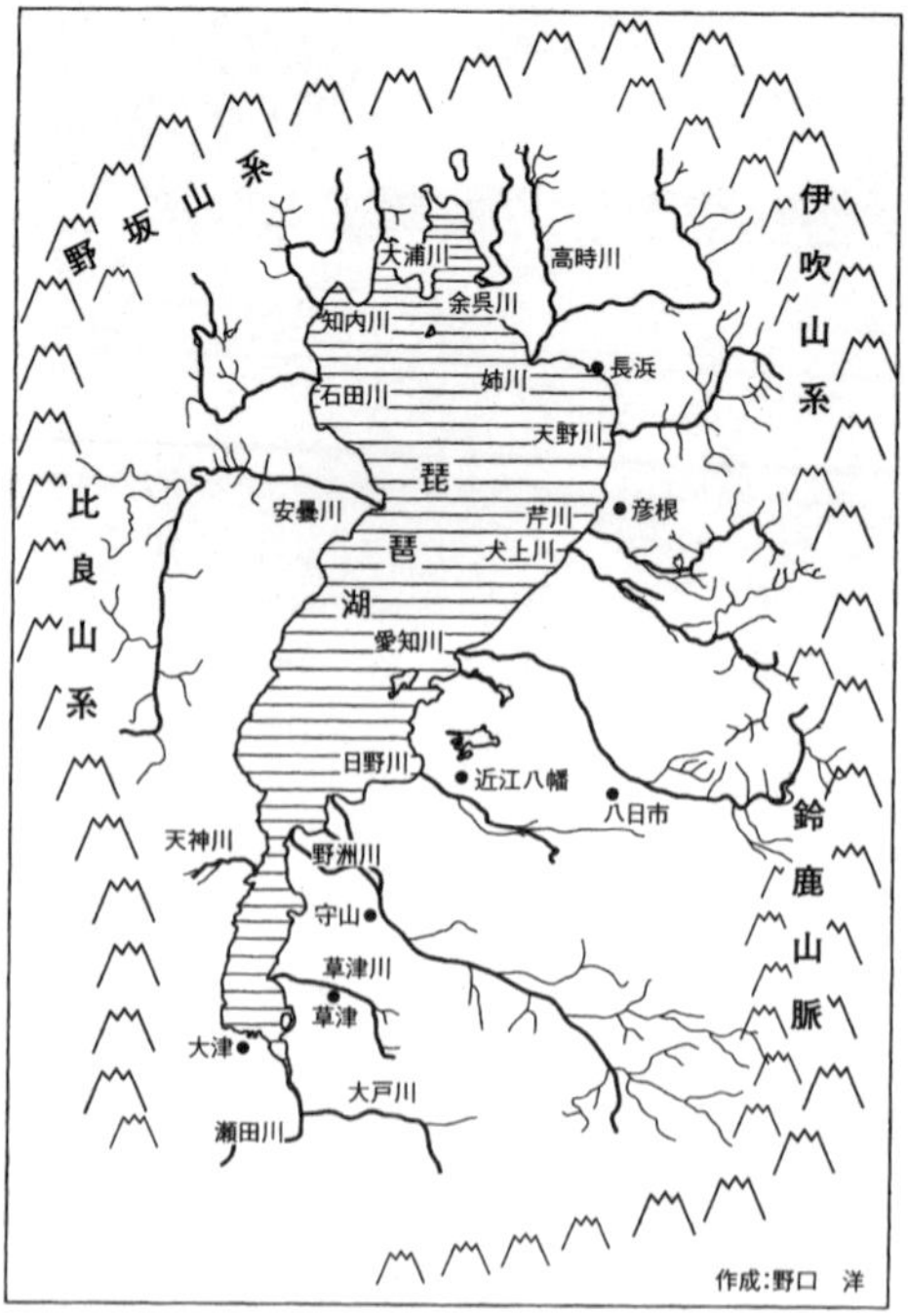

森と海（湖）を結ぶ流域地域圏《エリア》—滋賀県を例に
山中から琵琶湖に注ぐ主要河川に沿って、中核都市を含む十一の流域地域圏《エリア》が想定される。

目先の財政効率化だけに矮小化《わいしょう》されているように思えてなりません。

市町村合併問題は、五〇年、百年の計であり、一旦決まってしまえば、そう簡単には変えられるものではありません。それだけに、これは、慎重であるべき問題であるのです。

二一世紀は、激動と転換の時代であるだけに、日本と世界の現状をしっかりと見据えた上で、今日という時代を歴史に正しく位置づけ、未来への確かな展望の下に、「地域」はどうあるべきかを考え、何よりも住民との対話を重視して、この市町村合併問題に取り組まなければならないのです。

仮にも地域の人々が、市町村合併問題を、ここで言う「菜園家族」構想の〝森と海を結ぶ流域循環型地域圏《エリア》〟再生の問題と、表裏一体のものとして受けとめたとしましょう。そのとき、この市町村合併問題の様相は、大きく変わってくるはずです。地域の人々は、この問題を単なる財政効率化の側面のみに矮小化せずに、自分たちの郷土の未来のあり方に直結する問題として、自らの郷土に夢を描き、時間をかけ、地域構想を一層豊かなものにしてゆくにちがいありません。

〝森と海を結ぶ流域地域圏《エリア》〟を、どのような規模で、具体的にはどのような地理的範囲にするのか、といった議論一つとってみても、もっと夢のあるさまざまな意見が展開されるにちがいありません。地方地方によって、独自の規模や形態が考えられるはずです。ある地方では一市三町であったり、二市数町であるとか、あるいは市ぬきの町村だけの範囲であったり、あるいは単独の場合もあっていいのです。連携の仕方も、今日考えられているような「合併」だけに限られるわけではなく、様々な地域連携の形や可能性があるはずです。

肝心なことは、何よりも、〝森と海を結ぶ流域地域圏《エリア》〟内の森や川や平野や海などといった自然条件が、現実にどうなっているのか、そして、集落や都市の配置、農・林・漁業など第一次産業の基盤や、商・工業の産業構造、さらには歴史や文化や風土といった、さまざまな地域特性が、現在どのような状況にあるのかを、しっかりと点検・調査することからはじめることです。そして、肝心なことは、果してこれで、将来にわたって、持続可能な流域循環型地域圏が展望できるのかどうか、ということであるのです。こうした地域住民の議論や合意形成過程を経てはじめて、流域地域圏の未来構想や地域政策は、豊かなものに練りあげられてゆくのです。

本当の意味での住民参加、そして住民本位の地域圏《エリア》形成をめざす運動があってはじめて、地域構想は円熟してゆくのです。合併が先にあるのではありません。まさに、しっかりとした地域構想の土台の上に、その如何が決定されなければなりません。その逆であっては、ならないのです。

今、市町村合併の問題は、表面上、収束の方向にむかい、地域でも人々の関心は薄れてゆくかに見えますが、いずれ二一世紀は、地域のあり方が根本から問われる時代をむかえることになるでしょう。その時、「菜園家族」構想にもとづく地域編成の考え方は、きっと生きてくるにちがいないと思っています。

二一世紀、山が動く

こうした地域住民の合意形成過程を経て、〝森と海を結ぶ「菜園家族」構想〟が具体的に練られ、この構想のもとに、〝森と海を結ぶ流域地域圏《エリア》〟を基盤に、流域地域圏《エリア》自治体が誕生したと仮定しましょう。その時、この流域地域圏《エリア》内の自然や産業や歴史や文化や風土といった、あらゆる地域特性を組み込んだ未来構想のもとに、流域地域圏《エリア》政策が次々に打ち出されてゆくことになるでしょう。

ここでは、とりあえず話をすすめるために、人口一〇万人の市を核に、一市三町ぐらいからなる総人口約十三万ぐらいの規模の〝森と海を結ぶ流域地域圏《エリア》〟を頭に描きながら、説明してゆきたいと思います。

まず、何よりもはじめにしなければならないこととして、自分たちの〝森と海を結ぶ流域地域圏《エリア》〟内に、どのようにして、週休五日制による「菜園家族」を育成し定着させて

一市三町の一例（滋賀県犬上川・芹川流域の彦根市、犬上郡多賀町・甲良町・豊郷町の地勢と主な集落）

ゆくのか、という大きな課題が待ち受けています。この課題を解決してゆくにあたって、まず「菜園家族」構想に照らして、自己の流域地域圏《エリア》を、「揺籃期《ようらん》」以来、長年にわたって調査してきた成果の上に、さらに実行段階に耐え得るように、総合的かつ詳細に調査することが、必要になってきます。

〝森と海を結ぶ流域地域圏《エリア》〟内を流れる主要河川である、いわば「幹の水系」にあたる川上には、広大な森林地帯が奥深く広がっていることでしょう。いわゆる奥山です。古来、集落は、この広大な奥山において、木の枝を無数に広げるように流れる数々の「枝の水系」に沿って散在し、人々は、そこで農地を耕し林業を営み、つつましく暮らしてきました。今では、これらの集落は、ほとんどが超過疎化と超高齢化に悩んでいます。集落によっては、廃村に追い込まれたところも珍しくありません。今日の経済の仕組みの中では、人々は、先祖伝来の生業《せいぎょう》を諦《あきら》め、森や畑は、放置されたまま後継者の当てもなく、集落が滅びてゆくのを待つばかりです。これが、今日の偽《いつわ》らざる現実です。

中流域から山麓にかけて広がるいわゆる里山地帯も、事情は基本的には奥山と何ら変わりありません。平野部の中小都市に通勤する第二種兼業農家がほとんどで、集落営農などによって、先祖伝来の田畑を何とか維持しようとするだけで精一杯です。それも、お勤めの合間に農作業をこなそうとするような形態では、担当者に負担が重くのしかかり、創造的で積極的な農業はとても望むべくもありません。農業はダメなものとして諦《あきら》め、息子や娘には、同じ苦労をさせたくないので、もう後を継がなくてよいとさえ思っているのが実情です。

川下の下流域に広がる平野部から海岸線にかけても、第二種兼業農家がほとんどで、田畑を手放さずにだけはいたいという思いから、数少ない専業農家に農地を貸しているような状況です。一方の規模拡大した専業農家ですら、今日の世界貿易体制、日本経済の仕組みの中では、経営が成り立たず苦しんでいることについては、周知のとおりです。

このように、ひとつの〝森と海を結ぶ流域地域圏《エリア》〟内全域を見渡しても、日本の至るところで見られるように、農業はまったく衰退しきっています。その上、経済が破綻寸前に追い込まれている中、都市部での過剰雇用がますます深刻になるにつれて、賃金収入を得る勤め先がなくなりつつあり、従来型の兼業農家すら、農業経営成立の財政的基盤が危うくなっています。わが国の農業が、全農家戸数の実に八八%を占めるこうした小さな兼業農家によって支えられていることを考える時、こうした問題をどう解決するのかが、この流域地域圏《エリア》にとって、また日本の将来にとって、焦眉の課題になっています。

では、林業の方は、一体どのようになっているのでしょうか。FAOの一九九六年版「生産統計」によると、日本の国土面積の六六%が森林面積になっています。ここで任意の平均的な〝森と海を結ぶ流域地域圏《エリア》〟をとりあげるとすると、国土の森林率のこの数字からも分かるように、日本のほとんどの平均的で一般的な流域地域圏《エリア》であれば、川上の奥山から中流域の里山にかけて広がる森林面積は、計算上、その流域地域圏《エリア》総面積の三分の二を占めているということになるはずです。ですから、流域地域圏《エリア》社会の未来を構想する場合には、この流域地域圏《エリア》の三分の二の面積を占める森林地帯とどう向き合うのかが、最大の課題であり、流域地域圏《エリア》社会の将来を左右する決め手になってくるはずです。

たしかに、化石エネルギーへ転換した今日の経済システムや、市場競争至上主義の「拡大経済」の論理からすれば、流域地域圏内の森林地帯は、非効率なものとして切り捨てられてきたのでしょうが、しかし、その論理は今や行き詰まり、崩れかけようとしているのです。将来、持続可能な循環型共生社会を本格的にめざし、この〝森と海を結ぶ流域循環型地域圏〟の形成を実現する段になれば、二一世紀のそれほど遅くない時期に、〝森と海を結ぶ流域地域圏《エリア》〟

総面積の三分の二を占めるこの見捨てられた森林地帯が、流域地域圏《エリア》再生の極めて重要な地帯として、再評価され、私たちの前に再び登場してくることは確かです。

まさに二一世紀は、山が動く時代なのです。

森が甦る契機

ここでもう一度、日本で一般的に見られる平均的な〝森と海を結ぶ流域地域圏《エリア》〟に立ち戻って考えてみたいと思います。

〝森と海を結ぶ流域地域圏《エリア》〟の川上の奥山や中流域に広がる森林地帯は、一九五〇年代半ばから始まった高度経済成長とともに荒れ果て、若者たちは、山村を去り都市へと出てゆきました。山村に残されたのは、ほとんどが高齢者である、という異常な事態に至ったのです。

都会の人々はもちろん、被害の当事者である山村の大方の人々も、これは時代の流れでやむをえないのだと、はじめは他人事のように諦めにも似た思いで冷静さを装っていたのですが、日本の経済が行き詰まるにつれて、それは決して自然の流れなどといったものではなく、明らかに人為的に作り出された結果なのだということに、気づいてくるのです。人間の考えた政策がこのような結果を招いたのだということが、次第に分かってきたのです。

以前、山村で畑を耕し林業を営んでいた人々は、今は、七〇代、八〇代の高齢者となり、彼らの息子や娘たちは、山を離れて都会へと出てゆきました。こうしたことは、〝流域地域圏《エリア》〟の上流域の奥山だけに限らず、中流域の里山や下流域の平野部の農村地域でも見られる、一般的な現象です。「団塊の世代」である息子や娘たちは、もうとっくの昔に結婚をし、そのまた子供たちもすっかり大きくなって、高校や大学に通っています。山で老いゆく親たちのことが心配でも、帰るに帰れない現実がそこにはあるのです。山村に帰っても、仕事がないのです。林業や農業だけでは、今の経済の仕組みの中では暮らしてゆけません。親元には山林があり、田畑があり、昔ながらの立派な住む家があっても、それでも山村では生活が成り立たない、そんな経済の仕組みになってしまったのです。

こんな罪深いことはありません。この経済の仕組みを根本から変えない限り、日本の農業や林業の後継者問題は決して解決できないし、農山村の衰退も、今日の日本社会の閉塞状況も、到底、打開することは望めないでしょう。

ここで、こうした状況におかれている、農山村の後継者を想定してみましょう。彼ら息子・娘たちは、「菜園家族」

構想の週休五日制のワークシェアリングによって、週に二日、従来型のお勤めが可能になり、労働日数に見合った応分の給与所得が得られ、将来にわたっても身分が安定的に保障される、このような制度が社会的に確立されるならば、孫たちも共ども親の元に戻ってくることでしょう。そして、極度に人工化された都会を脱出して、ふるさとの自然に恵まれた新天地で、三世代「菜園家族」として、精神的にもゆとりのある豊かな生活を送ることになるのです。

鈴鹿山中の廃村寸前の保月《ほうづき》集落（滋賀県犬上郡多賀町）　今は、90歳を越えたご夫婦の一軒だけが、畑を耕し、ひっそりと暮らしている。

これは、私たちが勝手に想像して言っているのではありません。過疎の農山村にとり残されたお年寄りや、都会に出た四〇～五〇代の息子さんや娘さんの世代の方々からも、さまざまな角度から伺《うかが》って得た大方の意見です。こうした意識傾向は、とくに都市生活が行き詰まってきたここ数年間に、急速に強まり広がりつつあります。

また、最近では、若者の中には、都市から農山村へ就農したいという人が増えてきています。こうした傾向は、今後ますます強まってゆくことでしょう。しかし、こうした若者が、夢を抱いて就農しても、子供が生まれ、やがて学校に入学する頃になると、教育費や生活費がかさんできます。作物の単一化と規模拡大による産業型農業の道に活路をもとめ、何とか切りぬけようとするのですが、今の経済・貿易の仕組みの中では、どうしてもやってゆけずに、残念ながら失敗に終わることも多いのです。

いずれの場合にせよ、こうした今日の農山村の現実を踏まえた、国や地方自治体の本気で本腰を据えた政策が、切実に望まれています。にもかかわらず政治家は、「拡大経済」の成長神話にいまだに幻想を抱き、自己保身のために政争に明け暮れている、というのが現実なのです。

高度経済成長期に、山村や農村から都会へと若者を大量に誘導し、林業や農業をダメにし、農山村の集落を廃村に追い込んでいったのは、政策でした。そしてその挙句に、日本経済を破綻寸前にまで追い込んでしまったのも、また政策だったのです。この現実を素直に直視し、今こそ、その逆の道を辿る方向へと政策を転換しなければなりません。農山村を崩壊に導く政策を推進してきた為政者だけではなく、この政策を許してきた私たち自身も、この過去の過ちの根本にある原因を突き止め、そこからあるべき正しい方向を導き出さなければならないのです。

〝森と海を結ぶ流域地域圏《エリア》〟内のこうした問題を解決してゆくためには、この流域地域圏《エリア》を基盤に成立する地方自治体が、自ら率先して広く住民との対話を重ね、流域地域圏《エリア》内の企業や学校・福祉施設等の公共機関などと協議をおこなって、「菜園家族」構想に基づく流域地域圏《エリア》独自の基本政策を策定することが、まず最初の大きな課題になってきます。そして、この基本政策にのっとって、住民、企業、自治体の三者による〝週休五日制の就労協定〟が結ばれることになるでしょう。この「三者就労協定」によってはじめて、流域地域圏《エリア》内に週休五日制の就労形態が次第に定着してゆくことになるのです。

週休五日制になれば、流域地域圏《エリア》内の雇用数は、単純に計算して、二・五倍に拡大するはずです。その結果、〝森と海を結ぶ流域地域圏《エリア》〟内には、柔軟で多様な就業形態が広がり、「就職」の選択肢も増えてゆきます。そして次第に、〝森と海を結ぶ流域地域圏《エリア》〟内の奥山の廃村にも、「菜園家族」が甦り、やがて「菜園家族」のネットワークが〝流域地域圏《エリア》〟内全域に広がってゆくことになるでしょう。

田畑や山林や住居がありながら後継者に悩む過疎山村の場合はとくに、この「三者就労協定」によって、後継者に週休五日制の就労形態が保障されさえすれば、着実に事はすすんでゆくはずです。時代は大きく変わってゆくのです。

第一グループ、つまり土地もあり住む家もある親元のふるさとに戻る、こうしたケースが順調にすすみ、同時に第二グループとして、都会から新たな新天地を求め、「菜園家族」として移住してくる新規就農のケースが本格的にはじまると、いよいよ土地問題や住む家の問題が大きく浮上してきます。国や地方自治体の財政支援によって、長期低金利融資の制度等々の確立が急務になってきます。また土地問題の解決策として、土地や農地の法制上の抜本的な改正や、土地のフレキシブルで円滑かつ有効な活用を目的とした、流域地域圏《エリア》自治体による公的な「土地バンク」の創設も必要になってきます。

　これらはいずれも、「菜園家族」構想を現実に実践へと導いてゆく契機となる、初動の段階での施策のごく一部を述べたものにすぎません。しかし、こうした施策について、真剣に対話と議論を重ねてゆくならば、きっと、流域地域《エリ》圏《ア》の自治体も住民も、そして企業も、三者が一体となって流域地域圏《エリア》を循環型共生社会に変えてゆくことによってはじめて、流域地域圏《エリア》内の企業も自営業者も個人も、すべての人々が共に繁栄できると確信することになるでしょう。こうした状況の中で、ゆずり合いの精神も育まれ、これまで自己の利潤追求にのみ汲々としてきた企業サイドからも、次第に、週休五日制によるワークシェアリングの必要性とその本当の意味が、理解されてくることになるのです。

地域政策の重要性

　戦後の高度経済成長が、私たちの「地域」に何をもたらしたかについては、すでに述べてきたところです。

　戦後の極端な重化学工業優先政策によって、都市はますます巨大化し、人間の生命に直結する最も大切な農業や林業は、その日陰にあって、今なお輸入自由化の波に晒され、生き延びる術を失っています。都市の極端なまでの過密と農山村の過疎化の進行によって、国土の荒廃は著しく、目先の小手先の施策などではどうにもならないところにまできています。もはや日本の経済は、このままでは再起不能の瀬戸際にまで追い詰められているのです。

　今日のこの由々しき状況は、大量生産・大量浪費・大量廃棄のアメリカ型「拡大経済」を是とし、戦後一貫してその政策を導入し実行してきた結果であり、今や個々の住民の力ではどうにもならないほど巨大な歪みを、社会の構造全体につくりだしてしまったのです。国と地方自治体が連携してすすめてきた政策によってつくりだされたこの歪みは、もはや個々の住民に責任を転嫁し、放置すれば自然に解決されるというような、そんな生易しいものではありません。

　国や自治体の政策によってつくりだされたこの重大な歪みは、当然のこととして、国や地方自治体の政策転換によって、その是正はなされなければならない性格のものであることを、ここではっきりと再確認しておきたいと思います。

　ところが、今日の状況を見ると、政策転換どころか、それとは逆に、依然として市場競争至上主義のアメリカ型「拡大経済」の政策が強化堅持され、数十兆円という巨大公共投資が、相も変わらず道路やトンネルなどの巨大プロジェクトに支出されています。

画・志村里士

この現実認識の希薄さは、驚くべきというほかありません。しかし、やがて国民の意識が大きく変わり、今日のこのような政治状況を許さない世論が高まれば、国や地方自治体の政策も変わるはずです。国の政策転換が成され、国民の血税であるこの巨大な財源が正しい方向に振りむけられるようになれば、戦後、「拡大経済」が生み出してきたこの歪みは、是正の方向へと動き出すにちがいありません。こうした政策転換の中ではじめて、「菜園家族」による循環型共生社会への移行は、確かなものになってゆくのです。

すでに述べてきたように、週休五日制による「菜園家族」は、自給自足度が高く、しかも給与所得に一部を依存していることから、いわば「農民」の性格と「賃金労働者」の性格とを同時に二重に併せもつ、二一世紀の新しいタイプの家族小経営というべきものです。

ですから、何よりもこの「家族」の特質は、資本主義市場経済の枠内にあって、賃金労働者家族であり、同時に、人間と大地をめぐる物質代謝の循環の中に深く組み込まれている、いわば大地に根を張った安定した循環系の「家族」であるという点にあります。

このことから、「菜園家族」は、市場原理には本質的になじまない家族形態であるといえます。ですから、「菜園家族」が健やかに成長してゆくためには、まず〝森と海を結ぶ流域地域圏《エリア》〟自身が、経済的にも自立性を絶えず高めつつ、自己完結度の高い循環型の共生経済圏として成立していることが、必要不可欠な条件になってきます。このような条件のもとではじめて、「菜園家族」を無慈悲で容赦のない、市場競争至上主義の荒波から守り、育んでゆくことができるのです。

ところで、「菜園家族」の成長にとって必要不可欠の場であるこの〝森と海を結ぶ流域循環型地域圏《エリア》〟とは、一体どんな社会なのでしょうか。それは、すでに詳しく述べてきたように、大きく分けて三つのセクターから成り立つ、CFP複合の地域社会ということになります。つまり、〝CFP複合地域圏《エリア》社会〟が、「菜園家族」成立の必要不可欠の場になるのです。ですから、流域地域圏《エリア》自治体は、「菜園家族」の発展のために、この〝CFP複合地域圏《エリア》社会〟の構築を何よりも第一義的な課題に位置づけ、その実現にむけて住民とともに基本政策を策定し、そのもとにあらゆる施策を実行に移してゆかなければなりません。

市場競争至上主義のアメリカ型「拡大経済」の今日の破綻から学びとるべき、何よりも大切なことは、偏狭な経済効率主義の視点からではなく、流域地域圏《エリア》内のもっとも身近にある自然資源を有効に無駄なく最大限に活用するということです。しかもそれは、持続可能で循環共生型の活用でなければならないということです。先にも想定したように、森と海を結ぶ日本の典型的で平均的な流域地域圏《エリア》であれば、地域圏《エリア》内には広大な奥山から平野部に近い里山にかけて、流域地域圏《エリア》総面積の三分の二にもおよぶ森林資源があるはずです。奥山の山ひだを走る数々の水系は、水をあつめて山中から山麓へと、そして平野部から海へと流れてゆきます。この〝森と海を結ぶ流域地域圏《エリア》〟全域にわたって、過疎の山村には「森の菜園家族」が、平野部には「野の菜園家族」が甦り、森や平野部に再びいのちを吹き込むことになるのです。

「森の菜園家族」や「野の菜園家族」は、それぞれの自

画・前田秀信

ミツバチの巣箱　　画・前田秀信

然条件に適した形で、森や田や畑を活用して、酪農や養鶏、養蜂、あるいは狩猟・採取・漁撈、さらにそれら食材の調理・加工・保存、また木工や手工芸など、家族構成に見合った多様な選択・組み合わせによって、多品目少量生産で自給自足度の高い、独自の特色ある自立した家族複合経営を編み出してゆきます。週に二日は従来型の通勤によって、安定した給与所得が保障されています。したがって、「菜園」からの収穫は、基本的にはせいぜい自足量が目標限度になってきます。

ですから、市場原理に振り回され、自己を見失うような無意味な競争は、この流域地域圏《エリア》内では自然に消えてゆくことになるでしょう。市場経済に巻き込まれることもなく、それぞれが思い思いに自分のペースで、ゆとりをもって「菜園」での活動や家事の仕事を愉しむのです。モノやカネに限られたこれまでの狭い価値観に囚《とら》われることなく、より人間性豊かな創造活動に時間がふりむけられてゆくことになるでしょう。つまり、人間そのものの変革が次第にすすみ、二〇世紀には見られなかった、まったく新しい人間の形成が開始されるのです。

このように、「菜園家族」は、「農民」と「サラリーマン」という二重化された独自の性格をもった家族小経営であり、「菜園家族」のこの独自の性格が、かえって外部から「家族」に働く市場原理の作用を緩和し、時には剥《む》き出しに振舞う市場原理の悪影響から身を守る免疫としての役割を発揮していることに注目しなければなりません。このような「菜園家族」が地域圏《エリア》社会の内部に組み込まれ、次第にその比重を高めてゆくとします。そうなれば、今日の市場競争至上主義「拡大経済」に支配された地域圏《エリア》社会も、徐々に息を吹きかえし、やがて、循環型の穏やかな地域社会に変容してゆくにちがいありません。その時、この流域地域圏《エリア》社会の内部に、「拡大経済」下の価値観とはまったく異なった循環共生型の新しい価値の体系が、ゆっくりと芽生えてくることになるのです。

これは、一見、日本列島のどこかの流域地域圏《エリア》の、極めてローカルな、小さな出来事のように思われるかもしれません。しかし、よく考えてみると、これは実は、人類史を彷彿《ほうふつ》とさせる壮大な試みであると言わなければなりません。市場競争至上主義「拡大経済」が、絶えず人間の欲望を掻《か》き立て、人間と人間の競争を煽《あお》り、果てには人類を戦争の無惨な淵に絶えず陥れてきたことを思うとき、この列島のどこかで、森と海を結ぶ流域循環共生型の流域地域圏《エリア》社会を実現することに成功したとするならば、その時、それは理念だけではなく、人間が共に助けあって生きる現実世界の生きた地域モデルを、世界のおおくの人々に提示したことにもなるのです。

「菜園家族」構想は、まさに一八世紀産業革命以来の「拡大経済」に、大転換を迫るものであります。この構想の実現にむけて、「菜園家族」の創出と、その必要不可欠の場である〝森と海を結ぶ流域循環型地域圏《エリア》〟の構築のために、地域住民個人も、地方自治体も、そして国も、それぞれがやらなければならない課題が山積しているのです。

国・地方自治体の具体的役割

「菜園家族」構想を実現してゆく最初の段階で、まず、国や地方自治体が直面する重要課題は、先にも述べた土地問題と、週休五日制によるワークシェアリング制度の問題です。この二つを相互に関連づけながら、もう少し掘り下げて考えてみましょう。

これまでに述べてきたように、週休五日制による三世代「菜園家族」が形成されるためには、週に二日間従来型の仕事に勤務し、残り五日は「菜園」で働くことが前提になるのですが、その場合、家族構成に見合う形で、一定の農地が恒常的に確保され保障されなければなりません。

初期の段階では、様々なケースが考えられます。すでに兼業農家である場合には、土地はすでに確保されているので、週二日の従来型の勤務が保障されさえすれば、あとは比較的スムーズに「菜園家族」への移行が可能です。また、都会に生活している家族が、実家に老齢の両親がいて、農地や家屋がすでにある場合にも、実家に戻って、週二日の従来型の勤務が確保できさえすれば、同じようにスムーズに「菜園家族」に移行することは可能です。この二つのケースを克服することによって、〝森と海を結ぶ流域地域圏《エリア》〟上流域の森林地帯の過疎化、高齢化の問題は、おおいに解決の方向へと動き出すことになるでしょう。また、中流から下流域にかけての田園地帯でも、同じようなケースであれば、「菜園家族」への移行が着実に進行してゆくはずです。

その際に大切なことは、農地をいかにして保障するかという制度上の問題です。サラリーマンで農地をまったくもたず、農村に親戚や知人などの身寄りもないという場合も多いので、なおさらしっかりした土地制度の確立が不可欠になってきます。農地をもっている兼業農家の場合でも、住んでいる家屋の近傍に農地が配置されているということが、家畜などを含む多品目少量生産をめざす「菜園家族」にとっては、きわめて重要なことです。また、家族構成の変化に対応して、農地が柔軟に再配分されるシステムが必要になってきます。そのためには、個々人の間で個人的に農地を融通し合うよりも、先にも触れた町村レベルの自治体が、公的な「土地バンク」を設立し、その保障と仲介によって農地を有効に柔軟に活用できる体制を、早期につくりあげる必要があります。都会からの新規就農者にとっても、この「土地バンク」のもつ意義は、きわめて大きいものと思います。

「土地バンク」の設立にあたっては、事前に地域の実情を十分に調査し、その上で立案されなければなりません。この「土地バンク」の設立は、町村レベルの地方自治体の中心的な課題になるでしょう。

次に、週休五日制によるワークシェアリングの課題についてですが、〝森と海を結ぶ流域地域圏《エリア》〟内の中小都市にある学校・大学・幼稚園・病院・市役所・町役場・図書館・文化ホール・福祉施設などの公的機関や、民間の企業や諸団体など、ありとあらゆる職場にわたって、詳細な実態を把握することが大切になってきます。その上で、週休五日制によるワークシェアリングの可能性を具体的に検討し、素案を作成することからまずはじめなければなりません。そのためには、民間企業や公的機関の職場代表および流域地域圏《エリア》自治体、それに広範な住民の代表、これら三者から構成されるワークシェアリング三者協議会（仮称）を発足させ、ワーキンググループによる「点検・調査・立案」をスタートさせることが必要です。そして最終段階では、三者によるワークシェアリング実施協定が結ばれることになるでしょう。

この週休五日制によるワークシェアリングは、一つ目の課題として先に述べた「土地バンク」の設立とその実践に、密接に連動してきます。というのは、すでに農地を所有している農家が、余剰分の農地を「土地バンク」に委譲する際に、その代償として週二日の「従来型の仕事」を、公的な機関である「土地バンク」を通じて保障されるような仕組みになっていれば、農地所有者から「土地バンク」への農地の委譲がスムーズに促進されることにもなり、したがって、農家にとっても、これから農地を必要とするサラリーマンにとっても、双方に都合よくなるからです。

　このように、「土地バンク」とワークシェアリングは、密接に関連してくるので、このことを十分に考慮した調査をおこない、総合的に立案されなければなりません。これらは、民間の企業サイドおよび公的機関など職場の理解が得られなければ、前進しません。もちろん、二一世紀は、社会情勢の変化にともなって、「菜園家族」構想が地域住民の圧倒的大多数によって支持されることになるというのが、前提になっています。しかし、この前提は、手をこまねき、ただ待っているだけで自然に成立するというものではありません。住民・市民による「郷土の点検・調査・立案」の螺旋《らせん》円環運動による地域認識の深化と、それに伴う地域変革主体の形成によってはじめて、その前提は準備されるものであるのです。

W・レプケ（1899〜1966）（祖田修『市民農園のすすめ』岩波ブックレットより）

　こうした「郷土の点検・調査・立案」の広範な市民的・国民的運動の高まりの中で、地方自治体の主導性は発揮され、農地問題は解決され、週休五日制によるワークシェアリングの制度が、〝森と海を結ぶ流域地域圏《エリア》〟全域に次第に確立されてゆくことになるのです。

　さて、農地問題と週休五日制によるワークシェアリングの問題、これと並んで考えなければならないのは、「菜園家族」の住宅問題です。もともと「菜園家族」構想は、これまでにも述べてきたように、近代資本主義の形成とともに衰退していった家族の再生を、生産手段との「再結合」によって実現しようとするものです。したがって、人間活動の基軸は、企業などの職場から家族の場に移ることになります。ですから、菜園と並んで住宅は、これまでになく人間活動にとって、主要な場になってくるのです。

　今ここで、この問題においてもまた、国や地方自治体の政策がいかに大切であるかを理解するためにも、第二次世界大戦直後、西ドイツにおいて、戦後復興の極めて困難な時期に打ち出された住宅政策や都市計画・国土政策について、想いおこしておきたいと思います。

　戦後、W・レプケらの地域主義の基本理念に立って政策を推進していった西ドイツ政府は、国や社会の繁栄の基礎

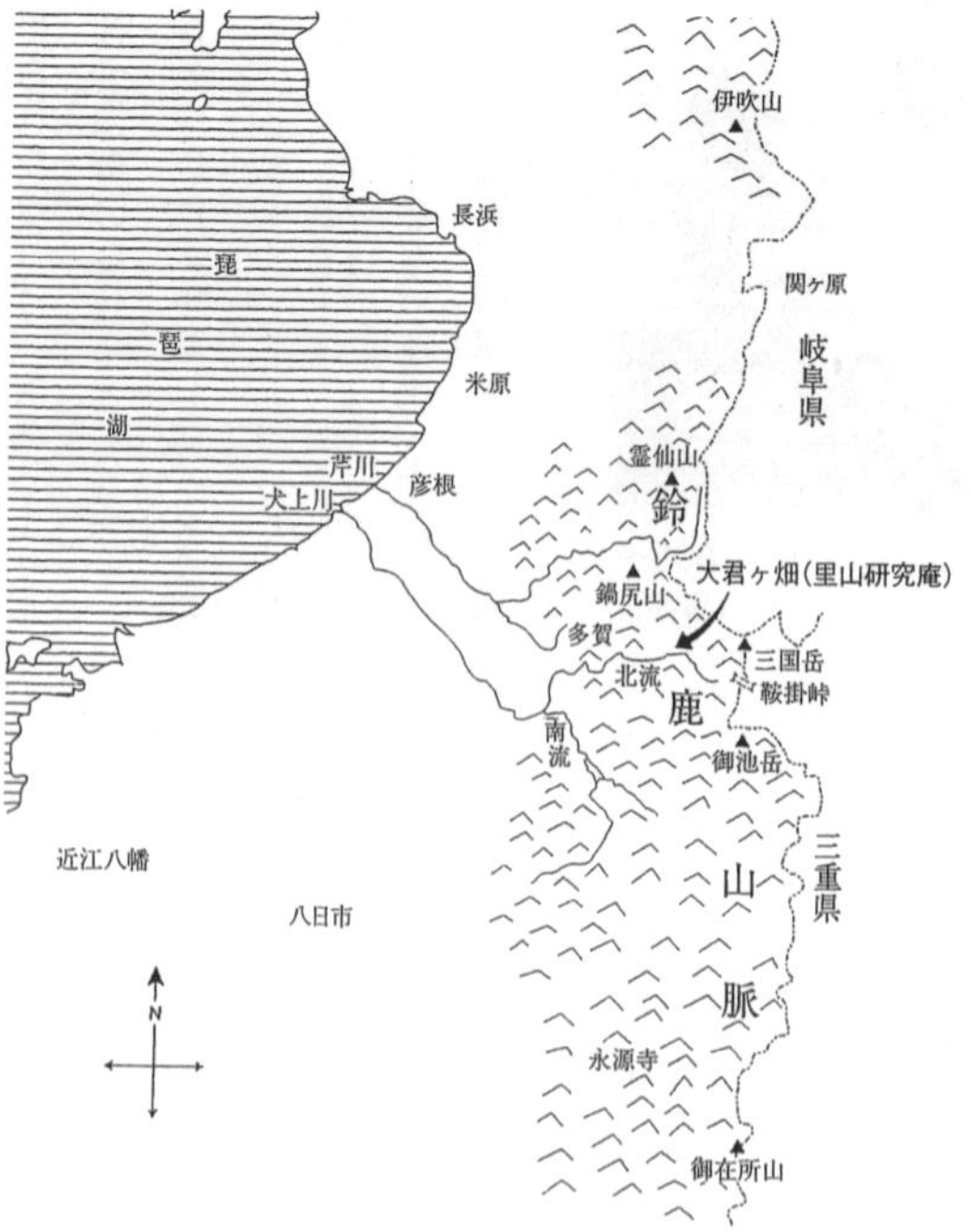

「犬上川・芹川∽鈴鹿山脈」流域地域圏《エリア》

は家族にあるとして、家族が安心して平和に暮らせるためには、何よりもしっかりとした住宅の整備から始めなければならない、と考えました。「社会の基軸に家族をおく」というこの考え方は、〝森と家族の共生〟という森の民としてのゲルマン民族独自の伝統的思想を受け継いだものです。そして、この考えに基づいて住宅政策がすすめられていったのです。

　ドイツの住宅政策は、第二次大戦直後の厳しい財政事情にもかかわらず、公的財政支援をおこなって、住宅耐久年数一〇〇年の建築基準を定め、一〇〇年間の長期無利息で、建築に必要な資金の七〇%を融資する制度を実施してゆきました。つまり、無利息で親子三代にわたる長期の返済制度です。

　その結果、西ドイツでは、緑に囲まれ、自然の景観に調和した美しく、どっしりとした住宅が、次々に建てられてゆきました。高度経済成長期の日本において、その場しのぎの政策によって、狭い土地に密集して住宅が建てられてゆくのを見て、ドイツの元首相シュミットが「ウサギ小屋」と評したのとは、たいへんな違いです。

　それは、住宅そのものが貧弱であるということ以上に、高度成長期の日本人の考え方、とりわけ国や地方自治体のあり方や政策の根幹をなす思想そのものが、問われているということなのでしょう。

　こうした反省に立って、「菜園家族」構想は、この構想のめざす主旨から言っても、とくに住宅問題を重視しなければなりません。将来、何代にもわたって住むことができる耐久性のある、三世代「菜園家族」の活動にふさわしい、しかも快適でどっしりとした家でなければなりません。そ

県産材住宅見学会（滋賀県八日市市の池田博昭さんたちの活動）（『滋賀で木の住まいづくり読本』海青社より）

れも、日本の風土に適したものでなければ、快適であるはずがありません。この点では、伝統的な日本の木づくりの民家や農作業に適した伝統的な農家の構造に、多くを学ぶことになるでしょう。「菜園家族」の人々が、楽しく快適に暮らし、末永く幸せな家族を築いてゆく上で、住まいは計り知れなく大きな役割を担っているのです。

私たちが調査活動の拠点「里山研究庵Ｎｏｍａｄ」をおく、滋賀県の「犬上川《いぬかみ》・芹《せり》川Ｓ鈴鹿山脈」流域地域圏《エリア》。これに隣接する八日市《ようかいち》市（二〇〇五年二月、市町村合併により東近江市）の建築家池田博昭さんたちは、「近くの山の木で家を建てる」をテーマに、大工さん、左官屋さん、建具屋さん、それに製材や木材乾燥など、様々な建築関係者と連携して、市民とともに学習会や現地見学会などを続けておられます。山林地主や森林組合の人たちとともに現地に入り、木材の流通の実態なども勉強し、滋賀県内に豊富にある森林資源を活用し家を建てることをめざしているのです。

流域地域圏《エリア》全体からすれば、まだまだ小さな動きとはいえ、きわめて先駆的な活動です。この犬上川・芹川流域地域圏《エリア》の奥山の森から材木を切り出し、乾燥させ、地元の建築家や大工さんたちの手で木づくりの「菜園家族」の家が次々に建てられてゆく時代が、きっとやってくるにちがいありません。そうなれば、森にやりがいのある仕事ができることになり、「森の菜園家族」も徐々に増え、廃村になった集落も甦ってゆくことでしょう。

今日の段階では、地方自治体や国は、二一世紀の先の先まで見通したこうした新しい動きに対して、ほとんど関心を示さないようです。第二次大戦後、西ドイツがおこなったように、無利子一〇〇年ローンの住宅政策を打ち出し、国や地方自治体が財政支援をおこなうことができたとしたら、こうした動きは確実に前進してゆくにちがいありません。そしてこの政策は、ただ単に住宅政策にとどまるものではないのです。流域地域圏《エリア》の奥山の森林地帯を甦らせ、さらには流域全域に二一世紀の循環型共生社会を構築する、そんな壮大な展望を切り開くものであるのです。

エリア再生の拠点としての「学校」

〝森と海を結ぶ流域地域圏《エリア》〟の再生にとって、いまひとつ見落としてはならない重要な課題があります。それは、過疎山村における「分校」問題です。

私たちの活動拠点「里山研究庵」のある鈴鹿山中・大君《おじ》ヶ畑《がはた》（滋賀県犬上《いぬかみ》郡多賀町内の集落）を例にとって見てみましょう。

ここにあった分校は、一九九六年三月に廃校になりました。普段はおとなしいこの集落の人々は、この時ばかりは黙ってはいませんでした。今までにやったこともない貼紙を、分校廃校反対を訴えるために、区長さんをはじめみんなで各所に貼ったのです。それは、大君ヶ畑の人たちが、集落の分校が集落の子供たちのためにも、そして住民にとっても、いかに大切であるかを体験的にも身にしみて知っていたからです。

こうした住民の切なる願いにも反して、ついに大君ヶ畑の分校は、一九九六年三月に廃校に追い込まれてしまいました。反対運動の最後の段階で、ついに町役場で町長と村人たちがかけ合った時、町長が、「今どき、分校ではよい教育はできないので、統合は避けては通れない」と言ったのに対して、村の人々は、「それでは、この分校で学び卒業したわれわれは、ダメ人間なのか」と詰め寄り、結局、交渉は物別れに終わったのです。

ここに、『大君ヶ畑の花ごよみ』という冊子があります。これは、当時、分校の北村敏子先生が指導された子供たちの自然観察学習の成果をまとめたものです。この冊子の巻頭に、次のような文章があります。

「……自然の素晴らしさやありがたさに目を向けさせる自然観察学習として〝花ごよみ〟づくりがスタートした。動植物に愛着をもち、花ごよみづくりを通して、科学的な見方・考え方を育てるとともに、郷土の再発見を通して、子供自身に意欲的に探求させたいと取り組んできた。四季を通じて、大君ヶ畑に咲く花を観察し、毎年、一年間の花ごよみとしてまとめている。」

村の人々は、北村先生が「花ごよみ」づくりを子供たちと一緒にしていることを知ってからは、先生に、あそこにこんな花がありますよ、といってわざわざ届けるようになったそうです。分校を中心にして、とても楽しく賑やかな雰囲気が村中に広がっていたと述懐しています。

この冊子の表紙には、「昭和四六年から平成七年度」と記されています。そう遠くない昔のことなのです。村の人々が町長にかけ合った時、「それでは、この分校で学んだわれわれは、ダメ人間なのか」と怒りを込めて反論した思いには、自分たちと自分の子供たちがこの分校で受けてきた教育に対する強い自負と、分校への愛着の念があったからなのではないでしょうか。

花ごよみの発表風景（大君ヶ畑分校、1971年）（写真上・下とも『大君ヶ畑の花ごよみ』多賀町教育委員会発行より）

親子観察会での北村敏子先生（中央）―1983年頃　18年にわたり、花ごよみの指導をされた。

　集落にとって分校とは何か、そして、教師の存在がまた教育活動が村にどんな意味をもっているのかを考えさせられる、そんな話であったのです。

　今から考えてみると、不思議にも愚かなことを、あとさきも考えずにやってのけてしまったものです。彦根市・多賀町・甲良町《こうら》・豊郷町《とよさと》の一市三町からなる、犬上川・芹川流域地域圏《エリア》の総面積二五六・八七平方キロメートルの五六％にあたる広大な森林地帯から、数多くの集落を見捨てておきざりにしたまま、この大君ヶ畑をはじめすべての分校を引き揚げ、麓に広がる平野部の本校に統合してしまったのです。

　これでは、若い家族は、山を下るほかなかったのです。子供のいる若い家族や、あるいは今子供がいない場合でも若い夫婦の家族は、今後将来、この森にずっとは住まなくてもいいのですよ、と宣告されたのも同然のことであったからです。その結果は、廃村となって

さくらの
はなの
さくころは
うららら
うららと
ひはうらら
ガラスの
まどさえ
みなうらら
がっこうの
にわさえ
みなうらら
がっこうの
にわさえ
みなうらら
画・水野泰子

跡形もなく消えた集落であったり、お年寄りだけが取り残され、手つかずに荒れ放題になってしまった森であるのです。

生徒数が少ないから廃校にすべきであるという考え方が、根本的に誤っていることは、こうした経緯からも明らかになってきています。つまり、「学校」を従来の固定観念に縛られて、児童に教科書を教えるだけのものとして余りにも狭く捉えて、教員対児童数という単純な指標によって処理していった、浅薄な実利主義に限界があったのです。「学校」は、本来、地域住民と様々な暮らしの局面でつながっていました。「学校」は、地域の中にあって、その活性化にとって、きわめて多様で重要な役割を担ってきたことを忘れてはなりません。かつて、東北は山形の過疎山村にあった無着成恭《むちゃくせいきょう》先生の「山びこ学校」や、瀬戸内海小豆島《しょうどしま》の『二十四の瞳』の舞台となった「岬の分教場」や、もっと古くは宮沢賢治の岩手花巻農学校などを想い起こすだけでも、「学校」の地域の中で果たすこうした役割が、いかに大きいものであるかが理解できるはずです。

今ここで、「学校」が地域の中で担うこうした役割を積極的に評価し、さらにその役割を充実させ、「学校」の機能を児童教育の側面と地域づくりの側面の、この両者の機能からなるものと、明確に位置づけ定義する必要があります。とくに、森林地帯の過疎山村にあっては、この二つの側面をもつ新しい「学校」が必要とされているのです。森林地帯の過疎山村にあったすべての「分校」を再建し、そして、再建されたこの「学校」を集落再生の中核に据えることです。教員対児童数という指標からのみ見る従来の考え方を、根本から改めなければなりません。そしてこの「学校」を集落再生の拠点にして、住民との連携を強めてゆくのです。

この「学校」の教員数は、先にも触れた週休五日制のワークシェアリングによって、同じ予算でも倍増されるはずです。そして、教員は、子供の教育と地域づくりの活動に主導的な役割を果たすことになるでしょう。山村における

画・水野泰子

新しい児童教育が新しい教育理念のもとにおこなわれ、新しい「学校」が創造されてゆくことになります。今日の知識詰め込み教育による産業のための人材養成ではなく、子供たちの生きる力を養い育てる、真に子供の幸せに結びつく人間教育が次第に模索され、円熟してゆくことでしょう。こうした「学校」は、今続出している不登校とか、奇妙な少年犯罪とはまったく無縁な、子供にとって健やかな学びの場に変わってゆくのです。

　こうした大自然に囲まれ、大地に深く根ざした素晴らしい新しい「学校」で、すくすくと育ってゆく子供たちの姿を見て、都市からも森の暮らしを求めて移り住む人たちが増えることでしょう。二〇世紀は、都会の生活に憧れて、森から都市へと人々が流れるように移ってゆきました。二一世紀は、その逆流がはじまる時代であるのです。

　それを現実のものにすることができるかどうかは、「辺境」といわれるこの広大な森に、都市にはない独自の優れた教育や文化、そして暮らしのあり方を新たに創造できるかどうかにかかっています。その時、「学校」、「分校」は、山村の集落にあって、教育、文化、芸術、地域づくり、生産、そして新しいタイプの生涯教育の場としても、多面的な機能を総合的に発揮してゆくにちがいありません。この広大な森林地帯に点在する廃村集落や過疎化・高齢化に苦しむ集落は、この「学校」、「分校」を核にして広がるしなやかで強靭《きょうじん》なネットワークの中で、ゆっくりと甦ってゆくことでしょう。こうして甦った集落は、この荒廃した広大な森林地帯にいのちを吹きこみ、森を甦らせてゆきます。森の再生は、この「学校」、「分校」からはじまるといってもいいのです。

　この広大な森林地帯に点在するこのような「学校」、「分校」のリンケージの中核として、「森の匠《たくみ》の学校」とでも呼ぶべき拠点をおいてはどうでしょうか。この「森の匠の学校」では、森の後継者の本格的な育成や、都市からの山村留学の受け入れなどの活動に取り組むのです。後継者育成としては、多岐にわたる森林管理のすべての分野から、木工にいたるまでのあらゆる伝統的な山仕事の継承と発展が主要な課題になります。と同時に、都市から山村留学を受け入れることによって、山村と都市の交流の拠点としても重要な役割を果たすことになるでしょう。

この「森の匠の学校」は、森に点在する各集落の「学校」、「分校」と連携しつつ、二一世紀の新しい森林文化の創造と新しい理念に基づく若い人々の育成を担い、「森の菜園家族」の形成と地域づくりの中核的存在として、その重要な役割を担ってゆくことになります。

このように見てくると、森に点在する各集落の「学校」、「分校」と「森の匠の学校」の創設、この二つは、ただ単に児童教育という側面にとどまるものではないことが分かります。〝森と海を結ぶ流域地域圏《エリア》〟内の広大な面積を占める森林地帯の中にあって、点在する集落をつなぎ、森林を再生する拠点として、その総合的な機能を発揮するのです。それは、森林のみならず、流域地域圏《エリア》全域の再生にとっても、かけがえのない重要な役割を果たすはずです。こうしたものにこそ、国・地方自治体の政策投資は、惜しむことなくなされるべきです。わが国の将来を本当に考えるならば、現在、道路やトンネルなどの大型公共事業に費やされている莫大な資金は、今後、こうした分野にこそ振りむけられるべきではないでしょうか。

こうした状況へと押し上げる最も大切で主要な力は、究極において〝森と海を結ぶ流域地域圏《エリア》〟の住民が蓄積してきた主体的な力量であり、その住民の力は、自らの郷土を深く認識することからはじまります。この郷土への深い認識が自らを鍛え、やがて自らの地域を変えてゆく力になってゆくのです。

3 「家族」と「地域」——共同の世界

既に述べてきたように、〝森と海を結ぶ流域循環型地域《エリ》圏《ア》〟社会は、「菜園家族」を基調とするさまざまな構成要素から成るCFP複合社会です。ここでは、主としてこの〝森と海を結ぶ流域地域圏《エリア》社会〟の中で、「菜園家族」は、お互いにどのような協力関係のもとに、どのようなコミュニティを形成して生きてゆくべきなのか、つまり、「菜園家族」たちの流域地域圏《エリア》社会の構造や機能やその意味について、考えてみたいと思います。

変化の中の「地域」概念

「菜園家族」は、この〝森と海を結ぶ流域地域圏《エリア》〟にあって、大別して「森の菜園家族」と「野の菜園家族」として生活しています。それぞれが、流域地域圏《エリア》内の里山から奥山にかけての広大な森林資源や、山麓から海岸へと広がる平野部などで、身近にある自然を無駄なく細やかに活用しつつ、他方では週に二日は、流域地域圏《エリア》内にある中小都市などの職場に通勤し、一定の給与所得を得ることによって自己補完し、安定した生活基盤を築いています。つまり、企業などに一〇〇％身をゆだね、己の身を丸ごと企業などに従属させてしまうのではなく、自己の家族小経営にしっかりと軸足をおき、企業などへの勤務は、副次的な地位に位置づけられているのです。

このようなことを言うと、今日の人々の常識からすれば、いかにも怠惰《たいだ》な人間であると決めつけられかねません。そうした考えは、これまでの世の中の常識であったわけですが、よくよく考えてみると、このような社会意識こそ、むしろ特殊なものなのかもしれません。

つまり、人類の長い歴史からすれば、これは、資本主義的企業が大勢を占めている一時期、あるいは一時代の特殊な意識であって、本来、人間は、人類史の大部分を、自分の時間は自己の責任において、自己の意志に従って自由に使って生きてきたといってもいいのです。ですから、「菜園家族」構想は、まさに人間の時間の使い方においても、人間本来の、人類始原の姿に回帰してゆくことによって、人間の真の自由を保障するものであると言ってもいいのかもしれません。

この意味でも、「菜園家族」構想は、一八世紀産業革命以来、連綿として続いてきた「拡大経済」の桎梏《しっこく》から人々を解放し、改めてより高次の「家族」、つまり「菜園家族」に再編してゆくことによって、今までになく自由で、精神的にも豊かな人間性が回復されることを期待しているのです。

こうした二一世紀における新しい人間形成の場とも言うべき「菜園家族」は、現実世界から切り離された観念の世界で想定された、抽象的な概念などではもちろんありません。それは、〝森と海を結ぶ流域循環型地域圏《エリア》〟の中にあってはじめて、息づいてくるものなのです。つまり、「菜園家族」は、自然と人間のひとつのまとまりある、有機的な運動体としての流域地域圏《エリア》に組み込まれ、その中で、一個の生きた細胞として機能してはじめて生存可能なのです。

「菜園家族」は、既に述べてきたように、大地に根を張り、自給自足度の高い循環共生型の暮らしを営むものであるということから、都会のマンションに暮らす現代サラリーマンが、日常必需品からサービスに至るまで、すべてを給与所得で賄《まかな》うので、隣人との一切の関係を断ち切られても、お金さえあれば生きてゆけるというものとは、大きな違いがあります。自ら大地に働きかけ、大地の恵みに依拠し、多品目少量生産をめざしている「菜園家族」にとっては、農業や林業という仕事の性格上、近隣の「菜園家族」同士の連携や協力や地域コミュニティの支えが、当然、不可欠になってきます。

一般的に言って、近代史は、資本主義的市場原理に基づく商品・貨幣関係の発達が、人間と人間のあいだに貨幣を介在させることによって、人間と人間の直接的関係を分断してきた歴史でもあったと言ってもいいのです。そして、日本においては、特に二〇世紀後半から二一世紀初頭にかけて、市場競争至上主義のアメリカ型「拡大経済」が、こうした歴史の一般的傾向を究極にまで推しすすめ、人間と人間の関係の希薄化、さらには人間同士の不信と憎悪と対立を助長しているのです。

先に述べた都会のマンション住まいのサラリーマン家族が、彼らの「地域」とは無関係に生きられるのも、こうした極端なまでに発達した商品・貨幣関係のシステムの中ではじめて、可能なことであるのです。そのことは同時に、もともとは社会関係の所産である商品・貨幣・資本が、あたかもそれ本来の物的属性に従って運動しているかのように現象しながらも、実のところは、人間がそれらを崇《あが》め、それらに支配されてしまうという〝物神性〟ともいうべき貨幣の魔力に、人間がますますとりつかれてゆくことを意味しているのです。

二一世紀をむかえた今、「菜園家族」構想は、まさにこうした商品・貨幣関係のとどまることを知らない発展によって分断され、破壊された人間関係を、商品・貨幣関係の発展史を逆に遡《さかのぼ》ることによって、回復しようとするものであると言ってもいいのかもしれません。それは、「地域」における「家族」と「コミュニティ」の再構築を、前近代的なるものへの回帰によって達成しようとする試みでもあると言えるのです。

ここで誤解をさけるために述べたいのですが、〝回帰〟とは、そっくりそのまま過去へ戻ることでは決してないということです。繰り返しになりますが、〝回帰〟とは、形式の上では、一見、過去へ後戻りしたかのように見えなが

画・志村里士

らも、内容においては、人類がそれまでに蓄積してきた生産力水準を継承しつつ、より高次の段階への止揚《アウフヘーベン》であるということです。ここでは、「菜園家族」構想における「家族」や「コミュニティ」の問題について述べてゆくことになるのですが、この〝回帰〟の意味を再確認し、念頭にとどめておきたいと思います。

さて、先にも触れたように、現代サラリーマンとは違って、日常的に農にたずさわる「菜園家族」にとっては、その「家族」の仕事の性格上、近隣の自然そのものが労働の対象であり、しかも住む家屋や作業場などの建物や、これらに隣接する田畑や山林や、さらには集落を含む「地域」そのものの総体が、広い意味で、企業や工場に勤める労働者やサラリーマンにとっての「職場」に当たるものなのです。ですから、「菜園家族」構想の下では、「菜園家族」たちにとっての「職場」に当たる「地域」が、「家族」と「家族」の間の生産における共同の面でも、日常普段のこまごまとした家事にわたる相互扶助の面でも、「コミュニティ」としてそれがどのような構造になっているかということが、「菜園家族」の消長にとって決定的に重要な条件になってきます。

したがって、現代サラリーマンが、「地域」を主として住環境、さらに極端にはベッドタウンの側面からのみ捉えようとするのに対して、「菜園家族」にとっての「地域」は、まったく違った意味で重要になってきます。つまり、二一世紀において、前近代への〝回帰〟を成し遂げることによって、「地域」を自らの労働の対象でもあり、自らの労働の組織でもあり、同時に、いのちの再生産の場でもあるというものに再編し、それをさらに高次の次元へと構築してゆくことになるのです。このことは、二一世紀にふさわしい、新たな〝共同の世界〟、あるいは人間連帯の新しいあるべき姿の創出の可能性が生まれてきたことを意味しています。

本来、人間が帰属する場所は、会社や企業ではなく、「家族」であり、「地域」であったのです。人間が会社や企業にやすやすと身売りして、自分の大切な自由な時間を奪われ、挙げ句の果てには、家族を顧みる時間的余裕すら失い、「地域」の自然や隣人たちとの交歓の楽しみすら忘れてしまったこの最悪の事態が、今では世の中の常識であるかのように思い込まされているだけなのです。これは、人類の悠久の歴史から見れば、極めて特殊な時代の、ほんのひとときの特殊な現象に過ぎないともいえるのです。

さて、日本の歴史において、循環型社会の到達点とも円熟期とも言われている近世江戸時代のある時期を垣間見ることによって、「家族」のよすがともなるべき「地域」や「流域地域圏《エリア》」のあるべき姿を、ここでもう少し考えてみることにしたいと思います。

現存「集落」の歴史的性格

日本列島は、実に変化に富んだ豊かな自然に恵まれています。列島を南から北へどんな所に行っても、大抵は、海や山や川や平野を一望の下に眺望できる、そんな素晴らしい場所にしばしば遭遇します。奥山や谷あいや里山や平野部の各所には、遠い昔から、家族と家族が寄り添うようにお互いに助けあい、一つのまとまりある聚落《しゅうらく》を形成して、独自の暮らしを営んできました。

今日でも、全国いたる所にあまねく観察できるこうした聚落は、現行の市町村制による下位区画としての〝大字〟であったりするのですが、現存するこれらの聚落を、ここではとりあえず、近世の〝村《むら》〟と峻別《しゅんべつ》するために、「集落」と名付けておくことにします。

「菜園家族」構想の下では、今までに述べてきたように、こうした「集落」が、「菜園家族」の形成にとっての極めて大切な、いわば現代サラリーマンの「職場」に相当する

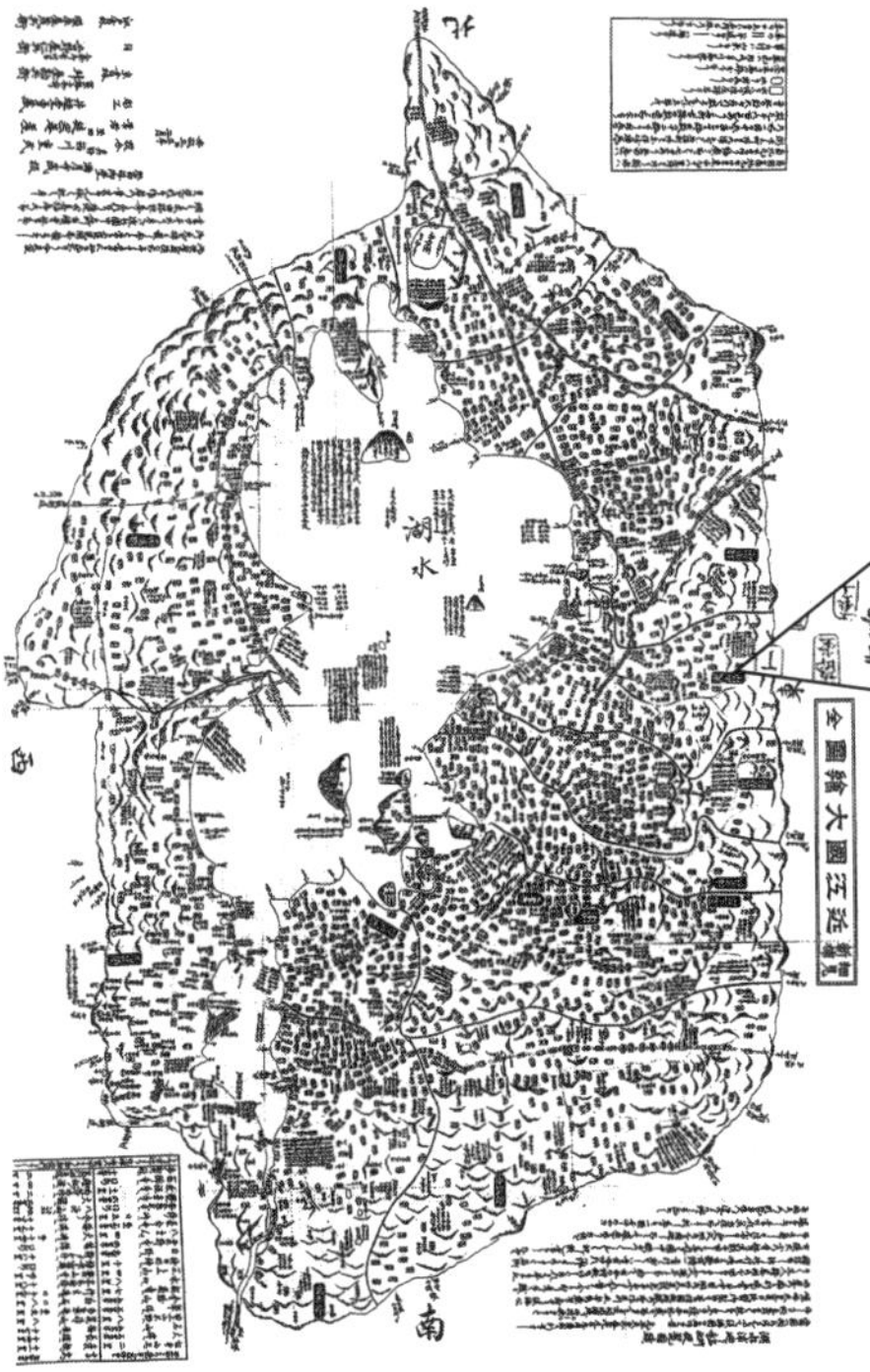

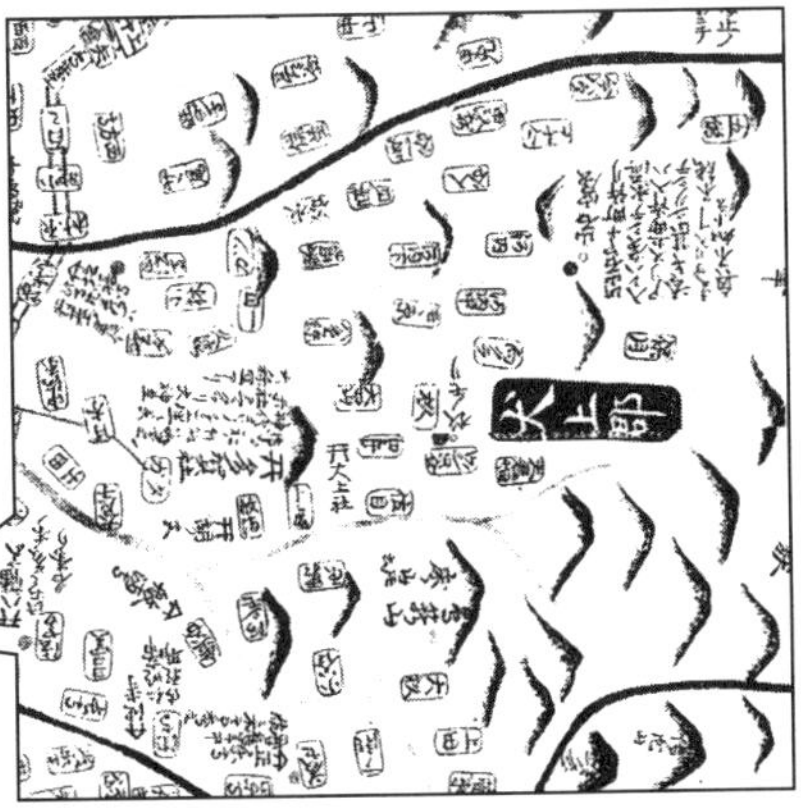

『細見新補・近江國大繪圖全』(安政３年)
12郡1600ヶ村の村名が流域に沿って丹念に書き込まれている。右上の拡大図では、犬上郡の「大君ヶ畑」の村名も見える。
(滋賀県琵琶湖博物館蔵)

「地域」に転化する可能性が、十分にあるといってもいいのです。もちろん、現在の「集落」が、そのままそっくりその機能を果たし得るかどうかは別にして、いずれにしても、現在、日本の農山漁村のいたる所に見かける、この「集落」から出発し、これを「地域」基盤にして考えてゆかなければならないことは、間違いないでしょう。

　そこで、もう少し、この「集落」の歴史的性格をおさえた上で、この「集落」をどのように「菜園家族」構想の中で位置づけ、そしてそれをどのように継承発展させることが可能なのかを、考えてみたいと思います。

　今、私たちが調査研究の拠点をおいている滋賀県（近江国《おうみのくに》）内を見る限り、農山村の地域社会に見られるこうした「集落」は、戸数が三〇戸から五〇戸前後であり、多い場合でも一〇〇戸から一五〇戸未満というのが一般的です。

　これらの「集落」は、時代の流れとともに大きく変容し、とくに戦後の高度経済成長期を経てからは、「集落」としての共同性の内実は急激に衰退し、抜《ぬ》け殻《がら》同然になって、体面だけは何とか保って生きのびているというのが現状です。そして、奥山に深く入れば入るほど、ますますその衰退ぶりはひどく、人々は山を下り、ついには廃村に追い込まれた「集落」にしばしば遭遇します。

ここで私たちの身近な事例として、滋賀県（近江国）内に今日あまねく散在する、さまざまな「集落」や「集落」の廃墟を、安政三年（一八五六年）に作成された『細見新補・近江国大絵図全』（『絵図』には一二郡一六〇〇ヶ村との記述がある）に記録されている近世の〝村〟と照合する限り、「集落」の地理的位置といい、「集落」を取り巻く自然の立地条件といい、『絵図』上の近世の〝村〟を彷彿とさせるものがあり、そのまま両者が見事に照応し合致する場合がおおいのです。

もちろん、『絵図』に記録されていながら、『絵図』の同位置に該当する今日の「集落」がない〝村〟もありますが、今日の「集落」名が、『絵図』にある近世の〝村〟の名をそっくりそのまま〝大字《おおあざ》〟名として継承している場合が極めておおいことに、改めて驚かされます。近世の〝村〟の性格を頑強に継承してきた「集落」は、概して、平野部の都市や都市周辺の農村よりも、高度経済成長期に乱開発から逃れ、その結果、皮肉にも過疎化が進行してしまった里山などの中山間地帯や奥山にゆくほど、多いようです。

高度経済成長が日本列島を風靡《ふうび》しながらも、こうした「集落」が今日に至っても、近世の〝村〟を直接的に何らかの形で受け継いでいるというこの根強い継承性とは、一体、何なのでしょうか。それは、先程も述べたように、今日の「集落」を構成する家族が、近世の農民家族と比べようもなく変質し、ついには兼業農家になってしまったとしても、兼業農家が農家である限り、生産手段は土地であり、生産条件は圧倒的に自然であり、森や水や野の条件をぬきにしては、彼らの生活の再生産はあり得ない、という本質的な問題に起因しているからではないでしょうか。

今日の「集落」の現実はといえば、「集落」を構成する家族は、近世の農民家族とは比べようもなく格段に色濃く商品生産者としての性格を帯びていると同時に、「集落」の圧倒的多数が、農民でもあり、賃金労働者でもあるという二重化された性格をもった兼業農家であるということは、これまでにも述べてきたとおりです。しかしながら、これら兼業農家の生産手段は、土地であることにはかわりはなく、自然を除外しては、これら家族の再生産は考えられないのも事実なのです。つまり、兼業農家の生産の実態は、現代資本主義社会における工業生産とは本質的に違うもの

↑鈴鹿山中、大君ヶ畑の集落全景（一九八四年撮影）（大君ヶ畑集会所所蔵）

←犬上川のほとりに佇む大君ヶ畑集落の下《しも》の家々（二〇〇六年撮影）

『近江國大繪圖全』にある「大君ヶ畑村」は、今日、「滋賀県犬上郡多賀町大字大君ヶ畑」として引き継がれている。

であり、今日の「集落」の生産実態は、現在なお、前近代の〝農民〟的性格と近代の〝賃金労働者〟的性格の相拮抗《きっこう》する矛盾の統一的運動体として、存在しているものであるといわなければなりません。

〝共同の世界〟を支えたもの

ところで、「菜園家族」構想が、近代を超克し、循環型共生社会をめざすものであるとするならば、循環型社会の円熟期をむかえたと言われている、江戸時代の〝村落共同体〟のあり方の基本を、ここでおさえておく必要があります。

というのは、いわゆる現存の「集落」が、わずかながらも近世の〝村落共同体〟の性格を保持しているということは、人間の社会生活について、少なくとも二つの可能性を、現実の歴史の上に展開しているのではないかと思うからです。

それは、人類が、始原の自然状態を止揚して、やがて遠い未来において、高次の段階での自然状態に回帰してゆくという「否定の否定」の弁証法、つまり、人間の社会生活が、原始的段階においては〝共同〟であり、そして未来においても〝理想として〟は、同様に〝共同〟であらねばならぬということと関連しています。

そこで、継承すべきその二つの可能性とは一体何かといえば、その一つは、近世の〝村落共同体〟が保持してきた〝共同性〟そのものです。周知のように、近世の〝村落共同体〟は、歴史的には〝原始共同〟の最後の段階であるとともに、その〝共同性〟は、現存の「集落」にも継承されてきました。それればかりではありません。仮に、付加された諸々の歴史的な条件や属性、今日ならば、市場競争至上主義「拡大経済」の諸々の条件や属性を払い落とし拭《ぬぐ》い去ることができるとするならば、その〝共同性〟の本質は、そのまま将来の社会にもちこまれて、少しも矛盾するものではないはずです。それどころか、その〝共同性〟は、今日の生産力水準の上に、より高次の段階へと止揚される可能性すらあります。

それでは、もう一つの継承すべき可能性とは何かということです。それは、近世江戸に確立され、現存の「集落」にも受け継がれている循環型社会の生産と暮らしのあり方や、その基盤をなす〝村〟の組織や機構のあり方です。そこから学びとり継承すべき可能性は、実におおいと言わなければなりません。

一般論として、〝村落共同体〟が、歴史的には〝原始共同〟の最後の段階だと言うのは、そこではすでに、財産の私有や階級分化がある程度まですすんでいたとはいえ、なお耕地の割替えや山林原野の共有や耕作・水利の調整などで、〝共同〟の遺制とみられる習慣がおこなわれていたからです。

もちろん今、私たちが観察している「集落」に、〝村落共同体〟としての性格が多少見られるからと言って、ただちに〝原始共同〟の最後の段階としての共同体と同一視することは、間違いです。私有財産制や国家のような歴史的生成物が形成されるにともなって、〝原始共同〟制としての〝村落共同体〟は、その本来の存在目的を大いに歪曲され、封建支配層の支配と搾取に便利なように改編されてきたのであり、さらには、今日の市場競争至上主義「拡大経済」の下でさんざんに痛めつけられてきたのですから、現存の「集落」が、共同体としては、ひどく変形され、矮小化されたものであることは言うまでもありません。

しかし、いずれ後で触れなければなりませんが、たとえどんなに後退し歪曲されたものとはいえ、この〝村落共同体〟をいかに再構築するかという課題は、本格的な循環型共生社会をめざす「菜園家族」構想の立場からすれば、どうしても避けては通ることのできない、極めて大切な課題であることは確かです。

今まで述べてきたように、「集落」の〝共同性〟は、ほとんど失われてしまったといってもいいのかもしれません。とは言っても、「集落」には、どんなに歴史の錆《さび》を洗い落としても、なおかつ自然の秩序から生まれる〝共同の世界〟は残るものです。この〝共同の世界〟は、農業立地の自然的条件に直結し、そこに基礎をおくものであって、誤解を恐れずに言えば、歴史以前の世界なのです。

このことをより具体的に述べると、仮にここで、奥山や中山間地域に広がる森林地帯を〝森〟とし、湧水や渓流や河川に至るさまざまな水系を〝水〟とし、平野部に広がる田畑や山間部に点在する小さな田畑から草刈地や放牧地に至る様々な形態の土地の広がりを〝野〟と呼ぶならば、この〝共同の世界〟は、ほかならぬ農業に必要不可欠の生産条件としての〝森〟と〝水〟と〝野〟の、これら三つの自然的要素のリンケージに基礎をおいているということができるのです。そして、この自然のリンケージは、過去においてもそうであったように、現在においても、そして未来においても、本質的にはほとんど変わりなくそうあるべきものなのです。この自然のリンケージが完全に崩れたとき、自然と人間の関係は崩れ、〝共同の世界〟も崩れ、人間は

〝森〟と〝水〟と〝野〟のリンケージ　森が涵養した水は、山村の棚田から里山、平野へと、人々の暮らしを潤し流れ、やがて海へ注ぐ。
画・志村里士

人間でなくなるのかもしれません。

ところで、武家の権力がまだ確立していなかった中世では、村落の統制は多くの場合、〝惣《そう》〟すなわち〝惣百姓〟の自由な掟《おきて》で保たれており、必ずしも上からの法度《はっと》によってなされたわけではありませんでした。荘園の権力がゆるみ、武家の政権がまだおよばなかった時代には、農村社会の秩序は、今述べた〝共同の世界〟を基礎に、農民自らの手で守るよりほかなかったのです。上からの統制ではなく、下からの自治が盛りあがったのは、このためだといえます。

そして、荘園権力にしても、武家の権力にしても、農民を支配し搾取するための基本組織としては、農民自らが構成する生産関係を取り入れ、これを再編成して、その支配目的を遂げるために巧みに利用しているのであって、事実そうするよりほかに、農民を搾取する有効な方法はなかったのです。つまり、農民の共同的村落構造は、もともと支配階級が搾取のために考案したものではないのです。

〝村落共同体〟は、長い歴史の経過とともに、著しく萎《い》縮《しゅく》し、畸形《きけい》化し、矮小化しました。にもかかわらず、その〝共同性〟は保たれており、今日、農山村の各地に見られる「集落」にも、幽《かす》かではあっても、その伝統が人々の生活の底流となっているのは間違いありません。この〝共同性〟が、いくつもの時代を経ながらも、根強く存在しつづけ、二一世紀の今日に至っても、それがたとえ幽かではあってもなお存在し続けている理由は、〝共同の世界〟を成立させてきた農的基盤である〝森〟と〝水〟と〝野〟のリンケージが、現在まで本質的には変えられずに維持され、今日、いかに科学技術が高度に発達したといっても、なおもそれが農にとって必要不可欠のものであり続けているということにあるのです。

身近なことから

ここで、具体的な「集落」として、今、私たちが調査研究の拠点にしている里山研究庵がある、現在の「滋賀県犬《いぬ》上《かみ》郡多賀町大字大君ヶ畑《おじがはた》」を例示したいと思います。

ここは、近世においては、「近江国《おうみのくに》犬上郡大君ヶ畑村《むら》」だったのです。現行の行政区画である「大字大君ヶ畑」は、近世の「大君ヶ畑村」に該当し、戸数は、近世前期で推定九〇戸あったと言われています。この村は、滋賀県と三重県との県境に横たわる鈴鹿山脈を源とする犬上川北流の上流域の奥深い山中にあり、現在では、戸数は四十数戸にまで減少し、他の例にもれず、過疎化と高齢化に悩む「集落」として今に至っています。

この「集落」の中央の森の中には、少なくとも近世中期建造と推定される白山神社があり、風雨を支配するといわれる八大竜王が祀《まつ》られています。木地師の始祖といわれる惟喬《これたか》親王も合祀《ごうし》されていますが、本来は山岳信仰から生まれた神社の一つとされています。今日にも引き継がれている大君ヶ畑の雨乞い踊り「かんこ踊り」は、この社の神事の一環として奉納されている芸能です。また、森と湖を結ぶ「犬上川・芹川〜鈴鹿山脈」流域地域圏《エリア》と深くかかわる悲恋の民話『幸助とお花』は、この白山神社と深く結びついて、今でも犬上川上流域の〝森の民〟大君ヶ畑の人々と、その下流域の〝野の民〟北落《きたおち》（同郡の甲良町内にある「集落」）の人々の意識の深層に深く宿り、現代の村人やこの流域地域圏《エリア》の人々の結束の精神的支柱にもなって、機能しています（二五二頁・二六四頁の地図を参照）。

話はやや脇にそれましたが、現在の大字大君ヶ畑の「集落」は、近世においては〝村〟としてしっかりと機能していました。大字大君ヶ畑という「集落」、これは普通の地図には地名などおそらく記入漏《も》れで記載されていそうにもない、何の変哲もない小地域なのですが、丹念に見てゆけば、それなりの古い〝歴史〟をもち、そこに展開される人々の意識や行為は、いわば〝世界史の一コマ〟としての意味を持っていると思えてならないのです。

それはさておき、今日私たちが観察している「集落」のほとんどは、繰り返しになりますが、少なくとも近世の〝村〟を何らかの意味で継承し、今日に至ったものであることは確かです。そして、近世ではこうした〝村〟は、いくつかの〝組《くみ》〟に分けられていたといわれています。

〝組〟は、冠婚葬祭から家屋の新築改修等、私生活上の相互扶助、農業生産上に必要なワラ製品の製作、川普請、道普請、溜《ため》普請等における協同の単位であり、破産した百姓の債務の整理から跡目《あとめ》の始末に至るまで面倒を見るのです。租米の取立て、納入の扱いに当たったのも、この〝組〟でした。また、〝組〟は、火災や盗難に備えたり、共有山の落葉掻《か》きの山割り、松茸山の入札、お触れの伝達や祭事の共催などの単位でもありました。

〝組〟には、〝組頭〟がいて、〝組〟を代表し、〝組寄り〟でその意思を決めていました。ですから、〝組〟は、〝家〟としての家族労働や家族生活の補完的な意味での相互扶助の側面が濃く、その限りでの隣保共同体であり、村民の生活を伝統と慣習の枠にはめて統制し、共同体としての〝村〟のあり方を規定する基本的な組織であったといえます。

信長の天下統一の事業を受け継いだ秀吉は、よく知られているように百姓たちの武装を解除し、検地を実施して百姓を土地に縛りつけ、そのまま徳川の手に渡しました。ですから、百姓たちはいつの間にか〝農奴身分〟に再編されたのです。しかし、直接生産者である彼らの生活は、水利・灌漑《かんがい》・耕土・土木工事その他すべての点で、〝共同〟なくしては保つことはできませんでした。本質的で根源的な問題としておさえておきたいのですが、農業生産におけるこの〝共同〟の規範は、歴史の発展段階にはかかわりなく、現在の高度な資本主義の下でも根強く継承されてきたのであって、〝共同〟なくしては、農的「集落」の生活はあり得ないのです。

近世に入ってからも、検地はしばしばおこなわれました。これによって村高が決まり、決定された課税率は、個々の〝家〟に適用されるのではなく、〝家〟の集合体としての〝村〟に対して適用されました。検地は、農業の本質から由来する自然性的な農民共同体を、極めて政治的に搾取の組織として捉えるための手続きでもあったのです。〝村〟は、そうしたものとしての存在形態にゆがめられていったのです。

乱世の当然の帰結として、農民の最小地域団体である村落は、武士の掠奪《りゃくだつ》に備え、頼みとするに足らない荘園の領主関係を離れて村人の間に強固な結合を築き、あるいは神社を核にし、あるいは老若衆を組織し、自治的規約を定め励行にはげみました。この結合は、すでに前代にあってもその萌芽を示していたのですが、さらにこの時代にあっては普遍的となり、次の時代へと継承されてゆきました。

同時に、負の面も見逃すことができません。この結合が強ければ強いほど、村共同体内部への規制は強くなり、利害を異にする他の村落とは相反目することがおおく、境界問題・用水問題などで激烈な争いが起こされたことも少なくなかったのです。

白山神社（大君ヶ畑）の秋の例祭「九月の講」

近世の〃村〃の組織は、したがって端緒《たんしょ》的には村落共同体の自衛の組織であり、自治の秩序として、ある時代の世相を色濃く反映している点が少なくないといっていいものです。

近世の〃村〃の組織や〃共同性〃がどの程度、今日まで継承されているかは、地方によって大いに異なるとは思うのですが、先に触れた、鈴鹿山中にある今では過疎化が進み戸数わずか四十数戸になってしまった、この大字大君ヶ畑《おじがはた》の場合、意外にも根強く受け継がれているのには驚かされます。

今でも大君ヶ畑の主な村役は、毎年一月一〇日の村の総寄りの席の選挙によって選出されています。主な村役には、区長・評議員・組頭などがあり、このほかに白山神社に奉仕する組織として宮守・禰宜《ねぎ》があります。区長は、村の最高責任者で、任期一年です。評議員は七人で、村の諸々のことを評議する役目を担っています。

この村には、組が六組あって、今では組長は輪番制で選ばれ、その役目は、区長からの伝達事項を伝えることぐらいになってしまいました。

組とは別に、若衆集団があり、村落構造の中心的な役割を担う組織であると同時に、今でも「三期の講」を中心に、

鈴鹿山中の集落、大君ヶ畑では、若者が村を去り、残されたお年寄りたちだけが、ほそぼそと畑仕事をしながら暮らしている。 ―2001年秋。杉山一市さん（当時81歳）・富枝さん（当時75歳）夫妻。2006年5月に富枝さんが亡くなられてからは、一市さんが一人で暮らしている。

白山神社の行事に勤仕する祭祀集団としての機能を果たしていています。この宮守については、寛政四年（一七九二年）の彦根藩領下の地誌『淡海木間攫《おうみこまざらえ》』にも、「三十五人ノ内ヨリ順々ニ頭ヨリ神主ヲ勤ル也」とあって、当時も今と同じように、若衆三十五人の内、その頭が村禰宜を勤めていたことが読みとれます。

近世の〝村〟の伝統が、過疎化と高齢化に悩む現在に至っても、今もなおこの大君ヶ畑の「集落」に脈々と受け継がれ、「集落」の人々の今日の結束の精神的支柱として息づいていることが、この地に拠点をおいてまだ五年ほどではありますが、ひしひしと身に滲《し》みて感じとれるのです。

と同時に、山や畑での生産活動自体が衰退してしまった今、その〝共同性〟は、存立の本来的基盤を失い、存亡の瀬戸際に立たされていることを、この土地にいて日々、実感しているのです。

「集落」再生の意義

このように、現代の「集落」は、近世の〝村〟などとくらべると、現実には〝共同〟の内実はほとんど失われてしまい、ただ家屋がいくつか集まってならんでいるという形だけが、何とか残されているといってもいいのですが、こうした「集落」は、今日でも日本列島のいたる所にあまねく存在しています。これらの「集落」が、近世の〝村〟をどのように、どの程度において継承しえたものであるかと言えば、それは、地方地方によってまちまちであると言わなければなりません。明治、大正、昭和、平成と、時代時代の主として外的要因によって、「集落」は大きく変容を余儀なくされ、〝共同性〟は衰退の一途を辿ってきました。

前にも触れたように、なかでも昭和の戦後の高度経済成

農業集落数の推移（1955〜2000年）　単位：農業集落

	1955年（昭和30年）	1960年（昭和35年）	1970年（昭和45年）	1980年（昭和55年）	1990年（平成２年）	2000年（平成12年）
全国	156,477	152,431	142,699	142,377	140,122	135,163

資料：農林水産省「農林業センサス」
注：1955年〜1970年については、沖縄を除く。

長期には、「集落」は根底から揺るがされ、大きく変質を迫られてしまいました。二〇〇〇年現在で、日本の全農家戸数二三三万六六〇八戸のうち、兼業農家戸数は一九一万五五一二戸となり、全農家戸数の実に八八％を占めるに至っています。この数字からだけでも分かるように、農家の兼業化によって、農民家族と農民経営のあり方も、根本から変わってしまったのです。したがって、「集落」の性格、なかんずくその〝共同性〟が質的な変化をとげてしまったのも、無理からぬことなのです。

日本の農業「集落」は、平均三〇戸から成るといわれています。全国の農業「集落」の数は、農林水産省『農林業センサス』（二〇〇〇年度）によると、二〇〇〇年現在で、十三万五一六三となっています。今日、全国に散在しているこれだけの数の農業「集落」のほとんどが、内部に圧倒的多数の兼業農家を抱え、その結果、「集落」の〝共同性〟は失われ、衰退してしまっているのです。その上、「集落」は、過疎化と高齢化と後継者問題に悩まされています。とくに山村においては、その悩みは極めて深刻です。

このような事態の中で、「集落」の性格は大きく変わったにもかかわらず、なおも現存する「集落」は、少なくとも近世以来、先にも触れた〝森〟と〝水〟と〝野〟の自然的リンケージの大枠の中に、依然として存在し続けてきました。しかも、過去において、近世の〝村〟の人たちが、この自然のリンケージの中で農を営み生きてゆくためにどうしても必要なものとして、実に的確に選択したものとほぼ同一のものを、現存する「集落」は維持してきたことになります。「集落」を取り巻く自然的条件の基本は、ほとんど変わることなく今日に至っている場合が極めて多いといってもいいのです。こうした傾向は、とくに過疎山村地域において、顕著にあらわれています。これは、とても興味深いことです。同時にこのことは、今後、循環型共生社会をめざす私たちが、二一世紀を生きてゆく上で、過去から何を継承し、何に依拠して「地域」を再構築してゆかなければならないかを、示唆してくれているように思えてなりません。

私たちの先人たちは、「集落」を築くために必要な土地を選定するにあたって、よりよい暮らしを願い、並々ならぬ努力を重ねてきたにちがいありません。人間が自給自足し、子孫代々にわたって暮らしが持続できるようにと願い、とにかく最低限度、どうしてもなくてはならない自然条件を満たす土地を選定し、その結果生まれてきたのが、今日の私たちに引き継がれてきたこうした「集落」であるのです。そして、高度経済成長期の激変に堪えきれずに廃村に追い込まれてしまった「集落」もまた、そうであったはずです。

現存の「集落」が、長い歴史と幾多の激動の時代を経ても、なおも形だけではあっても、二一世紀の今日まで生きながらえてきたこと自体が、驚きです。このことは、この「集落」のロケーションが、過去において農的自給自足の生活や循環型の暮らしにとって、最低限必要な自然条件を備えた〝場〟であっただけではなく、実は、二一世紀の未来においても、「菜園家族」構想による持続可能な循環共生型の暮らしにとって、先人たちの知恵によって選び抜かれた、最高に優れた〝場〟になっていることを、歴史的にも証明しているのです。

今日の市場競争至上主義「拡大経済」の主流からは取り残され放置された、こうした「集落」や廃村と化した「集落」の廃墟を、いかにして甦らせるのかという課題は、経済効率万能主義者や経済成長の信奉者からすれば、取るに足らない瑣細《ささい》なことかもしれません。しかし、本格的な循環型共生社会をめざす「菜園家族」構想にとっては、極めて大切な問題であるといわなければなりません。

なぜなら、「菜園家族」構想が、地域社会の基盤に農的な家族である「菜園家族」を据えるものであることから、当然の帰結として、先に述べた〝森〟と〝水〟と〝野〟の三つの自然的要素のリンケージに基盤をおく〝共同の世界〟を甦らせ、それを熟成させる方向を辿ってゆく以外に道はないからです。「菜園家族」構想が、ある意味では、近世江戸の循環型社会に回帰してゆく側面をもっている性格上、近世の〝村〟の系譜を引く今日の「集落」が、新たな地域再生の出発の重要な基盤になることは、これまた当然の帰結といえます。

小泉政権と、これを引き継ぐ政権の経済財政運営の基本方針のもとで、効率性の低い分野から成長分野へとヒト・モノ・カネを移す〝構造改革〟なるものが、〝経済再生〟

につながるものとされています。今なお〝経済成長〟を夢見て「拡大経済」の修復に血眼《ちまなこ》になっている状況の下では、非効率といわれている農業などに、本気で目がむけられるはずもありません。ましてや、高度経済成長期に非効率なものとして見捨てられた過疎「集落」や、廃村と化した「集落」の廃墟などに関心がむけられることなどは、絶対にあり得ないことです。

先の『農業センサス』で、農業「集落」数の過去二〇年間（一九八〇年〜二〇〇〇年）の推移を見ると、一九八〇年の十四万二三七七から、二〇〇〇年の十三万五一六三へと、二〇年間で、七二一四もの農業「集落」が減少したことになります。これは、こうした農業「集落」に生まれ育った人にとって、ふるさとの〝村〟が、農業「集落」としての性格を失ったか、あるいは、「集落」そのものがなくなってしまったことを意味しています。何の対策も打つことなしに、このまま放置しておけば、今後、農業「集落」は、消滅の方向へと、ますます拍車がかけられてゆくことになります。

小泉政権とこれを引き継ぐ政権の「聖域なき構造改革」における農業政策は、こうした実情を無視して、農業分野にも「国際競争力」をもとめ、小さな家族農業を切り捨ててゆく方針をあらわにしています。それは、株式会社の農地取得をねらっての農地法の改正という、土地所有の根幹にかかわる重大な問題をはらむものです。日本の未来にかかわるこうした重大な問題が、まさに今、地域の人々の知らないところで決められ、押しつけられている、大変な状況に、私たちはおかれているのです。

よく考えてみると、これほど国土をないがしろにし、地球資源を無駄にし、私たちの先人の努力を無にした政策もありません。これら政策担当者が、経済成長を追求して、地球資源を無駄にするこうした政策を推しすすめるその一方で、地球環境や循環型社会を唱えるという、論理矛盾に陥っていることに気づかないのは、不思議です。もちろん、循環型社会の実現など、口先だけで、本気で考えていないのでしょう。

過疎「集落」の見直しと再生などといったことは、市場競争至上主義者にとっては、実にとるに足らないことなのかもしれません。しかし、実は、この問題にこそ、今日の日本社会の行き詰まりの現実の姿が、凝縮され表現されているのです。「菜園家族」構想が、何よりもまず、今日、放置され疲弊しきった農山村の「集落」の再生からはじめなければならないとするのは、以上述べてきた理由からなのです。

4　菜園家族エリアの構造、その意義

「集落」の再生と「なりわいとも」

　近世の〝村〟の系譜を引く現存の「集落」が、「菜園家族」構想によって、先にも述べた〝森〟と〝水〟と〝野〟のリンケージを基盤に、現代に甦ったとします。そのとき「集落」は、労農一体的性格をもった「菜園家族」によって構成されていることから、近世の〝村〟が本来もっていた〝共同性〟の性格と、同時に、イギリスにおいて、近代資本主義の勃興期に資本主義からの自衛的組織体として出現した近代的協同組合《コーポラティブ・ソサエティ》の性格とを、併せもつものになるはずです。

　このように、近世の地域社会の系譜を引く様々なレベルの共同体的組織を基盤に形成される、前近代と近代の融合による「菜園家族」構想独特の新たな協同組合《コーポラティブ・ソサエティ》的組織体を、ここでは「なりわいとも」と定義しておきたいと思います。そのなかでも、近世の〝村〟の系譜を引く今日の「集落」を基盤に成立する「なりわいとも」を、「村なりわいとも」とすることにします。さらに、〝森と海を結ぶ流域地域圏《エリア》〟、これはほぼ近世の〝郡〟に該当する地理的範囲になる場合が多いのですが、ここに成立する「なりわいとも」は、さしずめ「郡なりわいとも」ということになります。

　そこでもう一度、第三章でも述べた〝森と海を結ぶ流域地域圏《エリア》〟のさまざまなレベルに形成される「なりわいとも」の地域団粒《だんりゅう》構造について、復習し整理しておきたいと思います（一八三頁の図を参照）。

　「菜園家族」は、この地域団粒構造の一次元にあらわれる最小の基礎的団粒です。そして、この基礎的団粒である「菜園家族」がいくつか集まると、二次元にさらに団粒が形成されます。これが、「くみなりわいとも」です。ここでは略して「くみ」と呼ぶことにします。さらにこの「くみ」がいくつか集まって、地域団粒構造の三次元に、「村なりわいとも」があらわれます。この「村なりわいとも」は、先にも述べたように、近世の〝村〟の系譜を引く現存の「集落」を基盤に成立するものです。

　さらに、「村なりわいとも」がいくつか集まると、四次元に「町なりわいとも」が現れます。ちなみにこの町は、今日の市町村制の町の地理的範囲に該当するものです。さ

らに、この「町なりわいとも」がいくつか集まって、五次元に「郡なりわいとも」があらわれます。これが、先にもしばしば述べてきた〝森と海を結ぶ流域地域圏《エリア》〟の次元に形成される「郡なりわいとも」であるのです。さらに、状況によっては、この「郡なりわいとも」がいくつか集まって、「くになりわいとも」が形成されます。この「くに」は、古代の風土記にあるような〝国《くに》〟、例えば、近江国《おうみのくに》、常陸国《ひたちのくに》等々の〝国《くに》〟にあたるものであり、多くの場合、今日の県に相当する地理的範囲になると考えればいいものです。いずれの次元の「なりわいとも」も、個々具体的には、自然的、社会的、経済的、あるいは文化的、歴史的諸条件等々が十分に考慮されて、設定されなければならないものです。

もしも、この「なりわいとも」を基盤にした地域社会が現実に誕生し、成功したとすれば、それは、世界史上画期的で重大な出来事といわなければなりません。世界史上はじめて一九世紀に、イギリスにおいて協同組合《コープラティブ・ソサエティ》が出現しながらも、世界各国の資本主義の内部において、それは十全に発展することができませんでした。その協同組合《コープラティブ・ソサエティ》の発展を阻害してきた要因を、生産手段と「現代賃金労働者」との「再結合」による、労農一体的な性格を有するこの「菜園家族」の導入によって克服し、さらに、〝森と海を結ぶ流域地域圏《エリア》〟を団粒構造に築きあげることができたとするならば、それは、時代を画する人類の素晴らしい成果であると言わなければなりません。なぜならば、新たに形成されるこの新しいタイプの「なりわいとも」は、産業革命以来、今日に至るまで、一貫して歪曲と変質を迫られてきた地域の構造にとって、循環型共生社会への転換をもたらす、極めて有効な槓杆《こうかん》として働くにちがいないからです。

「菜園家族」と「くみなりわいとも」

ところで、繰り返し述べてきたように、この「なりわいとも」による重層・多重的な地域団粒構造を成立させている基本であり、基礎単位になっているものが、「菜園家族」です。これは、人体に喩えるならば、人間という生物個体の生命の機能上・組織上の基礎単位である細胞にあたるものです。この「菜園家族」の性格とその特質が、生物個体の細胞との対比において、近世の農民家族と基本的にどのようにちがうのか、ここでもう一度、しっかりとおさえておく必要があります。

私たちは、循環型共生社会をめざすことから、近世の〝村〟の系譜を引く「集落」のロケーションを継承することの重要性や、あるいは自然の農的立地条件である〝森〟や〝水〟や〝野〟のリンケージの中で育まれ培われてきた近世の〝村〟の共同性の内実の継承の問題や、近世の〝村〟に培われてきた循環型技術体系ともいうべきものの継承を強調してきました。このことを強調するあまり、二一世紀に期待されるべきはずのこの「なりわいとも」という新しい概念に、近世の〝村〟のもつ暗いイメージを与えかねないのではないかと危惧します。もちろん、近世の農民には、現に、五公五民といわれた苛酷《かこく》な年貢の取り立てのもとに喘《あえ》ぐ、悲惨な農民の姿と重なるものがあります。また、近世の村社会には、共同体的規制という陰湿で暗いイメージにもつながるものがあります。

しかし、「菜園家族」は、先にも述べた近世の村社会の優れた側面、すなわち高度に発達した近世の循環型社会の遺産を継承しつつも、近世農民とはまったく異なった存在形態であるということを忘れてはなりません。再三述べてきたように、「菜園家族」は、近代資本主義が創出したところの賃金労働者が、生産手段との「再結合」を果たすことによって、農民と賃金労働者の性格を二重にもった、まったく新しいタイプの家族小経営として、より高次の段階に止揚されたものであるのです。

週五日間、大地に根ざして農的暮らしを営み、近世の循環型社会の農民の優れた側面を継承しつつも、近傍の中小都市に週二日間通勤するサラリーマン家族でもあるのです。したがって、彼らには、土地に縛られた狭隘《きょうあい》な近世の農民とは格段に違い、経済的にも文化的にも多面的で広範な活動の舞台が保障されています。このことからも、「菜園家族」の「なりわいとも」には、必然的に、近世農民たちの〝村〟にはなかった、新たな〝共同性〟を育んでゆく可能性が開けてくるのです。

前にも、一般的に、「家族」を生物個体の機能上・組織上の基礎単位である細胞に喩えましたが、そう考えると、「現代賃金労働者」の家族は、人類史上、極めて特殊で、ある時代に限られた不安定な家族の存在形態であるということが分かってきます。つまり、「現代賃金労働者」の家族は、自然や田畑や生産用具や手工業の場など、細胞質にあたる部分を喪失し、細胞膜と細胞核だけになった干からびた細胞のようなものであるといえます。

これに対して、「菜園家族」は、このような極めて不安定で、特殊な家族の存在形態である「現代賃金労働者」の家族に、細胞質がふたたび取り戻され、満たされることによって、みずみずしく生き生きとした細胞に甦ったものであるのです。

　生物個体の細胞は、核といういわば「家族人間集団」の周りに、自然や田畑に相当する細胞質基質、それにミトコンドリアやリソソームやゴルジ体やリボソームなどといった細胞小器官という、いわば生産工場などを備えて、多品目少量生産のきわめて完結度の高い小生命体して、生き生きと生命活動を営んでいます。ですから、「菜園家族」も、細胞質にあたる自然や田畑や生産用具などの生産手段を取り戻し、まさにこの生物個体の細胞のようにあらねばならないのです。

画・志村里士

　細胞核は、夫婦、子供、祖父母の三世代で構成される「家族人間集団」に相当するものです。この三世代の「家族」が、生きてゆくに必要なものをできるだけ自給するために、細胞核のまわりにあたかも細胞質をとり込むように、自然や田畑を保有し、酪農や、養鶏、養蜂、果樹、茶畑、採取・狩猟・漁撈、食の加工・保存、木工、手工芸等々を営みます。これは、生活を楽しむ型の多品目少量生産の複合経営が基本となっています。まさに創造と芸術の世界を築いているのです。これが、〝森と海を結ぶ流域地域圏《エリア》〟という地域団粒構造の一次元にあらわれる地域社会の基礎単位であり、基礎団粒であるところの「菜園家族」なのです。

　「菜園家族」は、週五日、多品目少量生産を営み、残りの二日は近隣の中小都市に通勤し、賃金所得を得て、自己を補完しています。これは、生物個体の細胞が、細胞質内のミトコンドリアで生産されるＡＴＰという、いわば「エ

画・前田秀信

ネルギーの共通通貨」を生物個体内の組織や器官に拠出して、その代償として血液にのせて栄養分を受けとり、細胞自身を自己補完しているのとよく似た関係にあります。またこのことによって、「菜園家族」は、その活動範囲を恒常的に都市空間（＝生物個体の器官や組織）へも広げることにもなっているのです。ですから、この週二日の通勤は、「菜園家族」が生存しつづけるためには、なくてはならない必要不可欠の条件にもなっています。

「菜園家族」は、作物や家畜など、生き物を相手に仕事をしています。一日でも手を空《あ》けることはできません。ですから、夫婦や親子で助け合い、補い合うのが前提でありながらも、それでも足りない場合、特に週二日の出勤の日や、病気の時などは、隣保の家族からの支援がなくてはなりません。やむなく夫婦ともに出勤したり、外出したりしなければならない留守の日には、隣保の三家族ないしは五家族が、交代制で、作物や家畜の世話をすることになります。週二日は、従来型のサラリーマンとしての勤務に就くということからも特に、近世の農民家族間にはなかった「菜園家族」独自の、新たな形態の〝共同性〟の発展が期待されるのです。

もちろん、この隣保の家族は、お互いに農業を営んでいることから、〝森〟と〝水〟と〝野〟のリンケージを維持し管理するために、近世的な〝共同性〟が依然として必要不可欠であることには変わりありません。ですから、「くみなりわいとも」には、従来型のこの近世の〝共同性〟の基礎の上に、「菜園家族」という労農一体的な性格から生まれてくる独特の〝共同性〟が加味されて、新たな〝共同〟の発展が見られるはずです。「くみなりわいとも」は、まさにこのような〝共同性〟の発展を基礎にした三から五の家族から成る、新しいタイプの隣保共同体であるのです。

すでに述べてきたように、「菜園家族」は、夫婦、子供、祖父母という三世代によって構成される家族が基本です。

家族の構成員は、「菜園」を基盤にひとつの目的にむかって日常的にほとんど一緒に生活をしていることから、家族内の〝共同性〟は、きわめて緊密なものになります。したがって、もともと「家族」に備わっていた育児や子供の教育や老人の介護といった機能や、その他の様々な家事労働

画・志村里士

も、本来あるべき姿に甦ってきます。

今日、育児や子供の教育、老後の生活や介護の問題が深刻な社会問題になっていますが、やがて「菜園家族」が、「家族」本来の機能を回復し、さらにこの隣保の「くみなりわいとも」によって、この「家族」の機能が補完され強化される時、社会福祉と相俟《あいま》って、現代病とも言うべきこの深刻な社会問題は、漸次解決されてゆくはずです。

このように見てくると、〝森と海を結ぶ流域地域圏《エリア》〟の地域団粒構造の最基底部の一次元にあらわれる団粒、すなわち「菜園家族」は、二次元の団粒である「くみなりわいとも」を形成することによって、きわめて日常的な生産と暮らしに直結する局面で、自己の不足を補完していることが分かります。これは、個々の家族の自立を促しつつも、助けあいながら生きてゆくという、人間同士の共生のあるべき本源的なかたちをも、追求しているものであるのです。

基本共同体「村なりわいとも」

「村なりわいとも」は、前にも触れたように、近世の〝村〟の系譜を引く「集落」としてのロケーションを基本的には引き継ぎ、近世の〝村〟の〝共同性〟の内実を幾分なりとも継承しつつ、「菜園家族」という労農一体的な独特の家

族小経営をその基盤に据えていることから、近代的協同組合《コープラティブ・ソサエティ》の性格をも併せもつものになることについては、すでに指摘してきたところです。

この「集落」がもつロケーションは、自然的・農的立地条件としても、人間が快適に暮らす居住空間としての場としても、長い時代を経て選《え》りすぐられてきた、優れたものを備えています。そして、戦後の高度経済成長期を経て、農山村の過疎化が急速に進行し、「集落」は疲弊しきっているにもかかわらず、それでも人々は、今日に至るまで、何とかこの「集落」に住みつき、生きながらえてきました。

こうした近世の〝村〟の系譜を引く「集落」は、農山村に限らず、市街化の波におおわれた地域においても、今でも何とか生き延びてその姿をとどめ、意外にもその「集落」のほとんどが存在し続けています。二一世紀、「菜園家族」構想実現の初動の段階では、まずはこうした「集落」を基盤に、「村なりわいとも」の再構築がはじまるのです。

一般的に、「なりわいとも」は、日本列島を縦断する山脈を分水嶺に、日本海側と太平洋側に走る水系に沿って隈なく張りめぐらされた〝森と海を結ぶ流域地域圏《エリア》〟内に築かれます。そして、この「なりわいとも」は、多重・重層的な地域団粒構造の各次元に、団粒という形態をとってあらわれます。繰り返しになりますが、この地域団粒構造の一次元には「菜園家族」、二次元にはこの「菜園家族」が三〜五家族集まって「くみなりわいとも」、三次元にはこの「くみなりわいとも」が数くみ集まって「村なりわいとも」、四次元にはこの「村なりわいとも」が十数ヵ村集まって「町なりわいとも」（現行の市町村制での町に相当）、この「町なりわいとも」が数ヵ町集まって「郡なりわいとも」、この「郡なりわいとも」が十数ヵ郡集まって「くになりわいとも」（現行の行政区画では県の範囲）が、それぞれ形成されることになります。もちろんこれは、地域や地方の事情によって、多少、異なってきます。

こうした地域団粒構造の各次元にあらわれ形成される「なりわいとも」の中でも、「村なりわいとも」は、「菜園家族」構想において、きわめて重要な役割と位置を占めることになります。

この「村なりわいとも」は、多重・重層的な地域団粒構造のそれぞれの次元に形成される、様々なレベルの「なりわいとも」の中でも、人間が生きてゆく上での、少なくとも必要不可欠な最小限の自然的・農的立地条件を備え、地域形成上、適正規模の人間と自然のまとまりあるロケーションを保持している点で、相対的に自己完結度の高い、自立した基本組織単位になるものです。「村なりわいとも」は、上位にある四次元の「町なりわいとも」や五次元の「郡なりわいとも」、あるいは「くになりわいとも」にも、その基礎単位組織として、自由にかかわり連携してゆくのですが、こうした性格のゆえに、相対的に自立的で、独自性のある活動が展開される可能性が、極めて大きいと言わなければなりません。

画・志村里士

　そして、先にも触れたように、何よりも「村なりわいとも」の構成員は、「現代賃金労働者」と生産手段との「再結合」によって生まれた、農夫と労働者の性格をもつ新しいタイプの家族小経営、つまり「菜園家族」であるのです。「村なりわいとも」は、近世の〝村〟の優れた〝共同性〟を継承しながら、前近代と近代の融合による「菜園家族」のこの独特の性格からして、資本主義の過酷な市場から自己を防衛する側面をもつ近代協同組合《コープラティブ・ソサエティ》の優れた側面をも引き継ぐものであることについては、先にも述べてきたところです。したがって、近世の〝村〟のように、封建領主層や地主によって土地に緊縛された農民家族によって構成されている〝村〟とはほど遠い、まったく異なった存在であることを、ここではしっかりとおさえておきたいと思います。

　その上で、「村なりわいとも」について、もう少しばかり述べておきたいと思います。「村なりわいとも」の主要な活動の範囲・舞台は、もちろん日常的には、自己の「集落」と、それを取り巻く田畑や森林や水系といった農的・自然的な環境の広がりです。そして、この「集落」が、〝森と海を結ぶ流域地域圏《エリア》〟の海岸線に近い平野部にあるのか、平野部の周縁から山地に至る中山間地帯にあるのか、あるいは奥山の山間地にあるのか、といった流域地域圏内での地理的位置によっても、「集落」のおかれる自然条件が大きくかかわり、「菜園家族」、そして「村なりわいとも」の経営や活動のあり方は、だいぶ違ってきます。

　「森の民」であり、「森のなりわいとも」であれば、今日放置され荒廃しきった森林をどのように再生し、どのよう

に「森の菜園家族」を確立してゆくのか、そして過疎化と老齢化の極限状態におかれた「集落」をどのように甦らせるのか、「村なりわいとも」の直面する課題は実に大きいのです。

　また、それが平野部に位置する場合、あるいは中山間地に位置する場合も、それぞれ異なった特色のある「菜園家族」を、そして「村なりわいとも」を築いてゆくことになるでしょう。それぞれの地形や自然に依拠し、それぞれの土地の社会や歴史や文化を背景にして、〝森と海を結ぶ流域地域圏〟内には、おそらく一〇〇を超える新しい「村なりわいとも」が、近世の〝村〟の系譜を引く「集落」を基盤に誕生することになるのです。

　〝森と海を結ぶ流域地域圏《エリア》〟内に新しく誕生した一〇〇を超えるこれらの「村なりわいとも」は、それぞれ個性豊かな「森」の幸や「野」の幸や「水」の幸を産み出します。「村なりわいとも」が、流通の媒体となって、モノやヒトが〝森と海を結ぶ流域地域圏《エリア》〟内を循環し、それぞれの「地域」に不足するものを補完し合うことになります。こうした交流によって、〝森と海を結ぶ流域地域圏《エリア》〟には、地域圏《エリア》としてのまとまりある一体感が芽生えてきます。

　こうした物的・精神的土壌の上に、〝森と海を結ぶ流域地域圏《エリア》〟の「なりわいとも」、つまり「郡なりわいとも」が形成されることになるのです。「地方」の事情によっては、「郡なりわいとも」の下位に位置する今日の市町村制の「町」の地理的範囲に、「町なりわいとも」が形成される場合もあるでしょう。このように下から積み上げられてきた住民や市民の力量によって、多重・重層的な地域団粒構造は築き上げられ、さらに県全域を範囲に、「郡なりわいとも」の連合体としての「くになりわいとも」が、必要に応じて形成されることになるでしょう。

　いずれにせよ大切なのは、この多重・重層的な地域団粒構造の中間に位置する「なりわいとも」の基本組織単位である「村なりわいとも」と、これら「村なりわいとも」の連合体として〝森と海を結ぶ流域地域圏《エリア》〟全域を範囲に形成される「郡なりわいとも」の存在です。

　「村なりわいとも」は、〝森と海を結ぶ流域地域圏《エリア》〟内にあって、流通の媒体としての役割を果たしているだけではありません。基本的には、先にも触れたように、流域地《エ》域圏《リア》内の山間部とか中山間地とか平野部のいずれかにあって、伝統的な「集落」を基盤にして成立している近世の〝村〟の〝共同性〟を継承し、かつ近代的な協同組合《コープラティブ・ソサエティ》としての性格をも併せもつ独自の共同組織体です。田や畑や生産用具など生産手段を保有する、自立した家族小経営である「菜園家族」が、その構成メンバーになっています。つまり、「村なりわいとも」は、この家族小経営の力量だけでは解決できない課題を、共同の力で克服するというのが基本です。したがって、この「村なりわいとも」においては、必然的に自由・平等・対等の基礎の上に、自立した家族がともに助け合う精神、つまり相互扶助の精神が基本的に貫かれることになります。この自由・平等・対等の経済的・物質的根拠は、生きてゆくのに必要最小限の生産手段の保有に基づく家族小経営基盤の確立にあると見るべきです。

　ですから、「村なりわいとも」の運営も、選出された代表や役員の交代制が原則として貫かれ、すべての構成員がその役割を担うことになります。仕事の継承性を考慮して、代表や役員は任期二年交代の半数繰替え制などが考えられるでしょう。事実、近世の〝村〟でも、進んだところではこのような半数繰替え制度が採用され、きわめて民主的に円滑に運営されてきた伝統があるのです。

　「村なりわいとも」の構成家族数は、一般に三〇から五〇家族、多くて一〇〇家族程度ですから、こうした合議制に基づく全構成員参加の運営が肝心です。むしろ、集まってみんなで共に楽しむという思想が根底になければ、民主主義は絵にかいた餅におわってしまいます。

　自分たちの郷土を点検し、調査し、立案し、未来への夢を描く。そしてみんなで共に楽しみながら実践する。時には集まって会食しながら楽しみ、対話を重ねる。こうした楽しみの繰り返しの中から、ことは動き出すのです。下位の「くみなりわいとも」も、このような動きに連動しながら、より円滑に作動することになります。

　みんなで描く夢の中から、実現可能な郷土の未来構想が固まってきます。共有地や共有林が必要ではないのか。共同の農業用施設や共同利用の農業機械を購入しようではないか。尾根づたいに高原牧場をつくろうではないか。そして山麓にはチーズ工房をつくろう。廃校になった分校を再建し、子供たちの教育と郷土の文化発信の基地に育ててゆこうではないか。すべては、みんなで集まって、共に夢を語り合うことからはじまるのです。〃森と海を結ぶ流域地《エ》域圏《リア》〃内の「森」や「野」の各所に根づいた一〇〇あまりの「村なりわいとも」が、それぞれ独自の個性を発揮して郷土に夢を描き、ユートピアを思う存分語り合うことから、着実に運動のうねりが動き出すのです。

どんど焼き　　画・前田秀信

　共同利用の施設や機械、あるいは作業所とか工房など共同の生産手段は、郷土の未来構想が実践の段階に入れば、それだけ必要になってきます。「村なりわいとも」の共同ファンドの蓄積も、それに伴って準備してゆく必要があります。地方自治体や国は、こうした地域のまさに草の根の運動を本当に理解し、こうした共同ファンドへの支援を積極的におこなうべきです。そのためにも、従来型の大型公共事業や、硬直した補助金制度を改めて、抜本的な地方への財源移譲を打ち出さなければならないのです。

「郷土の点検・調査・立案」によって、未来への夢を描く。これは、みんなで共に楽しみながらおこなうものであるのです。こうした中でこそ、「村なりわいとも」の前途を阻む障害が何であり、それを克服するためには何をなさねばならないのかが、明確に理解されてくるのです。その時にはじめて、「村なりわいとも」は、みんなで力をあわせることの大切さやありがたさを、心底から実感することでしょう。と同時に、自分たちの「村なりわいとも」の限界がどこにあるのかを知り、その力量の限界を上位の団粒組織、つまり「町なりわいとも」や「郡なりわいとも」と手を携えることによって補完し、解決してゆくことになるでしょう。上位との連携の方法の詳細や具体的な姿は、土地土地によって独自の事情があるはずです。それは、「地域」の人々の創意と、長年にわたって蓄積されてきた叡知によって、編み出されてゆくことになります。いずれにせよ、上位の「町なりわいとも」や「郡なりわいとも」は、「地域」の特性を生かした形で動き出すのは必然です。

森と海を結ぶ「郡なりわいとも」

「町なりわいとも」を、「村なりわいとも」と「郡なりわいとも」の中間の位置に創設すべきかどうか、創設するとすれば、どのような役割を担うべきなのかは、地域の事情によって、また「村なりわいとも」の活動の如何によっても左右されます。そこでここでは、とりあえず「町なりわいとも」についてはさておいて、「郡なりわいとも」についてだけ触れておきたいと思います。

「郡なりわいとも」は、今までにも述べてきたように、〝森と海を結ぶ流域地域圏《エリア》〟全域を地理的範囲に成立する「なりわいとも」です。地域団粒構造の様々なレベルの「なりわいとも」の中でも、「菜園家族」構想においては、きわめて大切な基幹的組織体として位置づけられるものです。「郡なりわいとも」は、先述の「村なりわいとも」を基礎単位にして、〝森と海を結ぶ流域地域圏《エリア》〟全域を舞台に、百数十もの「村なりわいとも」から成る連合体です。典型的には、一市数町からなる十数万の人口を抱える大きな連合組織体になるとみていいでしょう。しかし、これはあくまでも、ここで話を分かりやすくすすめるための作業仮説的な典型としてです。

この〝森と海を結ぶ流域地域圏《エリア》〟を基底部から支え、この多重・重層的な地域団粒構造の基礎単位として機能しているのは、やはり「菜園家族」であることには、かわりありません。そして、この「菜園家族」は、この流域地域圏《エリア》の奥山の森林地帯の山間に散在する「森の菜園家族」であったり、中流域から下流域に広がる里山や平野部に生活基盤をもつ「野の菜園家族」であったりするのです。「村なりわいとも」と同様、「郡なりわいとも」も、近代的な協同組合《コープラティブ・ソサエティ》の性格を色濃く反映したものになるはずです。

このように百数十もの「村なりわいとも」の連合体組織である「郡なりわいとも」は、「村なりわいとも」のように全構成員参加の合議制を基本に、代表や役員の任期二年の交代制で運営することは、ほとんど不可能です。ですから、流域地域圏《エリア》内の奥山の山間部や中流域・下流域の里山・平野部に散在する「村なりわいとも」を、主として地理的条件を考慮して、地域ブロック別に編成し、それぞれの地域ブロックから選出される代議員で構成される代議機関によって運営するのが基本にならざるをえません。そして、この地域ブロックが、郡の下位行政区画の町にあたる地理的範囲と一致する場合も多いので、これを基盤に「町なりわいとも」を設置することも考えなければなりません。いずれにせよ、このことは、具体的に〝森と海を結ぶ流域地域圏《エリア》〟が確定され、住民運動の高まりの中で、その流域地域圏《エリア》の事情に精通した住民や市民自身によって、決められてゆくべき課題の一つであるといえます。

　現在、上からすすめられている市町村合併問題も、こうした地域構想の展望の中で話し合われるべきものであるのですが、どうも財政効率化の側面だけが強調され、住民の参加はほとんどみられません。市町村合併をめぐっては、地域の未来を議論し考える絶好の機会になるにもかかわらず、住民参加による住民自身の地域像が不在のまますすめられているのは、実に残念なことです。

　さて、こうした一市数町からなり、人口十数万を抱える「郡なりわいとも」は、「村なりわいとも」や「町なりわいとも」の力量では解決できない課題を解決することによって、それぞれの下位の「なりわいとも」の限界を克服しつつ、下位の「なりわいとも」を補完するところに重要な役割があります。「郡なりわいとも」は、人口や地理的範囲の規模からしても、その財政力は「村なりわいとも」よりもはるかに大きいものがあります。ですから、〝森と海を結ぶ流域地域圏《エリア》〟全域を俯瞰する立場からも、流域地域圏《エリア》内百数十の「村なりわいとも」と連携しつつ、流域地域圏《エリア》全域を対象に、「郷土の点検・調査・立案」の連続螺旋円環運動を展開し、広大な〝森と海を結ぶ流域地域圏《エリア》〟に壮大な夢を描き、流域地域圏《エリア》づくりに励むことになるでしょう。

　また、「郡なりわいとも」は、対外的には、郡・県の地方自治体や国など政府機関にも働きかけ、全国の「なりわいとも」の同志とも連携しつつ、対話を重ねながら、自らの理念や目標、それに基づく施策の意義を明らかにしながら、今日的状況を変えてゆくことが大切です。こうした全国的運動の高揚の中で、地方自治体や政府のあり方も次第に変わってゆきます。そして、このような動きの中から、やがて、「郡なりわいとも」の連合体組織である「くになりわいとも」(県レベル)の必要性も、現実の問題となって浮かびあがってくることでしょう。

非農業基盤の「匠《しょう》商《しょう》家族」

　ここであらためて確認しておきたいことがあります。これまで、一般に、「菜園家族」という時、狭義の意味では、週五日は農業基盤であるその「菜園」の仕事に携わり、残り二日はCFP複合社会の資本主義セクターC、または公共セクターPのいずれかの職場に勤務することによって、自己補完するという形態での家族小経営を指してきました。そして、広義の意味では、非農業部門（工業・製造業や商業・流通・サービスなどの第二次・第三次産業）を基盤とする自己の家族小経営に週五日携わり、残りの二日を資本主義セクターC、または公共セクターPのいずれかの職場に勤務するか、あるいは自己の「菜園」に携わることによって自己補完するという家族小経営の場合も含めて、これらを総称して「菜園家族」と呼んできました。

画・志村里士

　ここでは、特に、非農業基盤の自己の家族小経営に週五日携わり、残り二日を資本主義セクターC、または公共セクターPのいずれかの職場か、あるいは自己の「菜園」に携わることによって自己補完する家族小経営を、特に狭義の「菜園家族」と区別する必要がある時に限って、「匠商《しょうしょう》家族」と呼ぶことにします。

　そこで、「匠商家族」の「なりわいとも」について述べてゆきたいと思うのですが、その前に、一般的に言って、非農業基盤に成立する従来の家族小経営には、どんなものがあるのか、思いつくままに若干、例示しておきたいと思います。

　食品製造では、豆腐屋さん、お餅《もち》屋さん、酒やみそ・しょうゆをつくる工場、パン屋さん、和菓子屋さん、ケーキ屋さん等々。呉服屋さん、仕立て屋さん、服飾デザイナーの店。各種多様な家内工場経営から、伝統工芸・手工芸などの工房に至るまで。電機や機械の修理店。建設業関係では、大工さん、左官屋さん、指物《さしもの》師、畳屋さん、建具屋さん、設計士さん、建築事務所……。商業・流通・サービス産業の分野では、日常雑貨店から八百屋さん、魚屋さん、肉屋さん、酒屋さん、お米屋さん、お茶屋さん、果物屋さん、それに靴屋さん、鞄《かばん》屋さん、傘屋さん、うつわ屋さん、金物屋さん、布団屋さん、布地屋さん、洋品店、メガネ屋さん、時計屋さん、家具屋さん、大工道具や農具を売る店、

家族で営む果物屋さん（彦根市佐和町商店街）

種《たね》屋さん、肥料屋さん、花屋さん、楽器屋さん、おもちゃ屋さん、本屋さん、文房具店などの小売商店。食堂、レストラン、料理店、喫茶店、居酒屋等々の飲食店。クリーニング店、理容店、美容院、写真屋さん、印刷屋さん等々のサービス業。医療関係では、薬局、整骨、鍼灸《しんきゅう》院、歯科・眼科・耳鼻科・内科・外科等まちのお医者さん。文化・芸術の分野では、作家、画家、書家、写真家、映像作家、陶芸家、音楽家、舞踊家、劇団、ギャラリーや

ご夫婦で営む時計屋さん（彦根市佐和町商店街）

小ホール・スタジオの主宰、ジャーナリスト、地域の新聞・情報誌の出版等々、枚挙にいとまがありません。

こうした非農業の分野を基盤に成立するこれまでの家族小経営が、「菜園家族」構想による週休五日制を導入し、週の残りの二日間をセクターCまたはセクターPのいずれかの職場で勤務するか、あるいは自己の「菜園」に携わることによって、自己補完する新たなタイプの家族小経営を、前述のように「匠商《しょうしょう》家族」と規定します。

今列挙したような非農業分野を基盤に形成される「匠商家族」の前身にあたる、工業・製造業や商業・流通・サービス分野の零細家族経営が、今日どのような状況におかれているのかを、まずはじめにおさえておきたいと思います。

周知のように、これらの零細家族経営は、中小企業とともに、わが国の工業や商業においてきわめて大きな比重を

占め、細やかで優れた技術やサービスを編み出し、日本経済にとって不可欠で重要な役割を果たしてきました。にもかかわらず、大企業との取引の関係でも、また金融面や税制面でも、不公正な扱いを受け、経営悪化に絶えず苦しみ、今日、その極限状態にまで追いつめられています。

アメリカ発信のグローバリゼーションのもとに、アメリカ型経営モデルが強引に持ち込まれ、「消費者主権」の美名のもとに「規制緩和」がすすめられ、地方では大資本による郊外型巨大量販店やコンビニエンスストア、そしてファストフード等のチェーン店が次々と進出し、零細家族経営や中小企業は、破産寸前の苦境に追い込まれているのです。今や、全国地方都市の商店街では、シャッターがおろされ、人影もまばらな閑散とした風景が、日常当たり前のように繰り広げられています。

郊外型巨大量販店（彦根市）　地元商店街の反対にもかかわらず、2005年7月にオープン。

地方都市の閑散とした商店街の「シャッター通り」（彦根市銀座街）

戦後間もなく、わが国にアメリカ型「拡大経済」が移植され、やがて高度経済成長によってもたらされたものは、市場競争と効率を至上と見なすプラグマティズムの極端なまでに歪められた拝金・拝物主義の薄っぺらな思想でした。人々の心の奥深くまでしみ込んだこの思想は、人間にとって大切な農地やものづくり・商《あきな》いの場といった生きる基盤や、人と人とのふれあいをもないがしろにして、農山村や都市部のコミュニティを破滅寸前にまで追い込んでしまったのです。

巨大企業を優先する政府の利潤第一主義の生産と「地域開発」の政策は、零細家族経営のみならず、国民全体の生命と健康にかかわる生活と環境の問題でも、それらの破壊を全国的な規模で引き起こしています。政府は、今なお、巨大企業優先の経済・財政政策を続け、多額の財源が大型公共事業やIT産業やいわゆる防衛費なるものに向けられ、国民生活に直結する社会保障への公的支出は、資本主義諸国の中でも最低水準にあります。それでも、この反国民的な財政政策を、今もって変えようとしません。こうした根底には、政治家・特権的官僚・巨大企業・「学識者」のいわゆる政・官・財・学の結合体が形成され、汚職、腐敗の温床となっている事実があることについては、多くの国民がよくよく知っているところです。

「菜園家族」構想は、まさにこうした状況の中で、人間の暮らしのあり方を根底から問いただし、農山村においても、都市部においても、「菜園家族」や今確認してきた「匠商家族」を基盤にして、地域の再生をめざそうとするものなのです。「匠商家族」は、「菜園家族」構想の中にあって、変革を担うもう一つの大切な主体とも成るべきものであり、したがって「菜園家族」と「匠商家族」は、この「構想」にとっては、いわば車の両輪ともいうべきものなのです。

「匠商《しょうしょう》家族」と「なりわいとも」

「匠商家族」のいわば前身にあたるこれまでの零細家族経営には、先にも例示したように、工業・手工業の家内工場から工芸工房に至るものまで、また、商業・流通・サービスを担う商店やその他各種の家族経営、さらには文化・芸術を担う職種に至るまで、家族を基盤に、家族の協力によって成り立っている実に多種多様な形態が見られます。

こうした弱小な家族を基盤にした経営形態は、「拡大経済」下の市場競争至上主義社会の効率一辺倒の風潮の中では、たしかにとるに足らない、経済成長には何の役にも立たないものに映るのかもしれません。しかし、こうした零細家族経営によって支えられ成り立っていた地域社会は、一九五〇年代半ばにはじまる高度経済成長期以前にあっては、「下町」として実に生き生きと息づいていたのです。

そしてそれは、地域の人間の暮らしを潤《うるお》し、循環型社会にふさわしいゆったりとしたリズムの中で、人々の心を豊かにし、和ませてきました。商店街の流通は、緩慢で非効率ではあったけれども、人と人が触れ合い、心の通い合う楽しい暮らしが、そこにはあったのです。時間に急《せ》き立てられ、秒分を競うようなせかせかした暮らしなどは、そこにはなかったのです。

下町のひるさがり　　画・水野泰子

私たちが、未来にどんな暮らしを望むのかによって、社会のあり方の選択は決まってきます。「菜園家族」構想は、もちろん、地球環境の限界からしても、今日のアメリカ型「拡大経済」が許されるものではないとする立場から、持続可能なそれこそ本物の、循環型共生社会への転換をめざしています。そして、何よりも、多くの人々が今、切実に望んでいるものは、人間の心を潤し、子供の心が、そして人の心が育つ暮らしです。そうであるならば、なおさら私たちは、ないがしろにされ放置されてきた、こうした零細家族経営や中小企業が成り立つ、かつての循環型の人間味豊かな地域社会を、今一度見なおし、巨大企業優先の今日の経済体系に抗して、その再生をはかる方向にすすめてゆかなければなりません。

そこで、今までは、農業を基盤とする狭義の「菜園家族」を基礎単位にして成り立つ「なりわいとも」について考えてきたのですが、ここでは、工業や商業・流通・サービス分野を基盤にした「匠商家族」を基礎単位に成立する「なりわいとも」をとりあげて考えてみたいと思います。

「匠商家族」の「なりわいとも」は、狭義の「菜園家族」の「なりわいとも」のように、近世の〝村〟の系譜を引く集落基盤を発展的に継承し、農業を基盤とする性格上、農的・自然的立地条件に規定されつつ、〝森と海を結ぶ流域地域圏《エリア》〟の奥山の山間部から下流域の平野部へと、「村なりわいとも」、そして「町なりわいとも」、さらには「郡なりわいとも」といったように、ある意味では地縁的に、団粒構造を形づくりながら展開してゆくということではありません。むしろ、「匠商家族」の「なりわいとも」には、狭義の「菜園家族」の「なりわいとも」とはかなり違った、独自の「なりわいとも」の地域編成の仕方が見られるはずです。

一口に第二次産業の製造業・建設業の分野での家族経営といっても、また第三次産業の商業・流通・サービス業の分野の家族経営といっても、職種や業種も多種多様です。ですから、「匠商家族」の「なりわいとも」は、職種による職人同業組合的な「なりわいとも」であったり、同業者組合的な「なりわいとも」であったり、あるいは様々な業種からなる市街地の商店が地域的・地縁的に組織する商店街組合のように、地縁的な「なりわいとも」であったりもするでしょう。

いずれにせよ、まずは、今日の行政区画上の町や村の地理的範囲内で、職種別による職人組合的な「町・村なりわいとも」や、同業者組合的な「町・村なりわいとも」、あるいは都市市街区での商店街組合的な「町なりわいとも」がそれぞれ形成されます。そして、それらを基盤にして、さらに、それぞれの上位に、〝森と海を結ぶ流域地域圏《エリア》〟全域（郡）の規模で、「郡なりわいとも」が形成されることになります。これらは、対外的にも大きな力を発揮することが可能になります。

巨大企業の谷間で喘ぐ零細家族経営だけではなく、中小企業についても、そのおかれている状況は同じであり、基本的には、今述べてきた「匠商家族」を基礎に形成される「なりわいとも」と同様な方法で、解決してゆかなければなりません。

零細家族経営と中小企業の両者が、同じ〝森と海を結ぶ流域地域圏《エリア》〟にあって連携を強めることによって、それぞれの立場を、むしろ相互に強化し発展させることが可能になってきます。中小企業の参加をどのように位置づけ、両者が相互にいかに協力し合ってゆくのか、この問題は、今後研究すべき重要な課題として残されています。

放置された巨大資本の専横、それを許してきた理不尽な政策。その中で苦しみ喘ぎながらも、人々は、自らの生活の苦しみと、ますます悪化する地球環境に直面して、ようやく本当の原因がどこにあるのかを突きとめはじめたのです。最後の土壇場に追いつめられながらも、何とか足を踏ん張り、反転への道を模索しています。人間の欲望を手品師のように操《あやつ》りもてあそぶ、市場競争至上主義「拡大経済」という名の巨大な怪物に対置して、人間精神の復活と、自

中世ヨーロッパの靴屋（16世紀） 親方（マイスター）が店先で女性客に応対している傍らで、2人の徒弟が革靴を縫っている。ギルドを構成するのは親方で、そのもとに職人・徒弟がいた。（PPS通信社・提供）

由と平等と友愛をめざして、自らが築く自らの新たな体系を提起してゆかなければならないのです。

ところで、都市とは、ある一定の地域圏《エリア》内にあって、政治・経済・文化・教育の中核的機能を果たし、人口の集中したその区域のみならず、地域圏《エリア》全域にとっても、重要な役割を担うものです。

都市は、古代ギリシャ・ローマにおいては、国家の形態をもち、中世ヨーロッパではギルド的産業を基礎として、時には自由都市となり、近代資本主義の勃興とともに発達してきました。こうした都市の発展の論理には、一定の普遍性が認められます。特定の国や地域の都市の考察においても、この普遍的論理は、注目しておかなければならない点です。

ギルドは、よく知られているように、中世ヨーロッパの同業者組合です。ギルドは、同業の発達を目的に成立しました。まず商人ギルドが生まれ、手工業者ギルドが派生します。こうして台頭してきた新興の勢力は、都市の経済的・政治的実権をも掌握するようになり、中世都市はギルドにより運営されるに至ります。

しかし、やがて、近代資本主義の勃興によって、ギルド的産業のシステムは衰退し、都市と農村の連携から地域のあり方までが激変していったのです。

この衰退の要因は、一体、何だったのでしょうか。それは、まさに中世・近世によって培《つちか》われ高度に円熟した、循環型社会のシステムそのものの衰退によるものであったのです。

それでは、私たちの現代は、歴史的にどんな位置に立たされているのでしょうか。それは、まぎれもなくこの循環型社会の衰退過程の延長線上にあるといわなければなりません。今日の市場競争至上主義のアメリカ型「拡大経済」は、この延長線上にあって、商業および工業における零細家族経営から弱小な中小企業に至るまで、ありとあらゆる小さきものを破壊してゆきます。企業、銀行などあらゆる経済組織は、再編統合を繰り返しながら、巨大化の道を突きすすみます。そして大が小を従属させる寡頭支配の論理が貫徹してゆきます。東京など大都市に本社をおく大企業は、地方にもそのネットワークを広げ、地方経済を牛耳ることになります。地方はますます自立性を喪失し、中央への従属的位置に甘んじざるを得ない事態にまで追い詰められてゆきます。

　こうした流れに抗して「菜園家族」構想をめざす時、主に都市部において、商工業の零細家族経営や弱小の中小企業者を対象に、「匠商家族」が創出され、これを基礎に、前近代的な〝共同性〟と近代的協同組合《コープラティブ・ソサエティ》の性格を合わせもった「匠商家族のなりわいとも」が、中世のギルド的性格を帯びてあらわれてくるのは、ある意味では、歴史の必然といってもいいのかもしれません。ギルドが中世および近世の循環型社会の中にあって、きわめて有意義的に、しかもきわめて適合的に機能していたことを考える時、「菜園家族」構想が、近世の円熟した循環型社会への回帰の側面を持つ以上、それは、当然の帰結ともいえるのです。

　中世および近世の商人や手工業者が、封建的貴族領主や絶対的王権に対抗して、自らの同業の自衛のために同業者組合ギルドをつくったように、今日のアメリカ型「拡大経済」下の大企業や大資本に対抗して、流域地域圏《エリア》内における商業・手工業の家族零細経営や弱小中小企業者が、「匠商家族のなりわいとも」を結成するのは、これまた歴史の必然であるといわなければなりません。

　「匠商家族のなりわいとも」は、先にも述べたように、ヨーロッパ中世の循環型社会の中で育まれた、商人や職人・手工業者の組合である商人ギルドや同職・同業ギルド的な性格の「なりわいとも」と、今日の日本における様々な業種の商店が地縁的に連携し形成される、商店街組合のような地縁的性格の「なりわいとも」とに分けられるものと思われます。地方中小都市の未来は、こうした「匠商家族のなりわいとも」を、主にその市街地にいかに隈なく組織し編成するかということに、すべてがかかっているといわなければなりません。

　肝心なことは、〝森と湖を結ぶ流域地域圏《エリア》〟全体を視野に入れて、この「匠商家族のなりわいとも」と、田園地帯に広がる〝野〟の「菜園家族のなりわいとも」や、森林地帯に展開する〝森〟の「菜園家族のなりわいとも」との連携による、柔軟にして強靭《きょうじん》な「なりわいとも」ネットワークをその全域に張りめぐらしてゆくことです。こうしたネットワークの基盤の上に、〝森〟と〝野〟と〝街〟をめぐる、ヒトとモノとココロの交流の循環がはじまります。こうしてはじめて、市場競争至上主義のアメリカ型「拡大経済」に対抗して、相対的に自立したひとつのまとまりある循環型の森と海を結ぶ地域経済圏の基底部が、徐々に築きあげられてゆくのです。

「なりわいとも」とエリアの中核都市の展開

〝森と海を結ぶ流域地域圏《エリア》〟が自立的な経済圏として成立するための前提条件について、「なりわいとも」と中核都市との関連で、ここでもう少しだけ触れておきたいと思います。

自立的な経済圏が成立するためには、流域地域圏《エリア》内でのモノやカネやヒトの流通・交流の循環が、持続的に成立していることが大切になってきます。そのためには、まず、流域地域圏《エリア》内での生産と消費の自給自足度が、可能な限り高められているということが前提となります。その上で、地域融資・地域投資の新しい形態として注目されているコミュニティバンクを創設したり、地域通貨などを導入したりすることによって、自立的な経済圏を支える経済システムを整えてゆく必要があります。

今日では、地域住民一人一人の大切な預貯金は、最終的には大手の都市銀行に吸いあげられ、集中されます。そして、その貴重な資金は、都市銀行にとって投資効率のよい、地域圏外の重化学工業やハイテク産業など第二次・第三次産業の分野に融資され、林業や農業の分野のように本質的にもともと生産性の低い、しかしながら人間の生命にとって直接的に大切な分野にはなかなか投資されないというのが、今日の実情です。これはまさに市場原理によるもので、こうした状況を放置していたならば、いつまでたっても地域経済を建て直すことはできません。とくに、コミュニティバンクのような比較的大きな財政的支援を必要とする機関の創設は、流域地域圏《エリア》自治体だけではなく、広域地域圏《エリア》すなわち県レベルとの連携共同による支援体制が必要になってきます。このようなシステムが確立されれば、巨大都市銀行に頼ることなく、住民一人一人の小さな財力を、金融や通貨という独自の新たなシステムを通じて、地域に還流させることができるようになります。つまり、自分たちが新しくつくりだしたこの金融・通貨システムを通じて、

先進的街づくりに取り組むドイツ・フライブルク市朝市で採れたての野菜を買い求める市民。写真提供・共同通信社

自らの地域経済に常時貢献する道がひらかれることになるのです。

物流に関していえば、流域地域圏《エリア》内に含まれる市町村の中核街の各所に、定期的な青空市場を設置するなど、近郊農山村の「菜園家族」の余剰農産物を流通させるシステムをつくりだすことが必要です。「森の菜園家族」や「野の菜園家族」そして「匠商家族」による「なりわいとも」は、このシステムづくりを担う重要な役割を果たすことになります。こうした動きと同時に、外部大資本による郊外の大型店については、次第に規制してゆく方針をとることによって、零細家族経営や中小業者は甦ってくるでしょう。

また、流通システムの環境整備の点からは、交通体系をどのようにするかが大切になってきます。日本の伝統的旧市街や商店街が集中する都心部では、車社会に対抗する交通システムの整備がきわめて遅れているといわれています。郊外型大型店舗の出店を許している客観的条件として、この都心部における交通システムの整備の遅れが指摘されています。都市中心部の拠点駐車場の設置と、これにつながる自転車・歩道網の整備などが重要な課題になってきます。

流域地域圏《エリア》に自立的な経済圏を確立してゆく上で、流域地域圏《エリア》内の中核都市の都市機能の充実は、きわめて重要な課題です。城下町や門前町としての歴史的景観の保全や、文化・芸術・教育機能の充実、さらには商業・業務機能と調和した都市居住空間の整備を重視し、市街地においても「菜園」の配置を十分に考慮した上で、田園都市の名にふ

車の都心乗り入れを制限したドイツ・フライブルク市 足は、自転車と市電。自転車に乗っての買い物風景が数多く見られる。写真提供・毎日新聞社

さわしい風格のある景観をめざさなければなりません。それは、〝森と海を結ぶ流域地域圏《エリア》〟全域に広がる〝森〟と〝野〟と〝街〟の「菜園家族」や「匠商家族」のネットワークの中核としての都市であり、持続的な流域地域圏《エリア》循環の中軸としての大切な機能を担う都市でなければならないことは、いうまでもありません。

「なりわいとも」の歴史的意義

団粒《だんりゅう》構造のふかふかとした土が、活性化した肥沃で豊かな土壌であるのと同様に、「菜園家族」や「匠《しょう》商《しょう》家族」を基礎単位に「なりわいとも」が形成されつつ、多重・重層的な団粒構造に熟成された地域社会は、人間ひとりひとりにとっても豊かで理想的な社会であるはずです。

そこでは、人間の様々な個性が汲み上げられ、まさに重層・多重的な人間活動が促されるのです。そうした人間活動の成果が、養分として「地域」という土壌に蓄積されることによって、地域社会は、より豊かに熟成してゆく可能性が大いに出てくるのです。それは、団粒構造の構造上の性質からしても、理にかなったものであると頷《うなず》けます。

〝森と海を結ぶ流域循環型地域圏《エリア》〟では、前にも述べたように、多重・重層的な地域団粒構造のそれぞれの次元にあらわれる「菜園家族」、「くみなりわいとも」、「村なりわいとも」、「町なりわいとも」、「郡なりわいとも」などの共同組織体が、それぞれの次元にあって、自律的、重層的に機能し、その結果、〝森と海を結ぶ流域地域圏《エリア》〟全体として、人間の多次元的で多様な活動が活性化され、それにともなって、創造性あふれる〝小さな技術〟が絶え間なく生み出されてゆきます。その結果、人間の側からの自然に対する働きかけが、極めてきめ細やかなものになり、自然を無駄なく有効に活用することが可能になります。活動の分野も、農業や林業や水産業や牧畜に限らず、手工業・手工芸の分野から、さらには教育・文化・芸術に至るまで、人間の幅広い活動が豊かに展開されてゆくのです。

今日すすめられている社会・経済・文化・教育等々のいわゆる「構造改革」なるものは、極めてうわべだけのものです。むしろ、国民の中に、経済・教育・文化の格差を拡大し、弱肉強食の競争を煽り、人間同士の不信とモラルの低下をますます強める方向にむかっています。

人間を支え、人間を育む「地域」の根本《ねもと》からの改革がない限り、経済の改革も、政治の改革も、教育・文化の改革も、徒労に終わらざるをえません。経済の源泉は、まぎれもなく「地域」です。そして民主主義の問題は、究極にお

画・志村里士

いて人格の変革の問題であり、人格を育むものは、人間の生産と暮らしの〃場〃である「家族」と「地域」であるのです。したがって、この「家族」と「地域」をどう建て直し、どう熟成させるかにすべてがかかっている、と言わなければなりません。

「菜園家族」の中で育まれる親子や兄弟への愛、ここからはじまる人間と人間の良質な関係、これが「くみなりわいとも」や「村なりわいとも」へ、さらには、〃森と海を結ぶ流域地域圏《エリア》〃に形成される「郡なりわいとも」から、県レベルの「くになりわいとも」へと拡延され、地域社会の広がりの中で、人間の友愛は鍛錬されてゆきます。人間性に根ざした人への深い思いやり、お互いが尊重し合い、相互に助け合う精神が培われてゆくのです。「地域」における〃もの〃の再生産と〃いのち〃の再生産の安定した循環の中に身をおき、親から子へ、子から孫へとつながる永続性を肌で感じ、精神の充足が自覚される時、人間は心底から幸せを感じ、「地域」に新しい精神の秩序が形づくられてくるのです。これが、精神の伝統というべきものなのではないでしょうか。

森と海を結ぶ流域循環型の地域形成は、ただ経済再建だけが目的ではありません。こうした「地域」熟成の中から、「拡大経済」社会にはみられなかった地域独自の新たな生活様式が確立され、民衆の新しい文化と芸術が生み出されてくるのです。今日の精神の荒廃は、こうした大地に根ざした独自の文化や精神を育む地域社会の基盤を失い、それを新たに再生し得ずにいることと関連しています。今、私たちにとって大切なことは、時間がかかっても、ゆっくりとこうした地域の再建から出発することなのです。

〝森と海を結ぶ流域循環型地域圏《エリア》〟の多重・重層的な地域団粒構造内部の各次元にあらわれる、共同組織体としてのそれぞれの「なりわいとも」は、ある意味では、現実世界の歴史過程にあらわれた、発展の階梯《かいてい》としても捉えることができます。

第三次元にあらわれる「村なりわいとも」までの共同組織体は、主として前近代において極めて長期にわたって、ひたすら民衆の知恵と努力によって編み出され熟成されてきたものです。これは、基本的には、世界のいかなる地域にも共通してあらわれる普遍的な現象であり、成果であるといっていいものです。

これに対して、その後にあらわれる第四次元の「町なりわいとも」や、〝森と海を結ぶ流域地域圏《エリア》〟に形成される「郡なりわいとも」と、これらを支える思想は、まさに近代の産物というべきものです。この思想は、資本主義の勃興期に、不条理でむき出しの初期資本主義の重圧のもとで、あのロバート・オウエンの思想と、コミュニティ実験の経験の上に成立した「ロッジテール公正開拓者組合」に端を発した協同組合《コープラティブ・ソサエティ》運動の、「一人は万人のために、万人は一人のために」の合言葉に象徴される、「協同の思想」として誕生したものであるのです。それは、一八四〇年代のことですから、今から一六〇年も前のことでした。

資本主義のもとで、私的利益を追求する企業社会とは別の、もう一つの経済システムへと人々の心を駆り立てたものは、「協同の思想」によって、自らと仲間の〝いのち〟と〝暮らし〟を守ろうとする民衆の自衛精神であったのです。したがって、〝森と海を結ぶ流域地域圏《エリア》〟に新たに築かれる「郡なりわいとも」は、自然発生的なものというよりも、むしろ、近代の超克の結果あらわれる「菜園家族」を拠《よりどころ》に、人間の自覚的意識に基づいてなされる、地域住民、市民主体の高度な人間的営為であるといわなければなりません。

それだけに、〝森と海を結ぶ流域地域圏《エリア》〟全域に形成される「郡なりわいとも」には、困難が予想されます。一九世紀の「協同の思想」の先駆者たちの悲願は、二〇世紀において無惨に打ち砕かれ、二一世紀へとその達成が残されたままになっています。引き継がれ残されたこの課題を克服し、成功へと導く鍵は、前にも述べたように、「現代賃金労働者」と生産手段との「再結合」によって、賃金労働

それぞれの時代

前近代と近・現代を越えて、私たちは、どのような未来へむかうのか。　画・島田広之

者と農夫という二重の性格を備えた、二一世紀独自の新しい家族小経営である「菜園家族」を創出することであり、それに基づく「なりわいとも」によって、「地域」を再編することであるのです。

巨大企業と巨大資本の追求する私的利益と、市民社会の公的利益との乖離《かいり》が大きくなればなるほど、〝もう一つの経済システム〟の可能性をもとめて、多くの試みがなされるのは当然の成り行きです。そして、それは、歴史の必然でもあるのです。むき出しの私的欲求がまかり通る時、資本主義内部に民衆の自衛組織、対抗勢力としての「菜園家族」と「匠商家族」に基づく「なりわいとも」が台頭してくるのは、当然の帰結というべきです。

二一世紀をむかえ、現代世界は、あまりにも私的利益と公的利益の乖離が大きくなり、解決不能の状況に陥っています。一六〇年前のイギリスにおけるものとはまた違った意味で、今、新たに本格的な「協同の思想」到来の客観的条件が熟しつつあります。

ここで提起してきた「菜園家族」構想、これに基づき多次元に形成される「なりわいとも」、そのなかでも基本的共同組織体として要《かなめ》の位置にある「村なりわいとも」、そして〝森と海を結ぶ流域地域圏《エリア》〟全域を範囲に形成される「郡なりわいとも」、さらには非農業基盤に成立する「匠商家族」とその「なりわいとも」。これらすべては、まさにこうした世界の客観的状況と歴史的経験を背景に、前近代的なるものと近代的なるものとの新たな結合によって、協同の社会を築く試みなのです。

つまりそれは、近世の〝村〟や、〝地域団粒構造〟といった前近代的な伝統の基盤の上に、近代の成果を甦らせ融合させることによって、二一世紀にむけて新たな「地域の思想」「協同の思想」という人間的営為であるのです。これは決して、特殊な地域の特殊な事柄ではなくて、人類史上、人々によって連綿としてつづけられてきた、そして今でもつづけられている、普遍的な価値に基づく未完の壮大な実験を何とか成就《じょうじゅ》させんとする、人間の飽くなき試みでもあるのです。

終章　人が大地に生きる限り

人には夢がある。

歴史における人間の主体的実践の役割

女性解放を叫び新思想の鼓吹《こすい》に身を捧げた平塚《ひらつか》らいてう《らいちょう》らが、機関誌『青鞜《せいとう》』を創刊するに際して、その巻頭言の執筆を依頼された与謝野晶子《よさのあきこ》は、長い休筆期間を破って、明治四四年（一九一一年）、次のような寄稿をしています。それは、偏見と差別の古い因襲《いんしゅう》にとらわれ、身動きもできない重苦しい重圧の中で苦闘してきた人々への、励ましのことばでもありました。

そぞろごと

与謝野　晶子

山の動く日来《きた》る。
かくいへども人われを信ぜじ。
山は姑《しばら》く眠りしのみ。
その昔においていて
山は皆火に燃えて動きしものを。
　されど、そは信ぜずともよし。
人よ、ああ、唯《ただ》これを信ぜよ。
すべて眠りし女《おなご》今ぞ目覚めて動くなる。
一人称《いちにんしょう》にてのみ物書かばや。
われは女《おなご》ぞ。
一人称にてのみ物書かばや。
われは。われは。
（後略）

（『青鞜』第一巻第一号、明治四四年（一九一一年）九月）

私たちはともすれば、一見、山のようにびくとも動きそうにもない今日の状況を目の前にして、諦念《ていねん》に囚《とら》われ、不覚にも大勢に追従してゆきます。今日、若者は山を去り、残された高齢者は、孤独な不安の中に余生を送っています。手つかずの山は荒れたまま放置され、今日の日本の過疎山村は、絶望の中に沈み込んでゆきます。そこには未来への展望は、まったく見られません。あたかも動かざること泰山の如く、状況はいっこうに動きそうにもないようです。

しかし、本当にそうなのでしょうか。明治のその時、動くことはないと誰もが思い込んでいた女性という山が、ついには動き出したのです。女性解放一つとっても、どんなに動かないように見える状況でも、どんな頑強な体制でも、必ずついには動き出すことを、歴史は私たちに教えてくれています。

たしかに社会の発展には、「自然史的過程」と呼ばれる、人々の意識からは独立した客観的な合法則的過程が貫いていることも事実でしょう。しかし、このことは、人間が、常に物的・経済的発展法則にのみ引きまわされる、無力な存在であることを意味しているのではありません。この法則の認識の上に、人間の主体的実践によって、歴史はつくり変えられてきたし、これからもつくり変えられてゆくのです。

今から見れば、圧倒的に不利な状況のもとで闘ってきた、明治の先駆的な女性たちの怯《ひる》まぬ実践によって、今日の女性の地位があることを思う時、歴史における人間の主体的実践の果たす役割が、いかに大きなものであるかが分かるのです。

『青鞜』創刊号（1911年）
女性だけの初の同人誌。

戦後、私たち日本人は、物質的豊かさの中に身を浸《ひた》し、生活の利便さだけを追い求め、そこに安住することのみを考えてきました。そして、私たちは、今を失うことを、何よりも恐れているのです。このようなあまりにも狭隘《きょうあい》な保身の意識が人々の心に深く沈澱し、それがやがて社会の意識となって全体を覆い尽くす時、事態の解決は絶えず先送りされ、根本的改革などは思いもよらぬことになります。こうした状況は、もうすでにはじまっています。

漠然とした不安と目先の脅威に怯《おび》え、根本的解決を先送りするこの状態がさらにつづくならば、私たちは、きっと、取り返しのつかない壊滅的な打撃を、いずれ早かれ遅かれ蒙《こうむ》ることになるでしょう。今、恐るべきは、この事態の進行です。

人々の意識から独立した客観的な合法則性のみを過度に強調することは、今日の状況のもとでは、かえって、「先送り論」に加担することにもなりかねません。国内的にも、世界的にも、市場競争至上主義のアメリカ型「拡大経済」の破綻が、誰の目にも明らかな形で露呈しつつある今日の状況下においては、なおのこと、人間の力を信じ、人間の主体的実践によって、歴史をつくり変えてゆく積極的な姿勢が、求められているのではないでしょうか。このことは、今日よりもはるかに困難で不利な条件のもとでも、勇猛果敢に挑戦した私たちの先人たちが、身をもって示してくれた大切な教訓でもあるのです。

私たちは、「豊かさ」の中で、いつのまにか人間の主体的実践の大切さや素晴らしさを忘れてしまったようです。今、ここに提起した「菜園家族」構想に基づく〝森と海を結ぶ流域循環型地域圏《エリア》〟構築の具体的な目標にむかって、人々が主体的に実践し、その実践を通じて、自己を変革し、社会改革の主体を甦らせることができるならば、きっと、今日の閉塞状況は次第に打開の方向へとむかってゆくにちがいありません。

自己鍛錬と「地域」変革主体の形成

これまでに、本書で縷々《るる》述べてきたことの中から、くっきりと浮かびあがってきたことは、結局、こういうことなのではないでしょうか。

自然界が、生命の起源以来、三十数億年とも言われる長い時間をかけて編み出してきた、〝いのち〟の驚くべき精《せい》緻《ち》な秩序。その秩序を成り立たせている自然の摂理とも言うべき〝力〟の存在に気づくとき、人間社会のあるべき姿は、自ずと導き出されてきます。

それは、人間社会を貫く極めて人為的でおぞましい「指揮・統制・支配」の原理に代わって、自然界の秩序とその生成・進化のあらゆる現象を貫く、極めて自然生的な「適応・調整」の普遍的原理に着目し、これを新しい社会構築の原理として導入することであったのです。

その結果、そこから導き出される結論は、結局、「菜園家族」を基調とする「ＣＦＰ複合社会」を経て、人類究極の目標である「高度に発達した自然社会」に到達する道であったのです。そして、そこに至る今日の現実の具体的な初動のプロセスとして、ＣＦＰ複合社会形成の「揺籃《ようらん》期」を設定し、その積極的な意義を確認してきたのです。

最後になりましたが、ここでは、特に、この「揺籃期」において、極めて大切な問題であるにもかかわらず、これまでに、十分に深められなかった問題をとりあげたいと思います。

まず、私たち自身が、私たちの身近な暮らしと生産の場であるこの「地域」をどのように捉え、いかにして「地域」認識を深めてゆけばよいのか、そして、「地域」を変革する主体は、いかにして形成されうるのかという、この大切な基本問題から考えてみたいと思います。

私たちは、特定の「地域」を考察の対象にするとき、いかなる場合でもそうなのですが、その初動の段階で、程度の差こそあれ、その時点でのそれなりの「地域」認識は、もちあわせているものです。そして、それがどんなに大まかで、不確かなものであっても、また、日常の暮らしの体験から得られた、未だ感性的な段階の「地域」の現状認識であったとしても、それに見合ったそれなりの「地域構想」は、脳裡に浮かんでくるものです。

　この「地域構想」が、いかに初歩的で不完全なものであったとしても、「地域」調査においては、その初動の段階で、これをまず、作業仮説として意識的に設定することが、極めて大切です。その理由は、この作業仮説の設定によってはじめて、その後に引き継ぐ調査や研究の作業自身をも統制し、有効にすすめてゆくことが可能になってくるからです。

　調査のスタートの段階で設定されるこの作業仮説は、実際に、「地域」の現実と照合しながら点検・調査することによって、検証されてゆくことになります。その結果、場合によっては、スタート時に設定された仮説は棄却されり、あるいは修正され豊富化されたりすることによって、より高次の段階の新たな作業仮説の設定（＝立案）へとむかってゆきます。

　こうしたいわば「郷土の点検・調査・立案」ともいうべき作業の終わりのない繰り返しが、「地域」認識を深めてゆく過程なのです。つまり、「郷土の点検・調査・立案」の連続螺旋《らせん》円環運動によって、「地域」認識は深められてゆくのです。

　ところで、私たちの考察の対象は、「地域」です。「地域」とは、まぎれもなく、「自然」と「人間」という、この二つの大きな要素から成り立っているものです。それ以外の何ものでもありません。

　しかも、この「地域」という、「自然」と「人間」の二大要素からなる有機的運動体は、人類史がはじまって以来、絶えず変化の過程の中にありました。その意味で、「地域」は、歴史的範疇《はんちゅう》としても捉えられなければならないものです。

　今、「地域」を認識し、究《きわ》めようとするならば、先ず、「地域」とは一体、何なのか、そして、それをどのような方法で認識するのかという、従来あまり整理されてこなかった地域研究の基本を、あらためてしっかりと考えなおす必要があります。

　そこで、ここではとりあえず、その基本を次のように簡潔におさえた上で、話をすすめてゆきたいと思います。

　現代は、世界のいかなる辺境にある「地域」といえども、また、いわゆる先進工業国の「地域」も、地球規模の激動の中にある。こうした時代の中で、自然と人間から成る有機的運動体としての「地域」を、ひとつのまとまりある総体として深く認識するためには、（1）「地域」共時態、（2）歴史時系、（3）「世界」場という、これら三つの次元の相の連関において、総合的に研究し、さらに地域未来をも展望しうる方法論の確立をめざすものでなければならない。

　ここでいうところの、「地域」の二大構成要素のひとつである「自然」は、これひとつとっても、気象、気候、森林、草原、砂漠、山岳、海洋、そして湖沼・河川・地下水などの陸水、土壌、植物、動物、微生物……と、とてつもなく広範囲にわたるものです。また、これらの資源利用として、農業・林業・牧畜・水産業というものにも広がってゆきます。また、もうひとつの重要な構成要素である「人間」をとってみても、家族、地域社会、国家、経済、政治、思想、文化……と、さまざまなレベルの領域にわたって、これまたとてつもなく複雑で広い分野にまたがっています。しかも、「地域」は、その内部にあって、これら「自然」と「人間」という二つの要素が、互いに作用し合い、有機的に融合し合う、ひとつのまとまりある運動体の総体として、把握されなければなりません。

　このように「地域」を捉えると、この「地域」という運動体は、まず、「地域」共時態として、同時に歴史時系に沿っても、考察されなければならないということが分かります。

　また、家族、集落、村、町、といった小「地域」、あるいは流域地域《エリア》圏（郡）、広域地域圏（県）、国、そして地球大の規模の広がりといったように、それぞれのレベルの「世界」場の中に、個々の「地域」を位置づけて考察しなければなりません。

　さらに重要な点は、地域未来を展望する地域未来学の方法論としても、確立されていなければならないことです。地域研究は、こうして、未来へのベクトルを得てはじめて、個々の構成要素、そして「地域」全体を、固定的にではなく、運動・発展の相として捉えることが可能になってくるのです。

　しかも、この新しい地域研究では、研究対象の性格上、自然科学の分野や、他の人文・社会科学とは、かなり違った独自の認識過程が想定されます。

　地域研究は、本来、研究対象が、「自然」と「人間」か

広島６区から立候補したライブ・ドア社長（当時）堀江貴文候補を応援する武部自民党幹事長（当時）「堀江君は、わが弟です！わが息子です！」と絶叫し、「改革」を共にすすめることを訴えた。（2005年9月衆院選、広島県尾道市）写真提供・共同通信社

ら成る「地域」であることから、その考察の対象には、「自然」だけではなく、そこに生きる「人間」、つまり「地域住民」が、極めて重要なものとして存在します。ですから、この「地域住民」が、当然のことながら、研究の対象であると同時に、実生活を通して自らの「地域」を熟知している主体としてもあらわれてきます。そればかりではありません。彼らは、「地域」の生活者であると同時に、自己の運命と、自己の「地域」の未来に直接責任を負う主体でもあるのです。

「地域住民」が、認識の対象であると同時に、自己の「地域」を認識する主体でもあるという、この二重性によって、地域研究には、他の諸科学とはかなり違った対象への独自の認識方法と、認識過程が要請されてきます。認識の対象であるはずの「人間」、すなわち「地域住民」との連携が、地域研究にとって極めて大事な、必要不可欠のものとされるのは、そのためです。またそれは、究極において、自らの「地域」の運命は、「地域住民」自らが決定しなければならないという原則に基づくものでもあるのです。

「地域」が持つこうした独自性を自覚して、今こそ、地域住民自らが、二一世紀の今日の現実にもっともふさわしい、しかも、今日の時代要請に応え得る、地域認識の独自の方法を編み出し、これに基づく実践を通して、自己を鍛錬し、地域変革の主体として、積極的に地域の課題に取り組んでゆくことが求められています。

今、多くの人々が未来への展望を見失い、閉塞状況に陥り、将来不安に苦しんでいます。こうした中で、為政者（政・官・財・学の利益結合体）は、マスメディアを総動員して、ファシストまがいの手口で真実に蓋《ふた》をして、「改革」、「改革」と中身のない空虚な言葉を繰り返し、人々の感性に訴え、虚偽《きょぎ》と欺瞞《ぎまん》に満ち満ちた手法をもてあそび、民意

2005年衆院選。当選が確定した候補者の名前に花を添える小泉首相（当時）と安倍現首相（右端）ら自民党幹部たち（2005年9月11日、自民党本部）写真提供・毎日新聞社

を実に巧みに操作し、誘導してゆきます。

　二〇〇五年九月十一日、衆議院総選挙は、自民党の「圧勝」に終わりました。衆議院総議席四八〇議席中、単独過半数をはるかに超える六二パーセントに当たる二九六議席を獲得したのです。

　この選挙期間中、テレビや新聞などマスメディアは、連日のように「小泉劇場」を演出し、争点を郵政民営化一本に絞り、一政党の内紛をおもしろおかしく「劇場政治」に仕立てて報道しつづけるという、異常な事態が進行しました。

　そして、選挙の結果に、多くの国民は意外だと驚き、小泉自民党の政治家たち自身も、まったくの予想外としながら、国民に信任されたと、胸を張るのです。

　本当に自民党は、圧勝したのでしょうか。

　投票日から三日後の、九月一四日付の朝日新聞の緊急世論調査の結果を見ても、五五パーセントの人が「驚いた」と解答しています。これほどまでに多くの国民が「意外だと驚いた」この奇妙な現象が、なぜ起こったのでしょうか。この謎は、議席数だけに目を奪われていては、解けそうもありません。

　では、各党の得票数は、実際、どうだったのでしょうか。民意を比較的正確に反映するといわれている比例代表区では、自民党の得票率は、全国で三八・二パーセントです。さらに踏み込んで言えば、この時の比例代表区での投票率は、六七・五パーセントですから、この選挙によって、自民党を支持すると明確に意思を表明した国民は、全国の有権者の二五・七八パーセントにすぎなかった、ということが分かります。

問題は、実際に投票した国民の三八・二パーセントが自民党を支持したにすぎないのに、衆議院の議席の過半数をはるかに超える六二パーセントもの議席を獲得したという、この現行の小選挙区制のトリックにあります。しかも、全有権者数から見れば、二五・七八パーセントにすぎない国民の圧倒的少数の意見によって、この理不尽なルールのもとで選ばれた「代表」たちの議会で、私たちの暮らしやいのちにかかわる大切な問題が、次々に決められてしまうとしたら、私たちの未来は、一体どんな方向へ導かれてゆくのでしょうか。

写真提供・毎日新聞社

為政者も、マスメディアも、この小選挙区制の「欺瞞のトリック」に指一本触れようとせず、祭りの後も「劇場政治」を演出し、今日もまた、馬鹿騒ぎはつづくのです。そして、国民は、この話題に飽き飽きして、また日常に戻ってゆくのです。そして、政治の季節がまたやってくると、性懲《しょうこ》りもなく同じことを繰り返すのです。これでは、民主主義は育つはずもありません。

この選挙の投開票日からわずか三日後、最高裁大法廷は、海外在住者が選挙区での投票を認められていないことについて、「選挙権を制限する公職選挙法の規定は憲法に違反する」との判断を示しました。

とすると、わざわざ投票所まで足を運んで投票した、それこそ圧倒的多数の国民の意思を死票にし、そうした人々の抱いている意見や思いはなきものと、一握りの為政者がどんどん政治をすすめてしまうことは、もっとひどい憲法違反なのではないでしょうか。この状況こそが、民主主義の根幹を揺るがしているのです。

地域で暮らし、地域の生産活動に直接たずさわってきた、本当の意味での政治の主体であるべきはずの、圧倒的多数の民衆の運命は、昔も今も、たえず為政者によって立案・決定され、実行される、為政者の政策によって振り回され、翻弄《ほんろう》され、支配されてきました。

住民や国民の意思を反映するはずの唯一肝心の手段である「議会」は、巨万の資金力にものをいわせるその宣伝力と、マスメディアによる膨大な日常の情報の氾濫《はんらん》の中で有名無実化され、民衆の真実の声はかき消されてゆきます。民主主義の形式や手続きはふまえたかのように見えながら、実は、民主主義の内実は、空洞化してゆきます。そして、二一世紀だというのに、今日においても、国民の圧倒的大多数を占める民衆が、実質上、決定過程の外におかれていることに、何ら変わりないのです。

こうした国民不在の事態を、いかにして打開してゆくのかという問題こそ、現代の私たちに課せられた最大の緊急課題であり、難題でもあるのです。この難題の解決なくしては、私たちの社会は、永遠にこの虚偽と欺瞞の巨大な仕組みの闇の中から、一歩も抜け出すことはできないでしょう。先にも述べた、作業仮説の設定と、それに続く「郷土の点検・調査・立案」の連続螺旋《らせん》円環運動による地域認識過程は、まさにこの難題の解決に挑戦すべく提起されたものである、といってもいいのです。

そこで、地域認識・地域研究の方法としての「郷土の点検・調査・立案」に、ここで新たに「住民・市民参加」を明確に位置づけて、住民・市民による「郷土の点検・調査・立案」という地域認識過程を、ここに改めて提起したいと思います。

この「郷土の点検・調査・立案」の認識過程は、先にも述べたように、地域研究の対象であると同時に、地域認識の主体でもある住民・市民の参加によってはじめて、成立するものです。そして、この住民・市民参加による「郷土の点検・調査・立案」の認識過程の円環がねばり強く繰り返されながら、地域認識はいっそう深まってゆきます。

やがて、初動の段階の作業仮説として設定された「立案」としての「地域構想」は、「点検・調査・立案」の過程が反復して繰り返されることによって、次第に具体的な形をとって、豊かな内容に練りあげられてゆくことでしょう。その時はじめて、新たに到達したこの「地域構想」は、住民・市民自身のものとして受けとめられ、実感されるにちがいありません。こうした住民の実感と自覚が、地域の変革主体の形成を促す重要な契機となってゆくのです。

このような状況の進展の中で、地域住民に培われてきた知識や知恵や、あるいは地方自治体や国などの公的機関に蓄積されてきた膨大な情報が、広く市民にも共有され、市民の本当の意味での財産になった時、この認識過程は、本格的な段階に到達することになります。

「地域」の認識過程である、この住民・市民による「郷土の点検・調査・立案」の連続螺旋円環運動は、集落や村や町、それに〝森と海を結ぶ流域地域圏《エリア》〟（郡）や、広域地域圏《エリア》（県）、そして国レベル、さらには世界レベルといったあらゆる「地域」のレベルで、それぞれの「地域」にふさわしい独自の形態が編み出されながら、着実に全国へと展開されてゆくことになるでしょう。

第三章でも述べた「菜園家族」を基調とするＣＦＰ複合社会形成の「揺籃《ようらん》期」における、「菜園家族」をめざす住民個々の様々な日常的な実践は、初期の段階では、全体から見れば小さなものではあっても、この住民・市民による「郷土の点検・調査・立案」という地域認識の基礎過程を、長期にわたって準備し築いてゆく、地味ではあるけれども、きわめて重要なプロセスであるのです。

爺々《ちゃちゃ》にれ　　画・水野泰子

こうしたプロセスを経て、やがて、住民・市民によるこの「郷土の点検・調査・立案」の連続螺旋円環運動は、初動の作業仮説（＝立案）を、たえず優れたものにつくりかえながら、流域地域圏《エリア》住民の地域未来への確信を高めてゆくにちがいありません。

「郷土の点検・調査・立案」などというと、いかにも堅苦しく、無味乾燥で、骨の折れる仕事のように思われるかもしれません。しかし、こんな楽しい、夢のふくらむ人間的な活動も、そうあるものではありません。

住民主体のこの「郷土の点検・調査・立案」の運動は、よく考えてみると、子供たちや、そのまた子供たちの未来のための活動です。したがって、この活動は、本来、若者も年寄りも子供たちも、一緒になって、未来に夢を描き、自分たちの生きてゆく「地域」を自らの手でつくり出す、という一つの目標にむかって、世代を超え様々な年齢層が、自由に、楽しく、気軽に参加できるはずのものです。

最近、ことあるごとに、世代間の断絶が、深刻な問題として指摘されるようになってきました。今日のこの世代間の断絶は、人類史上未だかつて見られなかった異常ともいえる事態です。子供たちの発達を歪《ゆが》めている原因の根底に、

若者向け雇用制度（CPE）の撤回を求める高校生・大学生・労働者たちの一致した声は、パリを中心に、フランス全土で2回もの「300万人デモ」に発展した（2006年３月28日と４月４日）。働く者の正当な権利を求めるこの運動は、３カ月におよび、４月10日、ついに政府に撤回させる「歴史的勝利」をかちとった。写真提供・PANA通信社

「家族」の衰退とこの世代間の断絶が、大きな問題として横たわっていることを、深刻に受けとめなければなりません。

近年よく見かける、中高年層によるボランティア活動や各種ＮＰＯ活動から、考古学ファンによる発掘調査の見学に至るまで、今、様々な形態の社会参加が広がりつつあります。こうした社会的関心や意欲や知恵を、今こそ結集させて、年寄りも、若者も、子供たちも、世代を超えて、郷土の明日に夢を描き、語り合い、「郷土の点検・調査・立案」を実践する。そして、それをできることから一つ一つ実現してゆく。やがて変わりゆく郷土の景観に、世代を超えて共に誇りを感じ、満足もする。こんな喜びこそが、人間の究極の幸せなのではないでしょうか。

「菜園家族」を基調とするＣＦＰ複合社会の「揺籃期」は、もうすでにはじまっています。住民・市民によるこの「郷土の点検・調査・立案」の連続螺旋円環運動も、今、動きはじめようとしているのです。

歴史は、私たちに教えています。新しい時代の台頭は、大きなうねりとなって、若い魂を揺《ゆ》さぶらずにはいないでしょう。

今や、恐れるものは、何もありません。若者たちは、長い沈黙を破って、居心地のよい、自己の狭隘な小市民的世界に訣別し、新たな価値を未来にもとめて、力強く歩みはじめることでしょう。そして、若者たちは、世界的な共感と連帯の絆によって、結ばれてゆくのです。

時代は、逆《さか》巻く怒濤《どとう》のごとく、激しく揺れ動きます。社会を覆う不公正と虚偽と欺瞞は、やがて影をひそめ、二一世紀にふさわしい、新たなる理念が芽生えてくるにちがいありません。

新しい時代への、そして人類究極の夢である自由・平等・友愛の「高度に発達した自然社会」への展望は、こうしてひらかれてゆくことでしょう。

人々は、長い旧来の陋習《ろうしゅう》を打ち破り、敢然《かんぜん》とすすむのです。自らの運命を、為政者にゆだね、翻弄されてきた時代は終わったのです。私たちは、自らが選択した自らの道を力強く歩み、自己自身を変革し、世界をも変革するのです。自らの意志によって、自らの力で、自らの未来を切り拓く時代は、今、ようやくはじまろうとしているのです。

未踏の思考領域に活路をさぐる

この本をまとめながら、次第にはっきりしてきたことがあります。これは大事なことなので、これも最後になりましたが、ここで確認しておきたいと思います。

今までにも再三、触れてきたことなのですが、人類史上、直接生産者と生産手段（土地や生産用具など）は、もともと不可分一体のものでした。ところが、時代が経ち、近代をむかえ、資本主義の段階に到ると、両者の分離は決定的になりました。こうした生産様式のもとでは、生産力の爆発的な発展にともなって、生産は、ますます社会的性格を強めてゆく一方で、生産物の取得は、依然として私的性格のままにとどまっています。これが、資本主義生産様式の根本矛盾です。この矛盾が、経済活動の無政府状態を生み出し、ついには、不況と恐慌が周期的、不可避的にこの社会を襲うことになるのです。

この社会の矛盾の根が、直接生産者と生産手段の分離にあるのであれば、この矛盾の解決は、生産者と生産手段のもともとの一体性を回復することにあるはずです。これが、人類が一九世紀末までに到達した結論でした。

問題は、この先にあるのです。

直接生産者と生産手段の分離が、この社会の矛盾の根であるのであれば、この両者のもともとの一体性を回復するためには、生産手段を個々の直接生産者の手に直接返せば

画・前田秀信

いいということになるはずですが、一九世紀末までに到達した理論では、そのようにはならなかったのです。それとは違った方法、つまり「生産手段の社会化」（＝生産手段の社会的規模での共有化）によって、この矛盾の解決をはかろうとしたのです。

この「生産手段の社会化」とは、生産手段の所有・管理・運営のすべてを、大規模な企業にせよ、農業・手工業・商業などにおける零細な家族経営にせよ、個々バラバラな私的所有者から、社会の手に移すということです。そして、「社会化」の具体的な方式は、「国有化」であったり、労働者あるいは農民の集団による協同組合など様々な形態であったりするのですが、いずれにせよ、あの時代、結局、「生産手段の社会化」、つまり、生産手段の共同所有に基づく、何らかの形の社会的規模での共同管理・共同運営、つまり、資本主義超克の「A型発展の道」だけが、この社会の矛盾を解決する唯一の道として、理論の上でも、実践においても、固定化されてしまったのです。

では、なぜ、直接生産者と生産手段の一体性を回復するために、生産手段を個々の直接生産者の手に直接返す道、つまり資本主義超克の「B型発展の道」を選ばなかったのでしょうか。そこに、今日、私たちが克服しなければならない、理論上・実践上の大きな課題が隠されているように思えてなりません。

生産手段を個々の生産者の手に直接返す道（「B型発展の道」）を、なぜ選ばなかったのか——。その理由には、大きく分けて二つあると思います。

まず第一に、本書の第二章と第三章でも触れたように、一九世紀当時の生産力至上主義のもと、経営の統廃合を繰り返しながら、巨大化を志向していた時代的風潮が挙げられます。そのような大勢の中にあっては、家族小経営といった零細な経営形態などは、非効率で生産性が低く、取るに足らない存在であり、社会進歩の思想から見れば、「家族」とは、むしろ、人間を狭隘な世界に閉じ込める、唾棄《だき》すべき旧時代の遺物のように思われていました。

したがって、生産手段を失い、新しく登場してきた賃金労働者という「家族」に、生産手段を直接返し、家族小経営を再生発展させるなどといったことは、到底考えもおよばないことであったのです。むしろ、家族小経営は、失うものは何もない労働者に比べると、小規模ながらも自己の生産手段を所有する小ブルジョア的な性格をもっていて、労働者の革命を妨害する社会的存在であるとして、忌避されていたのです。これが、一つの目の理由です。

もう一つの理由は、第一の理由と関連してくるのですが、生産の主要な形態が、すでに機械制大工業に移行した近代にあっては、近代以前のように、生産手段を個々の生産者の手に直接返すなどということは、時代の趨勢《すうせい》に逆行し、不可能なことであると思ったのです。そう思うのも、やむを得ないことと言わなければなりません。機械制大工業の巨大な生産手段を個々人に直接分割・分配することは、すなわち、生産手段の巨大がゆえのその優越性を完全に破壊してしまうことになり、つまり、その道は、生産力至上主義の当時の思潮の中にあっては、思いもよらないことであったのです。

しかし、よく考えてみると、機械制大工業の巨大な生産手段に限れば、たしかに、分割して、個々の生産者の手に直接返すことはできないにしても、だからといって、工業部門の中でも、今日なお国民生産全体の中で大きな比重を占めている家族小経営や零細・中小企業、さらには、農林業や、商業・流通・サービス産業などの家族小経営のもとに分散している小さな生産手段を、機械制大工業の巨大な生産手段と十把一絡《じっぱひとから》げにして、「直接生産者と生産手段との再結合」の対象から、即、除外しなければならないという明確な論拠は、何もないはずです。

ところが、実際には、除外してしまったのです。つまり、それは同時に、将来、「直接生産者と生産手段との再結合」の有力な対象となり得るはずの、これら多種多様で、零細な生産手段の豊かな宝庫ともいえるこの広大な領域を、不覚にも思考の中から一気に洗い流してしまった、ということであるのです。

ですから、機械制大工業の巨大な生産手段以外の、農林業をはじめとする、小規模で零細ではあるが、それゆえに、融通無碍《ゆうずうむげ》な生産手段の広大なこの領域は、「生産手段の再結合」の対象として注目されることもなく、長い間、忘れ去られてしまったのです。そして、生産手段を生産者の手

まきばのこども　　画・水野泰子

に直接返し、直接生産者と生産手段のもともとの一体性を回復するというこの道（「B型発展の道」）は、今日に至るまで、閉ざされてしまったのです。そして、ついには、「生産手段の社会化」（「A型発展の道」）、すなわち、生産手段の社会的規模での共同所有にもとづく、共同管理・共同運営のみが、生産者と生産手段の一体性を回復する唯一の道であると、考えられるようになったのです。

　この「生産手段の社会化」の道の弊害については、本書で、すでに指摘し、その理由についても縷々、説明してきたところです。

　ところで、この「生産手段の社会化」の道は、一九世紀末までに到達した資本主義超克の理論の主柱であり、核心でした。それは、二〇世紀の現実世界においても、「社会主義」的実践の、揺るぎない理論として生き続けてきました。そして、この「生産手段の社会化」の理論の限界や欠陥や誤りが、こうした二〇世紀の実践によって検証され、明らかになったにもかかわらず、二一世紀の今日においてもなお、この理論は、いまだに克服されずにいるのです。

　本書で提起された「菜園家族」および「匠商《しょうしょう》家族」という概念は、今日のこうした理論上、実践上の混迷と沈滞を克服し、私たち自身の新たな「21世紀の未来社会論」を創造すべく、設定されたものであるのです。まさに、現代の機械制大工業の巨大な生産手段と十把一絡げにして、直接生産者の手に返すことができないものとして、思考の中から一旦は洗い流され、「直接生産者と生産手段との再結合」の対象から除外されてしまった、この零細な生産手段の豊かな宝庫ともいうべき広大な未踏の領域から、生産手段を失った賃金労働者という生産者に、生産手段を直接返し、生産者と生産手段のもともとの一体性を回復しようとして創出されたのが、「菜園家族」および「匠商家族」という、人類史上いまだかつて見られなかった、新しい家族小経営の概念であるのです。

　この家族小経営の新しい概念、すなわち「菜園家族」と「匠商家族」を基礎単位に構成される新しい社会を、本書では、「菜園家族」を基調とする「ＣＦＰ複合社会」として提起したのです。こうして、家族小経営のこの新しい概念をより具体的、厳密に規定し、これを〝森と海を結ぶ流域地域圏《エリア》〟という場にしっかりと組み込むことによってはじめて、「ＣＦＰ複合社会」に至る「揺籃期」と、これに引き継ぐ「ＣＦＰ複合社会」の「本格形成期」の展開過程を、より具体的に提示することが可能になったのです。そして、このことによって、私たちは二一世紀をどう生きるべきかという、現実生活の実践課題としても、具体的な形で提示することが可能になってきたのです。

今や私たちは、一旦は思考の中から洗い流され、除外されてしまった、零細な生産手段のこの未踏の領域に着目することによってはじめて、「ＣＦＰ複合社会」から「自然循環社会」（ＦＰ複合社会）へ、さらには「高度に発達した自然社会」（ＦＰ複合社会）へと、いくつかの発展段階を経て、人類究極の目標であり、夢でもある、人類始原の自由と平等と友愛の自然状態への壮大な回帰と、さらなる止揚《アウフヘーベン》を展望することが、可能になったのです。

そして重要なことは、資本主義超克の「Ｂ型発展の道」の全展開過程の中でも、特に、「揺籃期」から「ＣＦＰ複合社会」の「本格形成期」に至るまでの全期間を含む、一時代ともいえるこの長期にわたる過程は、所有・管理・運営の社会的規模での共同を一気に実現させようとする「生産手段の社会化」の理論の限界や欠陥を克服するために、歴史における人間の果たすべき役割と、社会を変革する人間の主体形成の側面を何よりも重視し、設定されたものであるということです。

人間の自己変革と社会の変革主体の形成が、主観的願望や、個人の自覚の問題に矮小化され、放置されるのではなく、その過程が、社会システムとしても重視され、それを保障する条件が社会の中に組み込まれていることが、何よりも大切なのです。特に、「揺籃期」から「本格形成期」に至る「ＣＦＰ複合社会」の全過程は、こうしたものとして位置づけられたものであることに注目していただきたいのです。

このような一時代ともいえる長期にわたる過程を経てはじめて、人間の自己鍛錬と社会の変革主体の形成が可能なのです。そして、来るべき「協同社会」の共同運営には、こうした民主主義の思想を基底から支える個々人の人格形成と、民主主義的社会意識の熟成が、何よりも必要不可欠のものとして待たれているのです。

こうして、「ＣＦＰ複合社会」の長期にわたる、忍耐のいる粘り強いプロセスを経過することによってはじめて、資本主義セクターCは克服され、家族小経営（＝「菜園家族」）セクターFと公共的セクターPの二つからなる複合社会、すなわち「自然循環社会」（FP複合社会）へと到達することが可能になることでしょう。

この「自然循環社会」（FP複合社会）においてはじめて、Fセクターの家族小経営は、新たに準備される十全な条件のもとで、水を得た魚のように、それ自身の本来の姿に甦り、その優れた潜在能力を遺憾《いかん》なく発揮するのです。と同時に、他方の公共セクターPにおける「生産手段の共同所有にもとづく共同運営」は、前代にあたる「CFP複合社会」の「揺籃期」から「本格形成期」に至る、長期にわたる展開過程の中で、ゆっくりと、しかも着実に進行してゆく個々人の自己変革と民主主義的社会意識の熟成を待ってはじめて、保障されるのです。

今、私たち地球の、自然と人間の対立矛盾は、野放図に拡大する人間の欲望と、それに伴って無制限に拡張する生産活動によって、修復不能の危機的状況に陥っています。

市場競争至上主義のアメリカ型「拡大経済」の生産による、CO_2の排出量の急増によって、地球温暖化の被害状況はとみに悪化し、地球大気圏の外側を包むオゾン層は破壊され、地球が四十数億年ともいわれる気の遠くなるような長い時間をかけてつくりあげてきた、地球大気という生命維持装置そのものが、根本からおびやかされています。今、私たちは、私たちの暮らしと社会システムのあり方自体を、生産力の抑制、自然との調和の問題として、根源から考え直さなければならない、ぎりぎりのところに立たされているのです。

近代以降、そして現代の今日においても、執拗《しつよう》に私たちの意識を捉えて離そうとはしない神話、すなわち生産力至上主義の克服の問題としても、そして、生産拡大を現実にいかに食い止め、抑制してゆくのかという側面からも、真剣に考えなければ、地球環境の問題は、決して解決されないでしょう。

経済成長を前提にしなければ成り立たないような、今日の経済システムのあり方そのものの根幹にメスを入れ、市場競争至上主義のアメリカ型「拡大経済」を、「持続可能な循環型共生社会」に転換しない限り、地球環境の問題は、解決されるはずもありません。地球環境問題、したがって「持続可能な循環型共生社会」への転換のこの問題は、一刻の猶予《ゆうよ》も許されない、この地球に生きるすべての人々、一人一人に突きつけられた焦眉の急務なのです。

本書の「菜園家族」構想は、まさにこうした事態の中で提起されたものであることを、ここで改めて確認しておきたいと思います。

理想を地でゆく

年年歳歳かわることなく巡りやってくる四季。その自然の移ろいの中で、「菜園家族」とその地域社会は、自然と人間との物質代謝の和やかな循環の恵みを享受します。〝もの〟を手作りし、人々と共に暮らす喜びを実感し、感謝の心を育んでゆきます。

人々は、やがて〝もの〟を大切にする心、さらには〝いのち〟を慈《いつく》しむ心を育て、人間性を次第に回復してゆきます。市場競争至上主義の延長線上にあらわれる対立と憎しみに代わって、友愛が、そして抗争と戦争に代わって、平和の思想が、やがて「菜園家族」に、さらには地域社会に根づいてゆくのです。

よく考えてみると、私たちがめざす「菜園家族のくに」こそ、日本国憲法が世界にむかって高らかに謳《うた》った、主権在民・平和主義・基本的人権の尊重（生存権を含む）の三原則の精神を地でゆくものであることが、分かってきます。

「菜園家族のくに」では、日常不断のレベルで、そして大地に根ざした思想形成の過程で、この憲法の精神が現実のものになってゆきます。子供たちも、大人たちも、年老いた祖父母たちも、共に助け合い生きることで、人を慈しむいたわりの心を育んでゆきます。そこには、他人を傷つけ、他人を倒してまで、生きてゆかなければならない必然性は、何もありません。

ドキュメンタリー映像作品『四季・遊牧―ツェルゲルの人々―』に登場する人物、〝没落貴族〟アディアスレンさんは、貧乏ではありますが、実に誠実に控え目に生きてきた人でした。この人こそ、悠久の自然の循環に身をゆだね、あるがままに生きてきた人間であり、いわば「菜園家族」の人格を如実に体現した人なのです。

ある夜、この家族に近隣の若者が凄《すご》みを利《き》かせ押し入ってきて、暴力沙汰にまでおよんだことがありました。アディアスレンさんは、ゲル（天幕）の端で黙って静かにキセルをふかし、じっと耐えていました。はじめは意気地なしの情けない男に思えて、目のやり場を失い、実にみじめな思いをしたのですが、その後、彼と付き合う中で分かってきたのです。実は、この徹底した無抵抗主義が、彼の信念であり、彼の生きる思想であること、そして、この徹底した無抵抗主義は、徹底した平和主義と、徹底した民主主義につながるということを、彼は教えてくれたのです。

世界は今も、暴力が暴力を生む悪循環の連鎖の中で苦しんでいます。戦争が戦争を誘発する悪循環の中で、多くの人々が今も恐怖に怯《おび》えています。〝自衛のために〟という、もっともらしい大義名分によって、あるいは〝戦争を抑止する〟という美名のもとに、武器を保持し、戦争は今もつづけられ、この悪循環は断ち切れないでいます。

アフリカや中東、中央アジアをはじめ、どの地域紛争を見てもそうなのですが、現地の人々が、自分では到底作れそうもないピカピカの立派な自動小銃など、近代兵器をあてがわれ、お互い同士憎しみ合い、血を流している構図。〝人権〟とか〝世界平和を乱すものへの制裁〟を名目に、容赦なく市民生活の領域にまでミサイルを打ち込んで憚《はばか》らない神経。兵器を商売に私腹を肥やす「死の商人」の餌食《えじき》になるのは、もう沢山です。

世界の超大国が、「テロ」との戦いの中で自国の兵士を死なせないようにするために、砂漠を走る無人戦車《ロボット・カー》の開発競争に、産学軍一体となって心血を注ぎ、「世界最先端の科学技術」を総動員し、嬉々《きき》として憚らない姿。それは、もはや他人のいのちなど気にもとめない、血塗られた「死の科学者」たちとしか見えません。はっきり言って、地球の貴重な資源と人類の頭脳と知恵と大切な時間を、そんな狂気じみた「ゲーム」に、もうこれ以上、費やしてほしくありません。

二〇世紀は戦争の世紀でした。第二次世界大戦の悲惨な体験と地獄絵のような沖縄戦、そしてヒロシマ・ナガサキを思い起こすだけでも、本当は素直にその道理は分かるはずです。きっと、分かる時代がやってくるにちがいありません。

『四季・遊牧』に生きるモンゴル・ツェルゲルの人々の深い思い。その思いに裏打ちされた人生観。透徹した世界観。今でも私たちの心を捉えて放しません。そのことばをもう一度、引用させてもらいます。

悠久の時空の中
　人は大地に生まれ
　　育ち
　大地に帰ってゆく

二一世紀は、自然と人間を巡るこの壮大な循環の中で、「菜園家族」は、共生の思想を、そして人を慈しむ素直な心を育んでゆくことでしょう。「菜園家族」は、もともと戦争とは無縁です。残酷非道な、それこそ無駄と浪費の最たる前世紀の遺物〝人を殺す道具〟とは、無縁なのです。「菜園家族」は、世界に先駆けて、自らの手で戦争を永遠に放棄し、人間が平和に暮らすよすがを築いてゆくにちがいありません。

　ひょっとしたら、これは酔夢だったのだろうか、ふと、そんな思いがよぎります。しかし、よく考えてみると、前にもふれた世界人口〝五分の四〟の視点からすれば、それは決して酔夢とは思えません。日本のこの国土に生きる私たち自身が、世界に率先してこの新しい「菜園家族」の道を選び、誠実にこの道を歩んでゆくならば、きっと、世界に誇る日本国憲法に、〝いのち〟を吹き込むことになるでしょう。

　やがて、この憲法の精神を地でゆく「菜園家族」に、アジアの人々も、さらには世界のすべての人々も、いつかはきっと、惜しみない賞讃と尊敬の念を寄せてくれるにちがいありません。世界は今、ものでも、お金でもなく、精神の高みを心から望んでいます。「菜園家族」は、この世界の願いに応えて、必ず、世界に先駆けてその範を示すことになるでしょう。

　新聞報道によると、一九九九年の五月十二日〜十五日に総数約一万人が参加してオランダのハーグで開かれた「平和市民会議」でも、日本国憲法第九条の理念が注目を集めたと伝えられています。会議は、最終日に「公正な世界秩序のための基本十原則」を発表し、その第一項目には、「すべての議会は、日本の憲法第九条にならい、政府による戦争行為を禁止する決議を行うべきこと」が採り入れら

中学校用社会科教科書『あたらしい憲法のはなし』（文部省、1947年発行）の復刻版（童話屋、2001年）　日本国憲法公布の翌年に作られたこの教科書は、「主権在民」・「平和主義」・「基本的人権の尊重」を分かりやすいことばで子供たちに語りかけているが、早くも1952年には、姿を消した。

迫る雲　©前田秀信

れたということです。第九条は、二一世紀において、いよいよ世界的意義をもつことになるのです。

　それから、日本国憲法第二五条「生存権・国の社会的使命」では、「すべての国民は健康で文化的最低限度の生活を営む権利を有する」と定められています。つづいて、社会福祉・社会保障は国の国民に対する義務だと謳っています。こうした経済生活上の権利を謳った憲法を持っている国もまた、少ないのです。

　ところが残念なことに、最近日本人は、どうしたことか、この憲法の本当の良さが分からなくなってきたようです。それが心配です。

　憲法の精神を現実世界に生かそうと努力するどころか、憲法が現実に合わなくなったとか、アメリカが押しつけたものであるとか、とにかく、いろいろな理由をつけては、憲法をなんとかつくり変えようというのです。この傾向は、ますます強まってきているようです。

　何も分からない幼い子供たちから、戦時の苦しみをくぐりぬけてきたお年寄りに至るまで、何の罪もないおおくの人々を巻き添えにしてまでも、またあの暗い悲惨な道を突きすすんでゆこうとでもいうのでしょうか。どう考えても、不思議でならないのです。

　今や憲法九条について、個人がなんらかの意思を表明するとなると、即、宗派や党派に色分けされてしまい、そこで、人々の思考は止まってしまいます。ほんとうは、何が人々に幸せをもたらし、何が正しく、何が間違っているのか、このことこそが大切であるのに、色分けによって素直に考えることが阻まれ、そこで思考は止まってしまい、その先に進もうとはしません。戦前・戦中にも似たこの風潮が、今、再び蔓延しようとしています。そして、やがてこの風潮は、少数意見を排除してゆきます。これは、歴史的にも根の深い、極めて日本的な〝負の遺産〟といわざるをえません。

もうすでに教育の現場では、〝日の丸〟〝君が代〟問題がこの憲法問題に先行して、この風潮を強めています。小・中・高校の卒業式の日、教師や保護者や、そして子供たちまでもが、踏絵を強いられる式場の重苦しい雰囲気の中で、気まずい思いをさせられながら、この風潮に呑《の》み込まれてゆく姿をご存知でしょうか。

今ここで指摘してきたことは、単なる危惧や妄想にすぎないとして片付けられない、極めて深刻な問題を孕《はら》んでいます。この風潮に屈服し、呑み込まれてしまったら、もうおしまいです。内心の自由を土足で踏みにじるそのこと自体が、すでに戦前の繰り返しを許したことになるからです。

こうした状勢に今、差しかかっているからこそ、人類が長い時間と苦闘の歴史の中で築きあげてきた、人間の生きる思想の集大成ともいえる、この日本国憲法の意義を、私たちは、もっとしっかりと再認識しなければなりません。

そして、その優れた憲法の精神をただ観念的に守ろうとするだけではなく、積極的に、私たち自身の日常不断の現実生活に生かす方法を探り、そして、それを実行し、その成果を世界の人々に示す時が来たのではないでしょうか。

二一世紀の今こそ、私たちが背負ってきた〝負の遺産〟を克服しつつ、すべての宗派や党派を越えて、人々の幸せと、失われた人間性の回復をめざして、新しい時代状況をつくり出してゆかなければなりません。ここで提起された「菜園家族のくに」は、まさにこのことを具体的に身をもって示す、理想への確実で手近な道でもあるのです。

天才的喜劇役者であり、二〇世紀最大の映画監督であるチャップリンは、映画『モダン・タイムス』（一九三六年）の中で、何を描こうとしたのでしょうか。今、あらためて考えさせられます。

今からおよそ七〇年前、ニューヨークから発した世界大恐慌のさなか、冷酷無惨な資本主義のメカニズムによって掃き捨てられ、ズタズタにされてゆく労働者の姿を、チャップリンは、臆《おく》することなく、時代の最大の課題として真っ向から受け止めます。

ラストシーンは、この映画の圧巻です。ついには、使い古された雑巾のように捨てられ、放心状態のチャップリン扮《ふん》する労働者が、非情の都会に浮浪する少女とともに、喧《けん》騒《そう》の大都会を背に、丘を越え、前方に広がる田園風景の中へと消えてゆきます。

それは、七〇年が経った今もなお、二一世紀の人類に行くべき道を暗示しているかのようです。社会の底辺に生きる人間へのあたたかい視線と、慧眼《けいがん》としか言いようのない未来への洞察力に、ただただ驚嘆するばかりです。

近年、次々に飛び出してきては、世に流布する新語。パート、フリーター、派遣労働、請負会社。そのどれひとつとっても、新たな装いを凝らしてはいるものの、これほど人間を愚弄《ぐろう》し、家畜同然、機械の部品同然におとしめる代物もありません。

ある財界のリーダーは、こうした不安定労働者の現実について、マスメディアの質問に応えて、臆せず語ります。経済効率のためには、そして熾烈《しれつ》な国際競争に勝ちぬくためには、それは必要なのですよ、と。さらなる質問にも、人間の尊厳とは言うけれども、しかし、私は、競争によって選りすぐられた優秀な人間のみを大切にすることを、経営の信条にしているのです、と言って憚らないのです。

それでは、切り捨てられ見捨てられた者は、人間ではないとでも言うのでしょうか。これが、今日の日本の経営者の本音であり、「常識」なのです。いつのまにか、人々もそう思い込まされ、ついには、国民の「常識」にまですりかえられてしまったのです。人類が、自然権の承認から出発し、数世紀にわたって、鋭意かちとってきた自由・平等・友愛の精神からは、はるかに遠いところにまで後退したと言わざるを得ません。

こうしたギスギスした社会が、結局、何をもたらすかは、もうはっきりしてきたのではないでしょうか。この市場競争至上主義の行き着く先は、九・一一のニューヨーク・マンハッタンの超高層ビルの崩落であり、その後に続く石油利権をめぐるイラク戦争であり、国内問題では、「復興支援」の名を借りた自衛隊のイラク派兵であり、不安定労働者や失業者の増大、自殺者年間三万数千人の現状であり、果てには、財政効率化の大義のもと、一気に教育や学問や医療や農業の領域にまで、競争原理を持ち込もうとする現実なのです。

二〇〇六年九月、小泉政権を引き継いだ安倍新政権は、「戦後体制からの脱却」を大義名分に、教育基本法の改定と憲法改悪を政策の基軸に据えてのスタートでした。

いつの間にかつくられたソフトなイメージを背景に成立したこの政権は、人気とりの効用に味をしめた前政権の手法を踏襲しようとすればするほど、不本意にも「能ない鷹《たか》も爪を隠し」、空虚な「美しい」言葉を並べ立てなければなりません。しかし、庶民の暮らしや、アジアや世界の現実との乖離は、ますます強まり、ついには、深刻な自己矛盾に陥らざるをえなくなるでしょう。

　そして、果てには、その矛盾の解決の道を、かつてそうであったように、今度はアジアの近隣に「鬼畜」という明確な敵を仕立て、偏狭なナショナリズムを煽り、タカの本性を剥《む》き出しにする極端な方向に求めざるをえなくなる、そんな危険すら、すでに孕《はら》んでいるのです。

　それでもなお、人は、明日があるから、今日を生きるのです。

　失望と混迷の中から、二一世紀、人々はきっと、人類始原の自由と平等と友愛の自然状態を夢見て、壮大な回帰と人間復活の道を歩みはじめるにちがいありません。

　今日まで私たちが思い込まされてきた「常識」も、恐らくこのままありつづけることはないでしょう。今や世界は、大転換期をむかえつつあるのです。

　さいごに、ドキュメンタリー映像作品『四季・遊牧―ツェルゲルの人々―』のエンディングから次の詩《ことば》を引用して、未来に夢をつなぎたいと思います。

それがどんな「国家」であろうとも
この「地域」の願いを
圧《お》し潰《つぶ》すことはできない。

歴史がどんなに人間の思考を
顛倒《てんとう》させようとも
人々の思いを
圧し潰すことはできない。

　人が大地に生きる限り。

春の日差しが
人々の思いが
やがて根雪を溶かし
「地域」の一つ一つが花開き
この地球を覆い尽くすとき
世界は変わる。

　人が大地に生きる限り。

あとがきにかえて

子供から大人への遺言

宇宙を思わせる闇《やみ》
散乱する
永遠の光の中で
子供たちの
いのちは
その一つひとつまでもが
個性的に輝いています。

受けついだ
小さないのちを
精一杯に
生き

次代へ
つなぎたいとする
その意志の強さ
その生命力の美しさに
心打たれます。

幼いいのちの
輝きは
自然界の
深奥《しんおう》にひそむ
普遍の力を
象徴しているかのようです。

やがて子供たちは
大人たちが
つくりだした
世の不条理に
苦しみ
悶《もだ》え

ついには
修羅場《しゅらば》の闇に
沈んでゆくのです。

それでも
子供たちは
決して
諦《あきら》めたりはしません。

だから
子供たちは
大人にむかって
話しかけようとします。

この静かな
至福の淡い光の中で
人間はこのように
素直に生きさえすれば
それでいいんだよ、と

戒《いまし》めてくれさえするのです。

それでも
子供たちは
決して
諦《あきら》めたりはしません。

やがて
子供たちは
大人にむかって
最後の
最後の思いを
語りかけようとします。

燦々《さんさん》と降り注ぐ
この太陽の光の中で
人間は
土や水や風や緑に
囲まれて

素直に生きさえすれば
それでいいんだよね、と
募《つの》る不安をおさえ
一縷《いちる》の望みを呟《つぶや》くのです。

込み上げる悲しみを
堪《こら》え
縋《すが》る
あまりにも痛々しい
その姿で
最後の願いを
大人に託して
失意のうちに
去って逝《ゆ》くのです。

今、私たちの世界は、弱者がいとも簡単に圧し潰され、競争に勝ち抜いた強者が大手を振ってまかり通る、そんな世の中になってしまいました。幼いいのちは、不運にも、こんな寒々とした世界に生をうけ、必死にもがき生きようとしているのです。

この悲しむべき惨状を尻目に、勢いに乗った勝者は、今、ますます怪物のように巨大化し、世界を徘徊《はいかい》し、地球を一つに統合しようとさえしています。

そんな〝巨大化〟の体制の中で、人はある意味では、その恩恵に浴し、その体制に支えられて暮らしているうちに、すっかりその状況に身を浸し、飼い馴《なら》らされてゆきます。「国際競争力をつけて生き残るために……」という一言に、人々は、今の暮らしを失う不安に怯《おび》え、それに乗じてすべてが正当化され、事はすすめられてゆきます。こうした中で、この〝巨大化〟の道は、あたかも永遠不動のようにさえ見えてくるのです。

人類史上、家族小経営のもつ意義は、特に近代化の過程では、その狭隘《きょうあい》性・後進性の評価のもとに指弾され、常に不当にも、その価値は矮小化《わいしょう》されてきました。矮小化というよりも、むしろ小経営を否定することが、歴史における進歩であるかのようにさえ考えられてきたのです。しかし、世界的規模で展開される〝巨大化〟の道の弊害と行き詰まりが浮き彫りになってきた今、あらためてその評価を根本から正さなければならなくなってきています。

私たちは今、この〝巨大化〟の道に対置して、家族と家族小経営のもつ優れた側面を再評価し、それを今日の社会にどう位置づけ、どのように組み込むべきかを、つまり、幼いいのち、そして人間を育む場としての「家族」と「地域」をいかにして再構築すべきかを、真剣に考えるよう迫られているのです。本書は、結局、このことのために書かれたものであるといってもいいのかもしれません。

本書の企画構想は、厳密にいって、一九九二年秋から開始された西部モンゴル・ゴビ・アルタイ山中の山岳・砂漠の村ツェルゲルでの一年間にわたる越冬調査に淵源《えんげん》を辿ることができます。この越冬調査の成果は、ドキュメンタリー映像作品『四季・遊牧―ツェルゲルの人々―』として実を結ぶことになりました。

三五〇〇メートル級の高峰。冬はその山麓あたりにゲル（天幕）を建て、一〇月中旬から半年余りを冬営地《ウブルジュー》で過ごします。雪が溶け、寒さが緩《ゆる》む春先には、中腹の春営地《ハバルジャー》に移ります。ここで仔ヤギたちが次々に生まれます。格好の遊び相手を得た遊牧民の子供たちの喜びようは、大変なものです。北国の春は短く、高山の夏は一気にやって来ます。緑濃い山頂付近の渓流の辺《ほとり》に夏営地《ゾスラン》を選びます。高原の乾いた空気と太陽をからだいっぱい受けて、女たちはヨーグルトやバターやチーズ、それに乳酒《シミン・アルヒ》など乳製品づくりに明け暮れ、子供たちは乳搾りを手伝いながら、大地を自由に駆《か》け巡《めぐ》ります。秋が深まると、また山を下り、元の冬営地に戻ってゆくのです。

日本人からすれば、遊牧民は、一年中がいつも凄《すご》いアウトドアなのです。しかし面白いことに、それでも夏から晩秋の季節には、気の合った者同士、奥山の狩りの旅へとさっさと出かけます。見るからに貧弱なテントを持ってゲルを離れ、泊りがけで曠野《こうや》を彷徨《さまよ》うのです。陽《ひ》が落ち、ひんやりとした空気が忍び寄る頃、心地よく狩りに疲れた身を癒《いや》し、焚火《たきび》を囲みます。骨付き羊肉スープの夕餉《ゆうげ》は格別です。同じ土地で生まれ、育ち、やがては同じ大地に帰ってゆく仲間たち。夜の更《ふ》けるのも忘れて、しみじみと語り合うのです。そこには運命を共にするもの同士にしか分からない、一種不思議な安堵《あんど》感が漂《ただよ》っています。

間もなく訪れる零下二〇度の厳冬。雪に閉ざされた日、家族たちはゲルの暖炉を囲み、やがて来る夏の山頂の新緑に思いを馳《は》せます。今年はどこに夏営地を、どんな家族と一緒に、と想像は際限なく膨《ふく》らんでゆきます。

モンゴルの遊牧民が好む花に、ヤルゴイ（モウコオキナグサ・迎春花）という早春の野の花があります。北国の高原の酷寒に耐えぬいたヤルゴイの草たちは、春をむかえ大地が根雪を溶かす頃、一斉に芽を吹き出し、紫や黄色の可憐な花を咲かせます。これは現実かと目を疑うほど華やかに冬の灰色を吹き飛ばし、なだらかな丘陵の南斜面に鮮やかな色彩を繰り広げます。それは見事な生命力を見せつけてくれるのです。

この小さな蕾《つぼみ》には、ビタミンなど豊かな栄養素がいっぱい詰まっているといいます。長い冬の間、積雪の下でじっと耐えたエネルギーが、一気に噴き出すからでしょう。越冬に体重を三割近くも減らし、憔悴《しょうすい》しきった家畜たちは、丘にうす緑が広がると一斉に駆け登り、春一番に咲くこの栄養源を夢中になって食《は》み、急速に体力を回復してゆくのです。

大自然の循環の中で、家畜たちの生命《いのち》の再生のために、肩ひじ張らず、あるがままに献身するこの可憐な花に、遊牧民たちは自らの生きざまを重ね合わせます。そしてわが身も同様、地上と天上を巡る大自然の循環の中にあることを思うのです。それは、自己の生存の因縁を悟り、生命に対する敬虔《けいけん》な心に浸《ひた》る一瞬でもあります。

モンゴルの自然は厳しいものです。しかし、じっと目を据える余裕があるならば、大地と家畜と人間が、悠久の歴史の中で織り成し創り上げてきた、繊細にして見事な世界がそこにあることに気づくはずです。人間は、まさにこうした世界の中にあってはじめて、自然の過酷さに耐える能力も、つつましさや心優しさといった人間の優れた資質をも育むことができたのです。

先進工業社会に生きる私たちは、あまりにも科学技術を過信すると同時に、市場原理を神格の座にまで祭り上げ、欲望を掻き立て、ひたすら走り続けてきました。その結果、人々は大地から分断された極めて人工的な世界の中で、一〇〇パーセント賃金に依存する根なし草同然の暮らしを強いられることになったのです。個性的で多様な幸福感は、人間が大地を失い、耕すことを忘れたその瞬間《とき》から、次第に画一化の方向を辿りはじめました。人間の幸せはいつしかモノとカネによってのみ計量され、心の安らぎはますます失われてゆきます。今、人類は、手のつけようのない厄介で不可解な世界に迷い込んでしまったようです。このままでは、断崖から落ちてゆくほかないでしょう。

人間は自然の一部であり、人間そのものが自然であるという、現代人にはとうに忘却の彼方《かなた》に置き忘れられたこの命題が、文明の地の果てと言われる〝遊牧の世界〟に、今もなお見事に息づいていることを記憶にとどめながら、私たちは、東西対立が終焉をむかえ、世界の歴史が大きく転換する一九九〇年代の初頭、日本とモンゴルの地域研究に、本格的にむきあうことになりました。

その起点から、すでに十数年間が経過しました。グローバリゼーションのもと、世界市場の一体化が急速におしすすめられていったこの間、日本とモンゴルのフィールドで、実に数多くの様々な事象に遭遇しました。それらをめぐって、小貫は、戦前に生まれ、高度経済成長期以前とその後の一連の展開過程をつぶさに実体験してきた老齢世代の立場から、伊藤は、高度成長が一応の終息を見た頃に生まれ、この「日本を変えた六〇〇〇日」以前の自然や暮らしの姿を知らない若年世代の立場から、議論を重ねてきました。こうした対話を通じ、「点検・調査・立案」を繰り返しながら、本書の構想を練りあげ、共同執筆の作業をすすめてきたのです。

本書の終章でも触れた「郷土の点検・調査・立案」の連続螺旋《らせん》円環運動による地域認識過程は、この十数年間におよぶ筆者たちの実体験を定式化させたものでもあったのです。もしも、本書に独自性と何らかの成果が見出されたとするならば、それは、日本とモンゴルというあらゆる面で対極に位置する対象を統一的に捉え、フィールドからデスクまでを首尾一貫させた、この共同研究の独自の方法によるものではないかと、今あらためて思っています。

市場競争至上主義の嵐の吹きすさぶ中、研究と教育の場である大学においても、今や効率至上主義と浅薄な成果主義によって、研究と教育の本来の姿が歪められようとしています。だからこそ、もっと腰を据え、根源的な問いから発した研究をじっくりすすめてゆかなければならないのだと思っています。住民・市民による「郷土の点検・調査・立案」の運動においても、時の為政者や時流に翻弄《ほんろう》されることなく、人々自らが高い理念を掲げ、時間をかけ、腰を据えてゆっくり着実に歩んでゆくことが、何よりも大切なのではないでしょうか。

本書は、実に贅沢《ぜいたく》で長い胚胎期間があったせいか、特に後半は、フィールドでもデスクでも、ゆっくり考えることそれ自体を愉しむことができました。人間にとって、これほど幸せなことはありません。私たちは、何ものにも囚《とら》われない自由な発想で、のびのびとしかも大胆に考えることができたことを、幸運であるとさえ思っています。

このようにできたのは、沖縄から東北・仙台に至る全国各地で展開されてきた『四季・遊牧』の上映活動を通じて、現地で知り合った多くの方々、そして毎月第三土曜日に湖畔のキャンパスの一角で開かれた「菜園家族の学校」に集《つど》った、実に熱意あふれる人々との交流と支えがあったからです。また、琵琶湖に注ぐ犬上川流域、鈴鹿山中の集落大君ケ《おじが》畑《はた》に佇《たたず》む「里山研究庵Ｎｏｍａｄ《ノマド》」を拠点に、調査を通じて知り合った多くの方々のお陰であると感謝しています。

なお、本書で述べてきた、「菜園家族」の形成にとって大切な場である〝森と海を結ぶ流域地域圏《エリア》〟については、この大君《おじ》ケ畑《がはた》が含まれる「犬上《いぬかみ》川・芹《せり》川S鈴鹿山脈」流域地域圏《エリア》を、その具体的な地域圏《エリア》モデルとして設定し、調査と考察を深めてきました。拙著『森と海を結ぶ菜園家族』（人文書院、二〇〇四年）の第七章「二一世紀、近江国《おうみのくに》循環型社会の形成」をご参照いただければ、より具体的なイメージが描けるのではないかと思っています。

二一世紀の初頭にあたって、重大な岐路に立たされた今こそ、いつの間にかに、どこかで誰かによって、自らの運命が決められてしまう社会的悪習とは、もうこの辺できっぱりと訣別して、自らの頭で考え、自らの手で、自らの道を選択するという、主権在民のあるべき姿をとり戻さなければなりません。「菜園家族」構想の実現の可能性も、全国各地で日夜ひたむきに努力されている、多くの人々の試みの積み重ねの中で、次第にふくらんでゆくものだと思っています。市場競争至上主義のアメリカ型「拡大経済」を止揚して、「菜園家族の世界」を創出する主体は、紛《まぎ》れもなく、「菜園家族」自身であるのです。この意味で、この社会変革は、〝菜園家族レボリューション〟とでもいうべきものなのかもしれません。

〝菜園家族レボリューション〟。

これを文字どおりに解釈すれば、「菜園家族」が主体となる革命ということです。しかし、〝レボリューション〟には、自然と人間界を貫く、もっと深遠な哲理が秘められているように思えてなりません。それは、もともと、旋回《せんかい》であり、回転でありますが、天体の公転でもあり、季節の循環でもあります。そして何よりも、原点への回帰を想起させるに足る壮大な動きが感じとれるのです。イエス・キリストにせよ、ブッダにせよ、一九世紀のマルクスにせよ、わが国近世の希有《けう》な思想家安藤昌益にせよ、あるいはルネサンスやフランス革命にしても、レボリューションの名に値するものは、現状の否定による、原初への回帰の情熱によって突き動かされたものです。現状の否定による、より高次な段階への止揚《アウフヘーベン》と回帰。それはまさに、「否定の否定」の弁証法なのです。現代工業社会の廃墟の中から、それ自身の否定によって、田園の牧歌的情景への回帰と人間復活の夢を、この〝菜園家族レボリューション〟に託し、結びにかえたいと思います。

最後になりましたが、北の大地札幌で、あたたかな思い出を版画に込める水野泰子さん、長崎を拠点に、生き生きとした子どもたちの姿を追い続ける画家前田秀信さん、信州・千曲市で自由奔放に描かれている画家島田広之さん、地元琵琶湖畔をこよなく愛し、身近な暮らしにこだわり描く画家志村里士さんには、ややもすると無味乾燥なものに流れがちなこの本に、みずみずしい豊かな視覚的イメージを添えていただきました。

志村さんには、時がおしせまった頃、絵画展の会場でお会いし、二十点にもおよぶ制作をお願いしたところ、快諾していただきました。無理なお願いにもかかわらず、お人柄そのままの明るくたのしいタッチで、そのとき語り合った思いを像に結んで下さいました。

これら四人の方々の作品に共通していることは、今は過去となった情景に徹しながらも、未来へのたしかなメッセージが伝わってくることです。それは、すっかり失われてしまった人間のあたたかさを、次代へ甦らせたいという、共通の願いがあるからなのかもしれません。本書に込められた「子どもに伝える未来への夢」が、読者の方々の胸に多少なりとも息づきはじめることがあるとするならば、これら作品のお陰であると、心より感謝しています。

あわせて、各出版社から、貴重な写真・図版等の資料を使用させていただいたことに、深謝いたします。

日本経済評論社の栗原哲也社長とのおつきあいのはじまりは、まだ寒い雪空の下、彦根の宿でのことでした。深夜におよぶ、時には精神の高揚をおぼえる熱い議論をたたかわせたものです。今日の不透明な時代にあって、先を読むその先見性といさぎよさに感服します。厳しい出版状況の中、功利の世にはそぐわぬこの内容を、本の完成にまでこぎつけて下さった氏をはじめ、編集部の谷口京延さん、そして皆さま方に、ここにあらためてお礼を申し上げます。

二〇〇六年十月一日

琵琶湖畔　鈴鹿山中

里山研究庵にて

小貫雅男

伊藤恵子

文献案内

本書は、分野が多岐にわたるため、関連する文献はおびただしい数にのぼります。ここでは、本書に引用したもの、著者が参考にしたもの、読者がさらに深く知る上で参考になると思われるものを中心に、文献の紹介をしたいと思います（一部映像作品を含む）。

第一章

原　剛『日本の農業』岩波新書、二〇〇〇年
田代洋一『日本に農業はいらないか』大月書店、一九八七年
田代洋一『日本に農業は生き残れるか』大月書店、二〇〇一年
保母武彦『内発的発展論と日本の農山村』岩波書店、一九九六年
河井智康『日本の漁業』岩波新書、一九九四年
稲本　正『森の博物館』小学館、一九九四年
農文協各県編集委員会　編『日本の食生活全集』2・8・21・25・47、農山漁村文化協会、一九八五〜九一年
尾形仂　校注『蕪村俳句集』岩波文庫、一九八九年
小宮山量平『昭和時代落穂拾い』全三巻（Ⅰ〝回帰の時代〟によせて・Ⅱやさしさの行くえ・Ⅲ二〇世紀ノこころ）週刊上田新聞社、一九九四〜二〇〇一年
小宮山量平・鈴木正・渡辺雅男『戦後精神の行くえ』こぶし書房、一九九六年
内橋克人『経済学は誰のためにあるのか—市場原理至上主義批判—』岩波書店、一九九九年
内橋克人『浪費なき成長—新しい経済の起点』光文社、二〇〇〇年
内橋克人　編『誰のための改革か』岩波書店、二〇〇二年
宮本憲一・内橋克人・間宮陽介・吉川洋・大沢真理・神野直彦『経済危機と学問の危機』岩波書店、二〇〇四年

暉峻淑子『豊かさとは何か』岩波新書、一九八九年
暉峻淑子『豊かさの条件』岩波新書、二〇〇三年
暉峻淑子『格差社会をこえて』岩波ブックレットNo.650、二〇〇五年
川上　博『過労自殺』岩波新書、一九九八年
宮本みち子『若者が〈社会的弱者〉に転落する』洋泉社新書、二〇〇二年
熊沢　誠『リストラとワークシェアリング』岩波新書、二〇〇三年
『経済』編集部　編『仕事と生活が壊れていく』新日本出版社、二〇〇四年
森岡孝二『働きすぎの時代』岩波新書、二〇〇五年
ドキュメンタリー映像番組『トラック・列島3万キロ―時間を追う男たち―』NHKスペシャル（四九分）、NHK総合テレビ二〇〇四年七月一八日放送
ドキュメンタリー映像番組『フリーター漂流―モノ作りの現場で―』NHKスペシャル（五二分）、NHK総合テレビ二〇〇五年二月五日放送
小貫雅男・伊藤恵子『森と海を結ぶ菜園家族―21世紀の未来社会論―』人文書院、二〇〇四年
映像作品『四季・遊牧―ツェルゲルの人々―』小貫雅男・伊藤恵子共同制作（三部作全六巻・七時間四〇分）、大日、一九九八年
小貫雅男『遊牧社会の現代―ブルドの四季から―』青木書店、一九八五年
小貫雅男『モンゴル現代史』山川出版社、一九九三年
小貫雅男「ある〝遊牧地域論〟の生成過程」『人間文化』三号、滋賀県立大学人間文化学部、一九九七年
伊藤恵子「遊牧民家族と地域社会―砂漠・山岳の村ツェルゲルの場合―」『人間文化』三号、滋賀県立大学人間文化学部、一九九七年
今岡良子「豊かさとは何か？―モンゴル遊牧民の取り組みから考える―」『日本の科学者』411号、日本科学者会議、二〇〇二年四月

第二章

文部科学省検定済高校教科書『詳説　世界史』山川出版社、二〇〇三年
文部科学省検定済高校教科書『倫理』東京書籍、二〇〇三年
西村繁男『絵で見る日本の歴史』福音館書店、一九八五年
トマス・モア『ユートピア』岩波文庫、一九五七年
ロック『市民政府論』岩波文庫、一九六七年
ルソー『人間不平等起源論』岩波文庫、一九九五年
ルソー『社会契約論』岩波文庫、一九五四年
ルソー『孤独な散歩者の夢想』岩波文庫、二〇〇三年
ヴェルギリウス『牧歌・農耕詩』未来社、一九九四年
安藤昌益「自然真営道」『安藤昌益全集』全二一巻　農山漁村文化協会、一九八二年〜
安永寿延　編著、山田福男　写真『写真集　人間安藤昌益』農山漁村文化協会、一九九二年
岩間　徹『ヨーロッパの栄光』（世界の歴史16）河出書房新社、一九九〇年
ヘーゲル『哲学入門』岩波文庫、一九五二年
ヘーゲル『精神哲学』（上）（下）岩波文庫、一九六五年
ヘーゲル『小論理学』（上）（下）岩波文庫、一九七八年
ヘーゲル『歴史哲学講義』（上）（下）岩波文庫、一九九四年
五島茂　訳『オウエン自叙伝』岩波文庫、一九六一年
ロバアト・オウエン『新社会観』岩波文庫、一九五四年
ロバート・オウエン『ラナーク州への報告』未来社、一九七〇年
土方直史『ロバアト・オウエン』研究社、二〇〇三年

五島茂・坂本慶一　編『オウエン、サンシモン、フーリエ』（世界の名著42）中央公論社、一九八〇年
カール・マルクス『経済学・哲学手稿』国民文庫（大月書店）、一九九一年
マルクス、エンゲルス『ドイツ・イデオロギー』国民文庫、一九九五年
マルクス『哲学の貧困』国民文庫、一九五四年
マルクス『賃労働と資本』国民文庫、一九八六年
マルクス、エンゲルス『共産党宣言』国民文庫、一九八七年
マルクス『経済学批判』国民文庫、一九九七年
マルクス『資本論』（一）～（九）岩波文庫、一九七〇年
エンゲルス『自然弁証法』（1）（2）国民文庫、一九六五年
エンゲルス『ドイツ農民戦争』国民文庫、一九八八年
エンゲルス『フォイエルバッハ論』岩波文庫、一九六〇年
マルクス　訳・解説　手島正毅『資本主義的生産に先行する諸形態』国民文庫、一九七〇年
エンゲルス『家族、私有財産および国家の起源』国民文庫、一九八九年
エンゲルス『反デューリング論』（1）（2）国民文庫、一九八六年
エンゲルス『空想から科学へ』国民文庫、一九八三年
マルクス『フランスにおける内乱』国民文庫、一九七〇年
マルクス、エンゲルス『ゴータ綱領批判』国民文庫、一九八三年
ウィリアム・モリス、訳・解説　松村達雄『ユートピアだより』岩波文庫、一九六八年
ウィリアム・モリス『民衆の芸術』岩波文庫、一九七七年
南川三治郎『ウィリアム・モリスの楽園へ』世界文化社、二〇〇五年
マックス・ベア『イギリス社会主義史』全四冊　岩波文庫、一九七五年

ゲルツェン『ロシアにおける革命思想の発達について』岩波文庫、一九七五年
トロツキー『ロシア革命史』全五冊　岩波文庫、二〇〇一年
A・チャヤーノフ『農民ユートピア国旅行記』晶文社、一九八四年
E・H・カー『ロシア革命』岩波現代文庫、二〇〇〇年
レーニン『カール・マルクス』岩波文庫、一九八〇年
土屋保男　編訳『マルクス回想』国民文庫、一九七四年
ケインズ『雇用・利子・および貨幣の一般理論』東洋経済新報社、一九九五年
シュムペーター『経済発展の理論』（上）（下）岩波文庫、一九七七年
シュムペーター『経済学史』岩波文庫、一九八〇年
シュムペーター『租税国家の危機』岩波文庫、一九八三年
シュムペーター『理論経済学の本質と主要内容』（上）（下）岩波文庫、一九八四年
伊東光晴『ケインズ』岩波新書、一九六二年
早坂　忠『ケインズ』中公新書、一九六九年
伊東光晴・根井雅弘『シュンペーター』岩波新書、一九九三年
後藤　晃『イノベーションと日本経済』岩波新書、二〇〇〇年
ドイツ史博物館・ディーツ出版社　編『伝記アルバム　マルクス＝エンゲルスとその時代』大月書店、一九八二年
浜林正夫『「資本論」を読む』（上）（下）学習の友社、一九九五年
浜林正夫『古典から学ぶ史的唯物論』学習の友社、一九九七年
玉川寛治『「資本論」と産業革命の時代』新日本出版社、一九九九年
宮川　彰『「資本論」［第2・3巻］を読む』（上）（下）学習の友社、二〇〇一年
梅本克己『唯物史観と現代』岩波新書、一九六七年

宇野弘蔵『社会科学の根本問題』青木書店、一九六七年
林　直道『史的唯物論と経済学』（上）（下）大月書店、一九七一年
芝原拓自『所有と生産様式の歴史理論』青木書店、一九七二年
小谷汪之『マルクスとアジア―アジア的生産様式論争批判―』青木書店、一九七九年
置塩信雄・伊藤誠『経済理論と現代資本主義』岩波書店、一九八七年
内田義彦『資本論の世界』岩波新書、一九六六年
木原正雄・長砂實　編『現代日本と社会主義経済学』（上）（下）大月書店、一九七六年
藤田　勇『社会主義社会論』東京大学出版会、一九八〇年
岩田昌征『凡人たちの社会主義』筑摩書房、一九八五年
菊池昌典　編『社会主義と現代世界』1～3、山川出版社、一九八九年
倉持俊一『ソ連現代史Ⅰ　ヨーロッパ地域』山川出版社、一九九六年
木村英亮・山本敏『ソ連現代史Ⅱ　中央アジア・シベリア』山川出版社、一九七九年
松田道雄『ロシアの革命』（世界の歴史22）河出書房新社、一九九〇年
奥田　央『コルホーズの成立過程―ロシアにおける共同体の終焉―』岩波書店、一九九〇年
伊藤　誠『現代の社会主義』講談社学術文庫、一九九三年
和田春樹『歴史としての社会主義』岩波新書、一九九六年
江頭数馬『中国の経済革命と現実』学文社、一九九〇年
吉田太郎『有機農業が国を変えた―小さなキューバの大きな実験―』コモンズ、二〇〇二年

第三章

ドネラ・H・メドウズ他『成長の限界―ローマクラブ「人類の危機」レポート―』ダイヤモンド社、一九七二年

レイチェル・カーソン『沈黙の春』新潮社、一九八七年
環境庁 編『環境白書（総説）―二一世紀にむけた循環型社会の構築のために―』一九九八年
岩田進午『土のはなし』大月書店、一九八五年
岩田進午『「健康な土」「病んだ土」』新日本出版社、二〇〇四年
鈴木恕・毛利秀雄『生物IB・II』（高校生学習参考書）文英堂、二〇〇三年
ダーウィン『種の起源』全三冊 岩波文庫、一九七一年
F・ダーウィン『チャールズ・ダーウィン』岩波文庫、一九八七年
ファーブル『ファーブル昆虫記』全十冊 岩波文庫、一九九三年
今西錦司全集『生物社会の論理』（第四巻）、『人間以前の社会・人間社会の形成』（第五巻）、『私の進化論・私の履歴書』（第十巻）、『ダーウィン論・主体性の進化論』（第十二巻）、講談社、一九九三～九四年
川上紳一『生命と地球の共進化』日本放送出版協会、二〇〇〇年
丸山茂徳・磯崎行雄『生命と地球の歴史』岩波新書、二〇〇一年
黒岩常祥『ミトコンドリアはどこからきたか』日本放送出版協会、二〇〇〇年
スチュアート・カウフマン『自己組織化と進化の論理』日本経済新聞社、一九九九年
アーヴィン・ラズロー『システム哲学入門』紀伊國屋書店、一九八〇年
アーヴィン・ラズロー『創造する真空』日本教文社、一九九九年
スティーヴン・ホーキング『ホーキングの最新宇宙論』日本放送協会、一九九〇年
スティーヴン・ホーキン、グレナード・ムロディナウ『ホーキング、宇宙のすべてを語る』ランダムハウス講談社、二〇〇五年
サイモン・シン『ビッグバン宇宙論』上・下 新潮社、二〇〇六年
アリス・カラプリス 編『アインシュタインは語る』大月書店、二〇〇五年
ケネス・W・フォード『不思議な量子』日本評論社、二〇〇五年

相原博昭『素粒子の物理』東京大学出版会、二〇〇六年
文部科学省検定済高校教科書『物理Ⅱ』数研出版、二〇〇六年
アドルフ・ポルトマン『人間はどこまで動物か』岩波新書、一九六一年
時実利彦『人間であること』岩波新書、一九七〇年
三木成夫『胎児の世界』中公新書、一九八三年
加古里子『人間』福音館書店、一九九五年
松沢哲郎『進化の隣人ヒトとチンパンジー』岩波新書、二〇〇二年
奈良貴史『ネアンデルタール人類のなぞ』岩波ジュニア新書、二〇〇三年
「タンパク質がわかる本」『Ｎｅｗｔｏｎ』別冊、二〇〇三年
尾木直樹『子どもの危機をどう見るか』岩波新書、二〇〇〇年
田口恒夫『今、赤ちゃんが危ない』近代文芸社新書、二〇〇二年
瀧井宏臣『こどもたちのライフハザード』岩波書店、二〇〇四年
映画『十五才―学校Ⅳ』山田洋次 監督、金井勇太他出演、松竹株式会社 配給（二時間）、二〇〇〇年
Ｊ・Ｓ・ミル『女性の解放』岩波文庫、一九七七年
ベーベル『婦人論』（上）（下）岩波文庫、一九八一年
松田道雄『私は女性にしか期待しない』岩波新書、一九九五年
水田珠枝『女性解放思想の歩み』岩波新書、二〇〇〇年
荒井　洌『スウェーデン　水辺の館への旅―エレン・ケイ「児童の世紀」をたずさえて―』冨山房インターナショナル、二〇〇四年
鯵坂真編著『ジェンダーと史的唯物論』学習の友社、二〇〇五年
Ｅ・Ｆ・シューマッハ『スモール・イズ・ビューティフル』講談社学術文庫、一九八六年
Ｅ・Ｆ・シューマッハ『スモール・イズ・ビューティフル再論』講談社学術文庫、二〇〇〇年

椎名重明『農学の思想―マルクスとリービヒ―』東京大学出版会、一九七六年
シュミット・アルフレート『マルクスの自然概念』法政大学出版会、一九八三年
内山　節『自然と人間の哲学』岩波書店、一九九五年
中村　修『なぜ経済学は自然を無限ととらえたか』日本経済評論社、一九九六年
尾関周二　編『環境哲学の探究』大月書店、一九九六年
イムラ・ハンス『経済学は自然をどうとらえてきたか』農山漁村文化協会、一九九七年
岩崎允胤『現代の文化・倫理・価値の理論』大阪経済法科大学出版部、一九九八年
植田和弘『環境経済学』岩波書店、一九九八年
小松善雄「資本主義的生産と物質代謝・物質循環」『経済』№69　新日本出版社、二〇〇一年六月
韓立新『エコロジーとマルクス―自然主義と人間主義の統一―』時潮社、二〇〇一年
玉野井芳郎『生命系のエコノミー』新評論、一九八二年
ポール・エキンズ　編著『生命系の経済学』御茶の水書房、一九八七年
ジェイムズ・ロバートソン『21世紀の経済システム展望―市民所得・地域貨幣・資源・金融システムの総合構想―』（シュマッハー双書）
日本経済評論社、一九九九年
フランツ・アルト『エコロジーだけが経済を救う』洋泉社、二〇〇三年
河原　宏『素朴への回帰―国から「くに」へ―』人文書院、二〇〇〇年
西川富雄『環境哲学への招待』こぶし書房、二〇〇二年
神野直彦『人間回復の経済学』岩波新書、二〇〇二年
藤岡　惇「自然史のなかの社会と経済」『立命館経済学』第52巻特別号3、立命館大学経済学部、二〇〇三年
金子勝・児玉龍彦『逆システム学―市場と生命のしくみを解き明かす―』岩波新書、二〇〇四年
池上惇・二宮厚美　編『人間発達と公共性の経済学』桜井書店、二〇〇五年

第四章・終章

佐原　真「農業の問題と階級社会の形成」『岩波講座日本歴史1　原始および古代1』岩波書店、一九七五年
都出比呂志『日本農耕社会の成立過程』岩波書店、一九八九年
岡村道雄『縄文の生活誌』講談社、二〇〇二年
タキトゥス『ゲルマーニア』岩波文庫、一九七七年
大塚久雄『共同体の基礎理論』岩波現代文庫、二〇〇〇年
水津一朗『ヨーロッパ村落研究』地人書房、一九七六年
永原慶二『日本封建社会論』東京大学出版会、一九五五年
永原慶二『歴史学叙説』東京大学出版会、一九八三年
網野善彦『無縁・公界・楽』平凡社、一九七八年
佐々木潤之介『大名と百姓』（日本の歴史15）中公文庫、一九七四年
テレビ映画『天保義民伝―土に生きる―』津島勝　監督、西村和彦他出演、インターボイス　制作（一時間二〇分）、テレビ東京系列一九九九年放送
安丸良夫『日本の近代化と民衆思想』青木書店、一九七四年
井上　清『明治維新』（日本の歴史20）中公文庫、一九七四年
色川大吉『近代国家の出発』（日本の歴史21）中公文庫、一九七四年
長塚　節『土』（上）（下）岩波文庫、一九四九年
柳田國男『明治大正史　世相篇』講談社学術文庫、二〇〇〇年
宮本常一『庶民の発見』講談社学術文庫、一九九六年
中村政則『労働者と農民―日本近代をささえた人々―』小学館ライブラリー、一九九八年

井上幸治『秩父事件』中公新書、一九六八年
映画『草の乱』（秩父事件の映画化）神山征二郎 監督、緒形直人他出演、映画「草の乱」製作委員会 製作（一時間五八分）、二〇〇四年
色川大吉『昭和史世相篇』小学館、一九九〇年
富永健一『日本の近代化と社会変動』講談社学術文庫、一九九〇年
石牟礼道子『苦海浄土―わが水俣病―』講談社、一九六九年
田中角栄『日本列島改造論』日刊工業新聞社、一九七二年
本多勝一『そして我が祖国・日本』朝日文庫、一九八三年
宮本憲一他編『地域経済学』有斐閣、一九九〇年
正村公宏『戦後史』（上）筑摩書房、一九八五年
渡辺　治　編『現代日本社会論』労働旬報社、一九九六年
竹内啓一編著『日本人のふるさと―高度成長以前の原風景―』岩波書店、一九九五年
米川伸一他編『戦後日本経営史』Ⅰ・Ⅱ・Ⅲ　東洋経済新報社、一九九〇〜九一年
佐伯尚美『農業経済学講義』東京大学出版会、二〇〇一年
中村隆英『日本経済　その成長と構造』東京大学出版会、一九九三年
香西泰・寺西重郎　編『戦後日本の経済改革―市場と政府―』東京大学出版会、一九九三年
吉川　洋『高度成長―日本を変えた六〇〇〇日―』読売新聞社、一九九七年
現代日本の50年編集委員会『新聞で調べよう現代日本の50年』1〜5、大日本図書、一九九五年
内橋克人『共生の大地』岩波新書、一九九五年
内橋克人『日本改革論の虚実』（同時代への発言1）岩波書店、一九九八年
今津　晃『アメリカ大陸の明暗』河出書房新社、一九五〇年

日本経済新聞社 編『米国成長神話の崩壊』日本経済新聞社、二〇〇二年
三浦俊章『ブッシュのアメリカ』岩波新書、二〇〇三年
広瀬 隆『アメリカの経済支配者たち』集英社新書、一九九九年
ハロルド・ジェイムス『グローバリゼーションの終焉』日本経済新聞社、二〇〇二年
「総特集 20世紀の資本主義と21世紀」『経済』No.61 新日本出版社、二〇〇〇年一〇月
松村善四郎・中川雄一郎『協同組合の思想と理論』日本経済評論社、一九八五年
斉藤之男『日本農本主義研究』農山漁村文化協会、一九七六年
室井 力 編『現代自治体再編論―市町村合併を超えて―』日本評論社、二〇〇二年
保母武彦『市町村合併と地域のゆくえ』岩波ブックレットNo.560、二〇〇二年
大森彌・大和田建太郎『どう乗り切るか市町村合併―地域自治を充実させるために―』岩波ブックレットNo.590、二〇〇三年
金岡良太郎『エコバンク』北斗出版、一九九六年
加藤敏春『エコマネー』日本経済評論社、一九九八年
あべよしひろ・泉留維『地域通貨入門』北斗出版、二〇〇〇年
リチャード・ダウスウェイト『貨幣の生態学』北斗出版、二〇〇一年
加藤敏春『エコマネーの新世紀』勁草書房、二〇〇一年
祖田 修『都市と農村の結合』大明堂、一九九七年
祖田 修『市民農園のすすめ』岩波ブックレットNo.274、一九九二年
「定年帰農パート2」増刊『現代農業』農山漁村文化協会、二〇〇〇年
森 孝之『次の生き方―エコから始まる仕事と暮らし』平凡社、二〇〇四年
ジャック・ウェストビー『森と人間の歴史』築地書館、一九九九年
稲本 正『森の旅、森の人』世界文化社、一九九〇年

稲本　正　編『森を創る森と語る』岩波書店、二〇〇二年
西口親雄『アマチュア森林学のすすめ』八坂書房、一九九三年
西口親雄『ブナの森を楽しむ』岩波新書、一九九六年
西口親雄『森林への招待』八坂書房、一九九六年
コンラッド・タットマン『日本人はどのように森をつくってきたのか』築地書館、二〇〇〇年
深尾清造　編『流域林業の到達点と展開方向』九州大学出版会、一九九九年
堀　靖人『山村の保続と森林・林業』九州大学出版会、二〇〇〇年
山岸清隆『森林環境の経済学』新日本出版社、二〇〇一年
安田喜憲『日本よ、森の環境国たれ』中央公論社、二〇〇二年
カール・ハーゼル『森が語るドイツの歴史』築地書館、一九九六年
ヨースト・ヘルマント『森なしには生きられない―ヨーロッパ・自然美とエコロジーの文化史―』築地書館、二〇〇一年
「地域の新たな管理で森林の再生を」『現代林業』二〇〇四年四月号、全国林業改良普及協会
「田園住宅」増刊『現代農業』農山漁村文化協会、二〇〇〇年
吉田桂二『民家に学ぶ家づくり』平凡社新書、二〇〇一年
林　昭男『サステイナブル建築』学芸出版社、二〇〇四年
滋賀で木の住まいづくり読本制作委員会　企画・編集『滋賀で木の住まいづくり読本』海青社、二〇〇五年
猶原恭爾《なおはらきょうじ》『日本の山地酪農』資源科学研究所、一九六六年
上田孝道『和牛のノシバ放牧』農山漁村文化協会、二〇〇〇年
三友盛行『マイペース酪農』農山漁村文化協会、二〇〇〇年
山口県畜産会『山口型放牧事例集―中山間地の畜産利用を目指して―』（1）（2）山口県畜産会、二〇〇一〜〇二年
増井和夫『アグロフォレストリーの発想』農林統計協会、一九九五年

天笠啓祐・安田節子　他『肉はこう食べよう、畜産はこう変えよう』コモンズ、二〇〇二年
斉藤　晶『牛が拓く牧場』地湧社、一九八九年
小林静子「飢えることへの心の貧しさ」『食をうばいかえす！虚構としての飽食社会』有斐閣選書、一九八四年
小林俊夫「山羊とむかえる21世紀」『第4回全国山羊サミット.inみなみ信州　発表要旨集』日本緬羊協会・全国山羊ネットワーク・みなみ信州農業協同組合生産部畜産課、二〇〇一年
映像番組『ごちそう賛歌　ナチュラルチーズ・山からの贈り物～長野県大鹿村』（二五分）、NHK教育テレビ二〇〇一年七月六日放送
増井和子・山田友子・本間るみ子　文、丸山洋平　写真『チーズ図鑑』文藝春秋社、一九九三年
日本放送出版協会　制作『国産ナチュラルチーズ図鑑—生産地別・ナチュラルチーズガイド』中央酪農会議・全国牛乳普及協会・都道府県牛乳普及協会、二〇〇〇年
スー・ハベル『ミツバチと暮らす四季』晶文社、一九九九年
トーマス・D・シーリー『ミツバチの知恵』青土社、一九九八年
佐々木正己『ニホンミツバチ』海遊社、一九九九年
佐藤　誠『リゾート列島』岩波新書、一九九〇年
佐藤　誠『阿蘇グリーンストック』石風社、一九九三年
「日本的グリーンツーリズムのすすめ」増刊『現代農業』農山漁村文化協会、二〇〇〇年
ルソー『エミール』全三冊　岩波文庫、一九六二年
デューイ『学校と社会』岩波文庫、一九五七年
ヨハンナ・スピリ『ハイジ』（上）（下）岩波少年文庫、一九九四年
アニメーション番組『アルプスの少女ハイジ』（全五二話）スピリ　原作、高畑勲　演出、フジテレビ系列一九七四年放映
ラーゲルレーヴ『ニルスのふしぎな旅』（1）～（4）偕成社文庫、二〇〇二年
リンドグレーン『やかまし村の子どもたち』、『やかまし村の春・夏・秋・冬』、『やかまし村はいつもにぎやか』岩波書店、二〇〇

二・〇三年
松谷みよ子『龍の子太郎』講談社、一九九五年
映画『龍の子太郎』松谷みよ子 原作、浦山桐郎 監督、東映動画 製作（一時間一五分）、一九七九年
堀場清子 編『「青鞜」女性解放論集』岩波文庫、一九九一年
宮沢賢治（天沢退二郎 編）『宮沢賢治万華鏡』新潮文庫、二〇〇一年
小宮山量平『千曲川』四部作 理論社、一九九七〜二〇〇二年
壺井 栄『二十四の瞳』新潮文庫、一九五七年
無着成恭 編『山びこ学校』岩波文庫、一九九五年
田村一二『手をつなぐ子ら』北大路書房、一九六六年
映画『手をつなぐ子ら』田村一二 原作、稲垣浩 監督、笠智衆・杉村春子他出演、大映 製作（一時間二六分）、一九四八年
田村一二『茗荷村見聞記』北大路書房、一九七一年
映画『茗荷村見聞記』田村一二 原作、山田典吾 監督、長門裕之他出演、現代プロダクション 製作（一時間五二分）、一九七九年
木全清博『滋賀の学校史―地域が育む子供と教育―』文理閣、二〇〇四年
小貫ゼミ学生 編『わたしは生きていく―卒業作品集―』（二〇〇三年度版・二〇〇四年度版）、滋賀県立大学人間文化学部小貫研究室、二〇〇四・〇五年
ドキュメンタリー映画『じゃあ、また来週！』久島恒知 監督、DAI-NICHI 制作（一時間五五分）、二〇〇四年
映画『モダン・タイムス』チャールズ・チャップリン 監督（一時間二八分）、一九三六年
映画『独裁者』チャールズ・チャップリン 監督（二時間〇五分）、一九四〇年
岡倉古志郎『死の商人』新日本新書、一九九九年
映画『ひめゆりの塔』今井正 監督、津島恵子・香川京子他出演、東映 制作、（二時間一〇分）、一九五三年
記録映画『教えられなかった戦争・沖縄編―阿波根昌鴻《あわこんしょうこう》・伊江島のたたかい―』高岩仁 監督、映像文化協会 企画・製作（一時間五〇

分)、一九九八年
漫画『はだしのゲン』全十巻、中沢啓治 作、汐文社、一九八八年
ドキュメンタリー映像番組『疾走ロボットカー―アメリカ軍の未来戦略―』NHKスペシャル(四九分)、NHK総合テレビ二〇〇四年五月一六日放送
文部省中学校社会科教科書(一九四七年)『復刊 あたらしい憲法のはなし』(小さな学問の書②)童話屋、二〇〇一年
文部省著作高校教科書(一九四八・四九年)『民主主義』(復刻版)径書房、一九九五年
記録映像番組『ふるさとの伝承』(各回四〇分)、NHK教育テレビ一九九五~九八年放送
映像番組『伝えたい!田舎で暮らす素晴らしさ~ジェフリー・アイリッシュさん(アメリカ)・鹿児島県川辺町』ハローニッポン(二〇分)、NHK総合テレビ二〇〇一年五月二五日放送
映像番組『琵琶湖を描き自然を見つめる~ブライアン・ウィリアムズさん(アメリカ)・滋賀県大津市』ハローニッポン(二〇分)、NHK総合テレビ二〇〇一年十二月七日放送
小林圭介編著『滋賀の植生と植物』サンライズ出版、一九九七年
西尾寿一『鈴鹿の山と谷』Ⅰ・Ⅱ・Ⅲ ナカニシヤ出版、一九八七年
松好貞夫『村の記録』岩波新書、一九五六年
多賀町教育委員会 編『多賀町の民話集』多賀町教育委員会、一九八〇年
甲良町教育委員会 編『こうらの民話』甲良町教育委員会、一九八〇年
藤河秀光 編『大君ヶ畑分校』大君ヶ畑地区、一九九六年
『大君ヶ畑の花ごよみ』多賀町教育委員会、一九九六年
大君ヶ畑保存会・青年団宮守『多賀町大君ヶ畑三季の講』一九九二年
多賀町史編纂委員会 編『大君ヶ畑に伝わる古式行事について』多賀町公民館、一九七一年
大君ヶ畑かんこ踊り保存会『大君ヶ畑のかんこ踊り』一九九二年

多賀町史編纂委員会　編『脇ヶ畑史話』多賀町公民館、一九七二年

『淡海《おうみ》木《こ》間攫《まざらえ》』（彦根藩領下の地誌書）寛政四年（一七九二年）刊（滋賀県地方史研究家連絡会編『淡海《おうみ》木《こ》間攫《まざらえ》』三分冊、一九八四・八九・九〇年、滋賀県立図書館）

『滋賀県物産誌』明治十三年刊（滋賀県市町村沿革史編纂委員会　編『滋賀県市町村沿革史』第五巻〈資料編〉一九六二年）

滋賀県『滋賀県史最近世第四巻』滋賀県、一九二八年

滋賀県市町村沿革史編纂委員会　編『滋賀県市町村沿革史』第一巻～第三巻、一九六七年

滋賀県市町村沿革史編纂委員会　編『滋賀県史昭和編』第五巻～第六巻、一九七四～八六年　滋賀県百科事典刊行会　編『滋賀県百科事典』大和書房、一九八四年

苗村和正『庶民からみた湖国の歴史』文理閣、一九七七年

彦根市『彦根市史』上・中・下　臨川書店、一九八七年

高宮町史編纂委員会　編『犬上郡・高宮町史』一九八六年

甲良町史編纂委員会　編『甲良町史』一九八四年

多賀町史編纂委員会　編『多賀町史』上・下・別巻、一九九一年

滋賀県企画県民部統計課　編『滋賀県推計人口年報（二〇〇二年一〇月一日現在）』

同　（一九八二年一〇月一日現在）～（一九九六年一〇月一日現在）

滋賀県企画県民部統計課　編『平成十二年度滋賀県統計書』滋賀県統計協会、二〇〇二年

国土交通省土地・水資源局　編『土地基本調査総合報告書』一九九八年

農林水産省統計情報部　編『二〇〇〇年世界農林業センサス第一巻　滋賀県統計書（農業編）』農林水産省統計情報部、二〇〇一年

農林水産省統計情報部　編『二〇〇〇年世界農林業センサス第九巻　農業集落調査報告書』農林水産省統計情報部、二〇〇一年

国土庁計画・調整局　編『日本の統計二〇〇一』日本統計協会、二〇〇一年

総務省統計局　編『日本の統計二〇〇二』日本統計協会、二〇〇二年

日本統計協会　編『統計で見る日本二〇〇二』日本統計協会、二〇〇二年
矢野恒太記念会　編『日本国勢図会二〇〇二／〇三版』矢野恒太記念会、二〇〇二年
総務省自治財政局財政課　編『平成十四年度地方財政計画』財務省印刷局、二〇〇二年
内閣府　編『平成十五年版国民生活白書』㈱ぎょうせい、二〇〇三年
環境省　編『平成15年版環境白書』㈱ぎょうせい、二〇〇三年
環境省　編『平成15年版循環型社会白書』㈱ぎょうせい、二〇〇三年
林野庁　編『平成12年度図説林業白書』農林統計協会、二〇〇一年
農林統計協会　編『平成12度図説食糧・農業・農村白書』農林統計協会、二〇〇一年
内閣府　編『平成14年版経済財政白書』財務省印刷局、二〇〇二年

【著者略歴】

小貫 雅男（おぬき まさお）

1935年中国東北（旧満州）、内モンゴル・鄭家屯生まれ。1963年大阪外国語大学モンゴル語学科卒、65年京都大学大学院文学研究科修士課程修了。大阪外国語大学教授、滋賀県立大学教授を歴任。現在、滋賀県立大学名誉教授、里山研究庵Nomad主宰。専門は、モンゴル近現代史、遊牧地域論、地域未来学。著書に『遊牧社会の現代』（青木書店）、『モンゴル現代史』（山川出版社）、『菜園家族レボリューション』（社会思想社）、『森と海を結ぶ菜園家族―21世紀の未来社会論―』（共著、人文書院）など、映像作品に『四季・遊牧―ツェルゲルの人々―』（共同制作、大日）がある。

伊藤 恵子（いとう けいこ）

1971年岐阜県生まれ。1995年大阪外国語大学モンゴル語学科卒、97年同大学大学院外国語学研究科修士課程修了、99年総合研究大学院大学文化科学研究科博士後期課程中退。滋賀県立大学人間文化学部非常勤講師を経て、現在、里山研究庵Nomad研究員。専門は、遊牧地域論、日本の地域研究。論文に「遊牧民家族と地域社会―砂漠・山岳の村ツェルゲルの場合―」（『人間文化』三号）など、著書に『森と海を結ぶ菜園家族』（共著）、映像作品に『四季・遊牧―ツェルゲルの人々―』（共同制作）、そのモンゴル語版『Malchin Zaya』がある。

里山研究庵Nomad ホームページ　http://www.satoken-nomad.com/
〒522-0321 滋賀県犬上郡多賀町大君ヶ畑452
TLE & FAX：0749－47－1920

菜園家族物語―子どもに伝える未来への夢―

2006年11月25日　第1刷発行　定価（本体2800円＋税）

著　者　小　貫　雅　男
　　　　伊　藤　恵　子

発行者　栗　原　哲　也

発行所　株式会社　日本経済評論社

〒101-0051　東京都千代田区神田神保町3-2
電話　03-3230-1661　FAX　03-3265-2993
nikkeihy@js7.so-net.ne.jp
URL : http://www.nikkeihyo.co.jp
印刷・製本＊モリモト印刷株式会社
装幀＊奥定泰之

乱丁・落丁はお取替えいたします。　Printed in Japan

ISBN4-8188-1887-9